高等学校经济管理类数学基础课程教材

U0181538

微积分教程

（下册）

主编　宫婷　颜敏　李彤

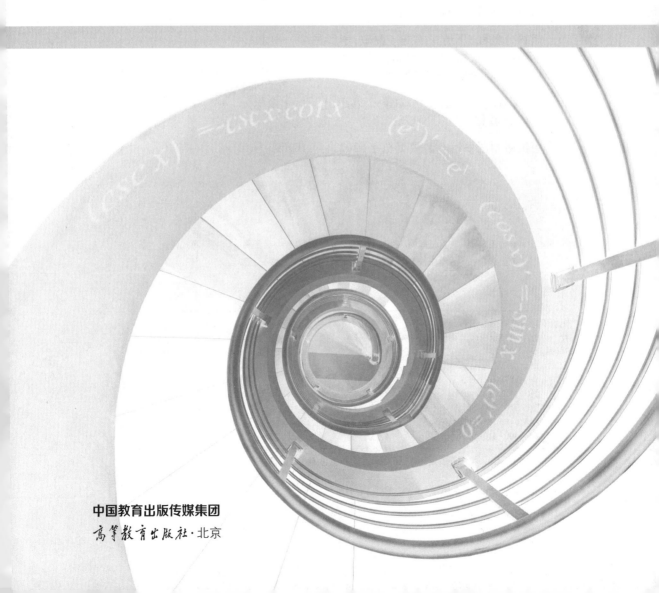

中国教育出版传媒集团

高等教育出版社·北京

内容提要

　　本书是依据教育部高等学校大学数学课程教学指导委员会制定的"经济和管理类本科数学基础课程教学基本要求"编写而成的,涵盖微积分的基本思想和基本方法,并有机融入微积分在经济、管理、金融等领域中的应用等内容。

　　本书分上、下两册,下册包括无穷级数、空间解析几何初步、多元函数微分学及其应用、二重积分及其应用、微分方程及其在经济学中的应用、差分方程初步。每节后附有习题,以巩固基本知识;每章后附有总习题,以提高综合能力,并附有习题参考答案与提示,读者可扫描二维码查阅。

　　本书兼具理论精辟、分析清晰、选材新颖、实例丰富、适用性强等特点,既可作为高等学校经济和管理类专业学生的教材,也可作为参加硕士研究生招生考试人员、教师及经济和管理类研究人员的参考用书。

图书在版编目（CIP）数据

　　微积分教程. 下册／宫婷,颜敏,李彤主编. -- 北京:高等教育出版社,2022.9（2023.5 重印）
　　ISBN 978-7-04-058816-3

　　Ⅰ.①微… Ⅱ.①宫… ②颜… ③李… Ⅲ.①微积分-高等学校-教材 Ⅳ.①O172

中国版本图书馆 CIP 数据核字（2022）第 109692 号

Weijifen Jiaocheng

策划编辑	张彦云	责任编辑	张彦云	封面设计	贺雅馨	版式设计	张　杰
责任绘图	黄云燕	责任校对	刁丽丽	责任印制	刁　毅		

出版发行	高等教育出版社	网　　址	http://www.hep.edu.cn
社　　址	北京市西城区德外大街 4 号		http://www.hep.com.cn
邮政编码	100120	网上订购	http://www.hepmall.com.cn
印　　刷	山东临沂新华印刷物流集团有限责任公司		http://www.hepmall.com
开　　本	787mm×1092mm　1/16		http://www.hepmall.cn
印　　张	13.25		
字　　数	310 千字	版　　次	2022 年 9 月第 1 版
购书热线	010-58581118	印　　次	2023 年 5 月第 2 次印刷
咨询电话	400-810-0598	定　　价	26.70 元

本书如有缺页、倒页、脱页等质量问题,请到所购图书销售部门联系调换

目 录

第八章 无穷级数

无穷级数在微积分学中占有重要的地位,它是表示函数、研究函数性质和进行数值计算的一个强有力的工具.考虑到本课程的特点和需要,本章主要介绍无穷级数的一些基本知识,包括常数项级数和幂级数的基本性质与应用.

§8.1 常数项级数的概念与性质

一、常数项级数的概念

我们学习过等比数列(也称几何数列),如 $\left\{\dfrac{1}{2^n}\right\}$,即

$$\frac{1}{2}, \frac{1}{2^2}, \cdots, \frac{1}{2^n}, \cdots,$$

该数列的前 n 项的和为

$$S_n = \frac{1}{2} + \frac{1}{2^2} + \cdots + \frac{1}{2^n} = \frac{\dfrac{1}{2} - \dfrac{1}{2^{n+1}}}{1 - \dfrac{1}{2}} = 1 - \frac{1}{2^n}.$$

显然,当 $n \to \infty$ 时,S_n 有极限,记为 S,即

$$S = \lim_{n \to \infty} S_n = \lim_{n \to \infty} \left(1 - \frac{1}{2^n}\right) = 1.$$

自然地,我们可将 $S = 1$ 视为等比数列 $\left\{\dfrac{1}{2^n}\right\}$ 的无穷多项相加的和,形式上记为

$$\frac{1}{2} + \frac{1}{2^2} + \cdots + \frac{1}{2^n} + \cdots = 1,$$

或简记为

$$\sum_{n=1}^{\infty} \frac{1}{2^n} = 1.$$

一般地,给定数列 $\{u_n\}$,则称

$$u_1 + u_2 + \cdots + u_n + \cdots$$

为**常数项无穷级数**,简称**常数项级数**或**级数**,记为 $\displaystyle\sum_{n=1}^{\infty} u_n$,即

$$\sum_{n=1}^{\infty} u_n = u_1 + u_2 + \cdots + u_n + \cdots, \tag{1}$$

其中级数的第 n 项 u_n 称为**一般项**.

级数(1)的前 n 项之和 $u_1 + u_2 + \cdots + u_n$ 称为级数(1)的**部分和**,记为 S_n,即

$$S_n = u_1 + u_2 + \cdots + u_n. \tag{2}$$

由(2)式可知,

$$S_1 = u_1, S_2 = u_1 + u_2, S_3 = u_1 + u_2 + u_3, \cdots.$$

由此可见,当 n 依次取 $1, 2, 3, \cdots$ 时,级数的部分和 S_n 构成一个数列 $\{S_n\}$. 于是,级数 $\sum_{n=1}^{\infty} u_n$ 的和是否存在就转化为数列 $\{S_n\}$ 的敛散性问题.

定义 1 若级数 $\sum_{n=1}^{\infty} u_n$ 的部分和数列 $\{S_n\}$ 当 $n \to \infty$ 时有极限 S,即

$$\lim_{n \to \infty} S_n = S,$$

则称**级数** $\sum_{n=1}^{\infty} u_n$ **收敛**,并称极限值 S 为该级数的和,记为

$$S = \sum_{n=1}^{\infty} u_n = u_1 + u_2 + \cdots + u_n + \cdots.$$

此时也称级数 $\sum_{n=1}^{\infty} u_n$ **收敛于** S. 若部分和数列 $\{S_n\}$ 没有极限,则称**级数** $\sum_{n=1}^{\infty} u_n$ **发散**.

例 1 讨论**等比级数** $\sum_{n=1}^{\infty} aq^{n-1}$ 的敛散性,其中 $a \neq 0, q \neq 0$.

解 该级数的部分和为

$$S_n = a + aq + \cdots + aq^{n-1} = \frac{a - aq^n}{1-q} \qquad (q \neq 1).$$

(1)当 $|q| < 1$ 时,因为 $\lim_{n \to \infty} S_n = \frac{a}{1-q}$,所以等比级数 $\sum_{n=1}^{\infty} aq^{n-1}$ 收敛,且有

$$\sum_{n=1}^{\infty} aq^{n-1} = \frac{a}{1-q} \qquad (|q| < 1);$$

(2)当 $|q| > 1$ 时,因为 $\lim_{n \to \infty} S_n = \infty$,所以等比级数 $\sum_{n=1}^{\infty} aq^{n-1}$ 发散;

(3)当 $q = 1$ 时,因 $S_n = na \to \infty$ $(n \to \infty$ 时),故等比级数 $\sum_{n=1}^{\infty} a$ 发散;

(4)当 $q = -1$ 时,因 $S_n = \frac{a}{2}[1 + (-1)^{n-1}]$,当 $n \to \infty$ 时,S_n 的极限不存在,故等比级数 $\sum_{n=1}^{\infty} (-1)^{n-1} a$ 发散.

综上所述,当 $|q| < 1$ 时,等比级数 $\sum_{n=1}^{\infty} aq^{n-1}$ 收敛,且其和为 $\frac{a}{1-q}$;当 $|q| \geq 1$ 时,等比级数 $\sum_{n=1}^{\infty} aq^{n-1}$ 发散.

例 2 判别级数 $\sum\limits_{n=1}^{\infty} \dfrac{1}{n(n+1)}$ 的敛散性.

解 由于

$$u_n = \frac{1}{n(n+1)} = \frac{1}{n} - \frac{1}{n+1},$$

故可得

$$S_n = \frac{1}{1 \times 2} + \frac{1}{2 \times 3} + \cdots + \frac{1}{n(n+1)}$$

$$= \left(1 - \frac{1}{2}\right) + \left(\frac{1}{2} - \frac{1}{3}\right) + \cdots + \left(\frac{1}{n} - \frac{1}{n+1}\right)$$

$$= 1 - \frac{1}{n+1}.$$

又因为

$$\lim_{n \to \infty} S_n = \lim_{n \to \infty}\left(1 - \frac{1}{n+1}\right) = 1,$$

所以所给级数收敛,且有 $\sum\limits_{n=1}^{\infty} \dfrac{1}{n(n+1)} = 1$.

例 3 证明**调和级数** $\sum\limits_{n=1}^{\infty} \dfrac{1}{n}$ 发散.

证 如图 8−1 所示,作曲线 $y = \dfrac{1}{x}$.对于任意一个正整数 n,依次作以 $[i, i+1]$ 为底,$\dfrac{1}{i}$

为高的小矩形 $(i = 1, 2, \cdots, n)$,由于 $y = \dfrac{1}{x}$ 单调减少,故小矩形的面积总是大于同底的小曲

边梯形的面积,即

$$1 \cdot \frac{1}{n} > \int_n^{n+1} \frac{1}{x} \mathrm{d}x.$$

从而,如上 n 个小矩形面积的和(图 8−1 中阴影部分)就大于 $[1, n+1]$ 上曲边梯形的面积,即

$$1 + \frac{1}{2} + \cdots + \frac{1}{n} > \int_1^{n+1} \frac{1}{x} \mathrm{d}x = \ln(n+1),$$

亦即

$$S_n > \ln(n+1).$$

因为 $\lim\limits_{n \to \infty} \ln(n+1) = +\infty$,所以

$$\lim_{n \to \infty} S_n = +\infty,$$

从而调和级数 $\sum\limits_{n=1}^{\infty} \dfrac{1}{n}$ 发散.

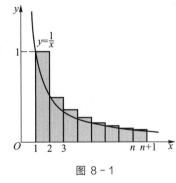

图 8−1

定理 1(级数收敛的必要条件) 如果级数 $\sum\limits_{n=1}^{\infty} u_n$ 收敛,那么其一般项 u_n 收敛于零,

即有

$$\lim_{n\to\infty}u_n=0. \tag{3}$$

证 由于 $u_n=S_n-S_{n-1}$，又因为级数 $\displaystyle\sum_{n=1}^{\infty}u_n$ 收敛，可设 $\lim_{n\to\infty}S_n=S$，故

$$\lim_{n\to\infty}u_n=\lim_{n\to\infty}(S_n-S_{n-1})=\lim_{n\to\infty}S_n-\lim_{n\to\infty}S_{n-1}=S-S=0.$$

这个性质很重要，其逆否命题常用来判别级数发散. 例如，当 $|q|\geqslant1$ 时，因 $\lim_{n\to\infty}aq^{n-1}\neq0\,(a\neq0)$，故级数 $\displaystyle\sum_{n=1}^{\infty}aq^{n-1}$ 发散 $(|q|\geqslant1)$.

但应注意的是，一般项 u_n 收敛于零时，级数 $\displaystyle\sum_{n=1}^{\infty}u_n$ 却不一定收敛. 例如，虽然 $\lim_{n\to\infty}\dfrac{1}{n}=0$，但是调和级数 $\displaystyle\sum_{n=1}^{\infty}\dfrac{1}{n}$ 是发散的. 因此，一般项 u_n 收敛于零是级数 $\displaystyle\sum_{n=1}^{\infty}u_n$ 收敛的必要条件，而不是充分条件；或者说，一般项 u_n 不收敛于零是级数 $\displaystyle\sum_{n=1}^{\infty}u_n$ 发散的充分条件，而不是必要条件.

二、常数项级数的基本性质

性质 1 设 a 为非零常数，级数 $\displaystyle\sum_{n=1}^{\infty}au_n$ 与级数 $\displaystyle\sum_{n=1}^{\infty}u_n$ 同时收敛或同时发散. 当同时收敛时，有

$$\sum_{n=1}^{\infty}au_n=a\sum_{n=1}^{\infty}u_n. \tag{4}$$

证 设级数 $\displaystyle\sum_{n=1}^{\infty}au_n$ 与 $\displaystyle\sum_{n=1}^{\infty}u_n$ 的部分和分别为 S_n' 和 S_n''，有

$$\begin{aligned}S_n'&=au_1+au_2+\cdots+au_n\\&=a(u_1+u_2+\cdots+u_n)\\&=aS_n''.\end{aligned}$$

由数列极限的性质可知，极限 $\lim_{n\to\infty}aS_n''\,(a\neq0)$ 与 $\lim_{n\to\infty}S_n''$ 同时收敛或同时发散，于是可得，极限 $\lim_{n\to\infty}S_n'$ 与 $\lim_{n\to\infty}S_n''$ 同时收敛或同时发散. 当两个极限同时存在时，有

$$\lim_{n\to\infty}S_n'=\lim_{n\to\infty}aS_n''=a\lim_{n\to\infty}S_n'',$$

即有

$$\sum_{n=1}^{\infty}au_n=a\sum_{n=1}^{\infty}u_n.$$

比如，根据性质 1 及调和级数 $\displaystyle\sum_{n=1}^{\infty}\dfrac{1}{n}$ 发散，可知级数 $\displaystyle\sum_{n=1}^{\infty}\dfrac{1}{2n}$ 也发散.

性质 2 若级数 $\displaystyle\sum_{n=1}^{\infty}u_n$ 与 $\displaystyle\sum_{n=1}^{\infty}v_n$ 都收敛，则级数 $\displaystyle\sum_{n=1}^{\infty}(u_n\pm v_n)$ 也收敛，且有

$$\sum_{n=1}^{\infty}(u_n\pm v_n)=\sum_{n=1}^{\infty}u_n\pm\sum_{n=1}^{\infty}v_n. \tag{5}$$

证 设级数 $\sum\limits_{n=1}^{\infty}(u_n \pm v_n)$，$\sum\limits_{n=1}^{\infty}u_n$ 与 $\sum\limits_{n=1}^{\infty}v_n$ 的部分和分别为 S_n，S'_n 与 S''_n，则

$$S_n = (u_1 \pm v_1) + (u_2 \pm v_2) + \cdots + (u_n \pm v_n)$$
$$= (u_1 + u_2 + \cdots + u_n) \pm (v_1 + v_2 + \cdots + v_n)$$
$$= S'_n \pm S''_n.$$

由 $\sum\limits_{n=1}^{\infty}u_n$ 与 $\sum\limits_{n=1}^{\infty}v_n$ 都收敛可知，它们的部分和的极限都存在，设

$$\lim_{n\to\infty}S'_n = S',\ \lim_{n\to\infty}S''_n = S'',$$

则

$$\lim_{n\to\infty}S_n = \lim_{n\to\infty}(S'_n \pm S''_n) = \lim_{n\to\infty}S'_n \pm \lim_{n\to\infty}S''_n = S' \pm S'',$$

即有

$$\sum_{n=1}^{\infty}(u_n \pm v_n) = \sum_{n=1}^{\infty}u_n \pm \sum_{n=1}^{\infty}v_n.$$

性质 3 增加、去掉或改变级数的前有限项，不改变级数的敛散性.

证 设原级数的部分和为 S_n，将原级数的部分和数列从第 n 项开始列出，即

$$S_n,\ S_{n+1},\ S_{n+2},\ \cdots.$$

不妨设在原级数的前 n 项中增加 m 项，并设这 m 项之和为 C，则对于增加 m 项后所得新级数的部分和数列，从第 $n+m$ 项开始列出，即

$$S_n + C,\ S_{n+1} + C,\ S_{n+2} + C,\ \cdots.$$

比较两个部分和数列可知，两个数列或者都有极限，或者都无极限. 这表明，级数增加前有限项之后，不会改变级数的敛散性.

同理可证，级数去掉或改变前有限项也不会改变级数的敛散性.

例如，如果去掉调和级数 $\sum\limits_{n=1}^{\infty}\dfrac{1}{n}$ 的前三项，那么根据性质 3 可知，新级数

$$\frac{1}{4} + \frac{1}{5} + \frac{1}{6} + \cdots = \sum_{n=1}^{\infty}\frac{1}{n+3}$$

仍发散.

性质 4 收敛级数加括号后所成的级数仍为收敛级数，且收敛于原级数的和.

证 设级数 $\sum\limits_{n=1}^{\infty}u_n$ 按某一规律加括号后所成的新级数为 $\sum\limits_{n=1}^{\infty}v_n$，其中

$$v_1 = u_1 + u_2 + \cdots + u_{i_1} \qquad (\text{共 } i_1 \text{ 项}),$$
$$v_2 = u_{i_1+1} + u_{i_1+2} + \cdots + u_{i_2} \qquad (\text{共 } i_2 - i_1 \text{ 项}),$$
$$\cdots$$
$$v_n = u_{i_{n-1}+1} + u_{i_{n-1}+2} + \cdots + u_{i_n} \qquad (\text{共 } i_n - i_{n-1} \text{项}),$$
$$\cdots$$

于是，$\sum\limits_{n=1}^{\infty}v_n$ 的部分和为

$$\widetilde{S}_n = v_1 + v_2 + \cdots + v_n = S_{i_n}.$$

显然有 $n \leqslant i_n$，且当 $n \to \infty$ 时，$i_n \to \infty$. 于是有

$$\lim_{n \to \infty} \widetilde{S}_n = \lim_{i_n \to \infty} S_{i_n} = S.$$

由性质 4 可以推出,若加括号后所成的级数发散,则原级数必发散.

注意 (1)由加括号后所成的级数收敛,无法推出原级数收敛,即性质 4 的逆命题不一定成立. 例如,级数

$$(1-1)+(1-1)+(1-1)+\cdots$$

收敛于 0,但原级数

$$1-1+1-1+1-1+\cdots$$

却是发散的.

(2)发散的级数加括号后所成的级数不一定发散.例如级数

$$1-1+1-1+1-1+\cdots$$

发散,但加括号后的级数

$$(1-1)+(1-1)+(1-1)+\cdots$$

是收敛的.

习题 8-1

1. 写出下列级数的一般项:

(1) $2-\dfrac{3}{2}+\dfrac{4}{3}-\dfrac{5}{4}+\cdots$;

(2) $1+\dfrac{1}{3}+\dfrac{1}{5}+\dfrac{1}{7}+\cdots$;

(3) $\dfrac{1}{2}+\dfrac{2}{5}+\dfrac{3}{10}+\dfrac{4}{17}+\cdots$;

(4) $\dfrac{1}{2}+\dfrac{1\times3}{2\times4}+\dfrac{1\times3\times5}{2\times4\times6}+\cdots$;

(5) $\dfrac{2}{1}+\dfrac{2\times5}{1\times5}+\dfrac{2\times5\times8}{1\times5\times9}+\dfrac{2\times5\times8\times11}{1\times5\times9\times13}+\cdots$;

(6) $\dfrac{1}{3}x^3-\dfrac{1}{5}x^5+\dfrac{1}{7}x^7-\dfrac{1}{9}x^9+\cdots$.

2. 已知级数 $\displaystyle\sum_{n=1}^{\infty} u_n$ 的部分和 $S_n=\dfrac{2n}{n+1}$,求 u_1,u_2 和 u_n.

3. 证明下列级数收敛,并求其和:

(1) $\displaystyle\sum_{n=1}^{\infty} \dfrac{1}{(2n-1)(2n+1)}$;

(2) $\displaystyle\sum_{n=1}^{\infty} \dfrac{\sqrt{n+1}-\sqrt{n}}{\sqrt{n^2+n}}$.

4. 将正确的题号填在横线上方的空白处:

若级数 $\displaystyle\sum_{n=1}^{\infty}(u_n+v_n)$ 收敛,则_____.

(1) $\displaystyle\sum_{n=1}^{\infty} u_n$ 与 $\displaystyle\sum_{n=1}^{\infty} v_n$ 均收敛;

(2) $\displaystyle\sum_{n=1}^{\infty} u_n$ 与 $\displaystyle\sum_{n=1}^{\infty} v_n$ 中至少有一个收敛;

(3) $\displaystyle\sum_{n=1}^{\infty} u_n$ 与 $\displaystyle\sum_{n=1}^{\infty} v_n$ 不一定收敛;

(4) $u_1+v_1+u_2+v_2+u_3+v_3+\cdots$ 收敛;

(5) 数列 $\left\{\displaystyle\sum_{k=1}^{n}(u_k+v_k)\right\}$ 有界;

(6) $\sum\limits_{n=1}^{\infty} 100(u_n + v_n)$ 收敛.

5. 判别下列级数的敛散性:

(1) $\cos\dfrac{\pi}{4} + \cos\dfrac{\pi}{5} + \cos\dfrac{\pi}{6} + \cdots$;

(2) $\sum\limits_{n=1}^{\infty} \dfrac{n - \sqrt{n}}{2n - 1}$;

(3) $1 + \dfrac{1}{3} + \sum\limits_{n=1}^{\infty} \dfrac{1}{4^n}$;

(4) $\sum\limits_{n=1}^{\infty} (-1)^{n-1} \cdot \dfrac{6^{n-1}}{7^{n-1}}$;

(5) $\sum\limits_{n=1}^{\infty} (-1)^{n-1} \mathrm{e}^{-1}$;

(6) $\dfrac{1}{11} + \dfrac{1}{12} + \dfrac{1}{13} + \cdots$;

(7) $\sum\limits_{n=2}^{\infty} \dfrac{1}{5n - 5}$;

(8) $\dfrac{1}{3} + \dfrac{1}{\sqrt{3}} + \dfrac{1}{\sqrt[3]{3}} + \cdots + \dfrac{1}{\sqrt[n]{3}} + \cdots$;

(9) $\dfrac{1}{3}\ln 3 + \dfrac{1}{3^2}(\ln 3)^2 + \dfrac{1}{3^3}(\ln 3)^3 + \cdots$;

(10) $\dfrac{2}{1} - \dfrac{2}{3} + \dfrac{4}{3} - \dfrac{2^2}{3^2} + \dfrac{6}{5} - \dfrac{2^3}{3^3} + \cdots$;

(11) $\left(\dfrac{1}{3} + \dfrac{6}{7}\right) + \left(\dfrac{1}{3^2} + \dfrac{6^2}{7^2}\right) + \left(\dfrac{1}{3^3} + \dfrac{6^3}{7^3}\right) + \cdots$;

(12) $\dfrac{1}{2} + \dfrac{1}{10} + \dfrac{1}{4} + \dfrac{1}{20} + \dfrac{1}{8} + \dfrac{1}{30} + \cdots$.

6. (1) 设级数 $\sum\limits_{n=1}^{\infty} u_n$ 收敛, 级数 $\sum\limits_{n=1}^{\infty} v_n$ 发散, 试证明级数 $\sum\limits_{n=1}^{\infty} (u_n + v_n)$ 发散;

(2) 若级数 $\sum\limits_{n=1}^{\infty} u_n$ 与 $\sum\limits_{n=1}^{\infty} v_n$ 均发散, 请问能确定级数 $\sum\limits_{n=1}^{\infty} (u_n + v_n)$ 的敛散性吗? 举例说明即可.

§8.2 常数项级数敛散性的判别法

一、正项级数及其敛散性的判别法

上节讨论的常数项级数的一般项 u_n 可为正数、负数和零. 若级数 $\sum\limits_{n=1}^{\infty} u_n$ 的一般项 $u_n \geqslant 0$ $(n = 1, 2, \cdots)$, 则称此级数为**正项级数**. 实际上, 通常级数的敛散性判别问题大多可归结为正项级数的敛散性判别问题, 故先专门讨论正项级数的敛散性, 下面介绍几种常用的判别法.

定理1(正项级数收敛的基本定理)　设 $\sum\limits_{n=1}^{\infty} u_n$ 为正项级数, 则 $\sum\limits_{n=1}^{\infty} u_n$ 收敛的充要条件是它的部分和数列 $\{S_n\}$ 有上界.

证　由 $u_n \geqslant 0$ $(n = 1, 2, \cdots)$ 知

$$S_{n+1} = S_n + u_{n+1} \geqslant S_n \geqslant 0, \quad n \in \mathbf{N}_+.$$

可见 $\{S_n\}$ 是单调增加数列. 由单调有界数列必有极限可知, 若 $\{S_n\}$ 有上界, 则极限 $\lim\limits_{n\to\infty} S_n$

存在,从而级数 $\sum\limits_{n=1}^{\infty} u_n$ 收敛;若 $\{S_n\}$ 无上界,则 $\lim\limits_{n\to\infty} S_n = +\infty$,从而级数 $\sum\limits_{n=1}^{\infty} u_n$ 发散.

定理得证.

例 1 判别级数 $\sum\limits_{n=1}^{\infty} \dfrac{1}{n!}$ 的敛散性.

解 因为该正项级数的部分和

$$S_n = 1 + \frac{1}{2!} + \frac{1}{3!} + \cdots + \frac{1}{n!}$$

$$< 1 + \frac{1}{1 \times 2} + \frac{1}{2 \times 3} + \cdots + \frac{1}{(n-1) \times n}$$

$$= 1 + \left(1 - \frac{1}{2}\right) + \left(\frac{1}{2} - \frac{1}{3}\right) + \cdots + \left(\frac{1}{n-1} - \frac{1}{n}\right)$$

$$= 2 - \frac{1}{n} < 2.$$

即 $0 < S_n < 2$,故数列 $\{S_n\}$ 有上界,根据定理 1 可知,级数 $\sum\limits_{n=1}^{\infty} \dfrac{1}{n!}$ 收敛.

定理 2(比较判别法) 设 $\sum\limits_{n=1}^{\infty} u_n$ 和 $\sum\limits_{n=1}^{\infty} v_n$ 都是正项级数,且 $u_n \leqslant v_n (n=1,2,\cdots)$.

(1) 若 $\sum\limits_{n=1}^{\infty} v_n$ 收敛,则 $\sum\limits_{n=1}^{\infty} u_n$ 收敛;

(2) 若 $\sum\limits_{n=1}^{\infty} u_n$ 发散,则 $\sum\limits_{n=1}^{\infty} v_n$ 发散.

证 记 $\sum\limits_{n=1}^{\infty} u_n$ 与 $\sum\limits_{n=1}^{\infty} v_n$ 的部分和分别为 S_n 与 S_n',则由 $0 \leqslant u_n \leqslant v_n (n=1,2,\cdots)$,有

$$S_n = u_1 + u_2 + \cdots + u_n \leqslant v_1 + v_2 + \cdots + v_n = S_n' \quad (n=1,2,\cdots).$$

(1) 若 $\sum\limits_{n=1}^{\infty} v_n$ 收敛,则 $\{S_n'\}$ 有上界,从而 $\{S_n\}$ 有上界,由定理 1 可知,$\sum\limits_{n=1}^{\infty} u_n$ 收敛.

(2) 若 $\sum\limits_{n=1}^{\infty} u_n$ 发散,则 $\{S_n\}$ 无上界,从而 $\{S_n'\}$ 无上界,由定理 1 可知,$\sum\limits_{n=1}^{\infty} v_n$ 发散.

定理得证.

推论 设 $\sum\limits_{n=1}^{\infty} u_n$ 和 $\sum\limits_{n=1}^{\infty} v_n$ 均为正项级数,且存在常数 $c>0$ 和正整数 N,当 $n \geqslant N$ 时,有

$$u_n \leqslant cv_n,$$

那么

(1) 当 $\sum\limits_{n=1}^{\infty} v_n$ 收敛时,$\sum\limits_{n=1}^{\infty} u_n$ 收敛;

(2) 当 $\sum\limits_{n=1}^{\infty} u_n$ 发散时,$\sum\limits_{n=1}^{\infty} v_n$ 发散.

请自行证明.

例 2 讨论 p - 级数 $\sum\limits_{n=1}^{\infty} \dfrac{1}{n^p} (p > 0)$ 的敛散性.

解 按 $p \leqslant 1$ 和 $p>1$ 两种情形分别讨论.

（1）当 $p \leqslant 1$ 时，有 $\dfrac{1}{n^p} \geqslant \dfrac{1}{n}$ $(n=1,2,\cdots)$. 因调和级数 $\sum\limits_{n=1}^{\infty} \dfrac{1}{n}$ 发散，故由比较判别法可知，当 $p \leqslant 1$ 时，p-级数 $\sum\limits_{n=1}^{\infty} \dfrac{1}{n^p}$ 发散.

（2）当 $p>1$ 时，由于

$$0 < \frac{1}{m^p} = \int_{m-1}^{m} \frac{1}{m^p} \mathrm{d}x < \int_{m-1}^{m} \frac{1}{x^p} \mathrm{d}x \quad (m=2,3,\cdots),$$

故 p-级数的部分和

$$\begin{aligned}
S_n &= 1 + \sum_{m=2}^{n} \frac{1}{m^p} \\
&< 1 + \sum_{m=2}^{n} \int_{m-1}^{m} \frac{1}{x^p} \mathrm{d}x = 1 + \int_{1}^{n} \frac{1}{x^p} \mathrm{d}x = 1 + \frac{1}{p-1} - \frac{n^{1-p}}{p-1} \\
&< 1 + \frac{1}{p-1} = \frac{p}{p-1}.
\end{aligned}$$

故数列 $\{S_n\}$ 有上界，由定理 1 可知，当 $p>1$ 时，p-级数 $\sum\limits_{n=1}^{\infty} \dfrac{1}{n^p}$ 收敛.

在使用比较判别法时，掌握等比级数和 p-级数收敛与发散的结论是十分必要的.

例 3 判别正项级数 $\sum\limits_{n=1}^{\infty} \dfrac{1}{\sqrt{n(n+1)}}$ 的敛散性.

解 因为 $n(n+1) < (n+1)^2$，所以 $\dfrac{1}{\sqrt{n(n+1)}} > \dfrac{1}{n+1}$. 而级数 $\sum\limits_{n=1}^{\infty} \dfrac{1}{n+1}$ 发散，故由比较判别法，原级数 $\sum\limits_{n=1}^{\infty} \dfrac{1}{\sqrt{n(n+1)}}$ 发散.

定理 3（比较判别法的极限形式） 设 $\sum\limits_{n=1}^{\infty} u_n$ 与 $\sum\limits_{n=1}^{\infty} v_n$ 均为正项级数，且有

$$\lim_{n \to \infty} \frac{u_n}{v_n} = A.$$

（1）若 $0 < A < +\infty$，则级数 $\sum\limits_{n=1}^{\infty} u_n$ 与 $\sum\limits_{n=1}^{\infty} v_n$ 同时收敛或同时发散；

（2）若 $A = 0$，且 $\sum\limits_{n=1}^{\infty} v_n$ 收敛，则 $\sum\limits_{n=1}^{\infty} u_n$ 收敛；

（3）若 $A = +\infty$，且 $\sum\limits_{n=1}^{\infty} v_n$ 发散，则 $\sum\limits_{n=1}^{\infty} u_n$ 发散.

证 （1）由于 $\lim\limits_{n \to \infty} \dfrac{u_n}{v_n} = A$，且 $0 < A < +\infty$，故对给定的 $\varepsilon = \dfrac{A}{2} > 0$，存在正整数 N，当 $n>N$ 时，有

$$\left| \frac{u_n}{v_n} - A \right| < \varepsilon = \frac{A}{2},$$

即
$$\frac{A}{2} < \frac{u_n}{v_n} < \frac{3A}{2}.$$

于是,当 $n > N$ 时,有
$$\frac{A}{2} v_n < u_n < \frac{3A}{2} v_n,$$

于是由定理 2 的推论可知,级数 $\sum\limits_{n=1}^{\infty} u_n$ 与 $\sum\limits_{n=1}^{\infty} v_n$ 同时收敛或同时发散.

（2）当 $A = 0$ 时,由于 $\lim\limits_{n \to \infty} \frac{u_n}{v_n} = 0$,故对于给定的 $\varepsilon > 0$,存在正整数 N,当 $n > N$ 时,有
$$\left| \frac{u_n}{v_n} - 0 \right| < \varepsilon, \text{即 } 0 < \frac{u_n}{v_n} < \varepsilon,$$

从而
$$u_n < \varepsilon v_n.$$

因为当 $\sum\limits_{n=1}^{\infty} v_n$ 收敛时, $\sum\limits_{n=1}^{\infty} \varepsilon v_n$ 也收敛,利用比较判别法,可得 $\sum\limits_{n=1}^{\infty} u_n$ 收敛.

（3）当 $A = +\infty$ 时,由于 $\lim\limits_{n \to \infty} \frac{u_n}{v_n} = +\infty$,故对于给定的 $M > 0$,存在正整数 N,当 $n > N$ 时,有
$$\frac{u_n}{v_n} > M,$$

即
$$u_n > M v_n.$$

因为当 $\sum\limits_{n=1}^{\infty} v_n$ 发散时, $\sum\limits_{n=1}^{\infty} M v_n$ 也发散,利用比较判别法,可得 $\sum\limits_{n=1}^{\infty} u_n$ 发散.

定理得证.

说明 （1）定理 3 相比定理 2 在实际应用上更广泛,它避免了直接比较两个数列的大小（其实这是比较困难的）.

（2）当判别正项级数 $\sum\limits_{n=1}^{\infty} u_n$（这里当 $n \to \infty$ 时 $u_n \to 0$,否则级数发散）的敛散性时,需要选择恰当的正项级数 $\sum\limits_{n=1}^{\infty} v_n$ 作为**基准级数**来进行比较:当 $n \to \infty$ 时,

（ⅰ）如果 u_n 与 v_n 是同阶无穷小量,那么 $\sum\limits_{n=1}^{\infty} u_n$ 与 $\sum\limits_{n=1}^{\infty} v_n$ 同时收敛或同时发散;

（ⅱ）如果 u_n 是比 v_n 高阶的无穷小量,且 $\sum\limits_{n=1}^{\infty} v_n$ 收敛,那么 $\sum\limits_{n=1}^{\infty} u_n$ 也收敛;

（ⅲ）如果 u_n 是比 v_n 低阶的无穷小量,且 $\sum\limits_{n=1}^{\infty} v_n$ 发散,那么 $\sum\limits_{n=1}^{\infty} u_n$ 也发散.

（3）如何选择基准级数 $\sum\limits_{n=1}^{\infty} v_n$? 通常将一般项 u_n 或其部分因子用其等价无穷小量代换后,得到新的一般项 v_n,这时的新级数 $\sum\limits_{n=1}^{\infty} v_n$（它的敛散性必须是已知的）与级数 $\sum\limits_{n=1}^{\infty} u_n$ 的敛散性相同.

例4 判别级数 $\sum\limits_{n=1}^{\infty} 2^n \sin \dfrac{\pi}{3^n}$ 的敛散性.

解 因当 $n \to \infty$ 时，$\sin \dfrac{\pi}{3^n} \sim \dfrac{\pi}{3^n}$，故

$$\lim_{n \to \infty} \frac{2^n \sin \dfrac{\pi}{3^n}}{2^n \cdot \dfrac{\pi}{3^n}} = \lim_{n \to \infty} \frac{2^n \sin \dfrac{\pi}{3^n}}{\pi \left(\dfrac{2}{3}\right)^n} = 1.$$

而等比级数 $\sum\limits_{n=1}^{\infty} \left(\dfrac{2}{3}\right)^n$ 收敛，由比较判别法的极限形式，可知级数 $\sum\limits_{n=1}^{\infty} 2^n \sin \dfrac{\pi}{3^n}$ 收敛.

例5 判别级数 $\sum\limits_{n=1}^{\infty} \ln\left(1 + \dfrac{1}{n^2}\right)$ 的敛散性.

解 由于

$$\lim_{n \to \infty} \frac{\ln\left(1 + \dfrac{1}{n^2}\right)}{\dfrac{1}{n^2}} = 1.$$

而 $\sum\limits_{n=1}^{\infty} \dfrac{1}{n^2}$ 为收敛的 p - 级数 $(p = 2 > 1)$，故级数 $\sum\limits_{n=1}^{\infty} \ln\left(1 + \dfrac{1}{n^2}\right)$ 收敛.

定理4（比值判别法） 设 $\sum\limits_{n=1}^{\infty} u_n$ 为正项级数，且

$$\lim_{n \to \infty} \frac{u_{n+1}}{u_n} = \rho.$$

（1）若 $\rho < 1$，则级数 $\sum\limits_{n=1}^{\infty} u_n$ 收敛；

（2）若 $\rho > 1$，则级数 $\sum\limits_{n=1}^{\infty} u_n$ 发散.

证 （1）设 $\lim\limits_{n \to \infty} \dfrac{u_{n+1}}{u_n} = \rho < 1$，则对给定的 $\varepsilon = \dfrac{1-\rho}{2} > 0$，存在正整数 N，使得当 $n \geqslant N$ 时，有

$$\left| \frac{u_{n+1}}{u_n} - \rho \right| < \varepsilon,$$

即有

$$\frac{u_{n+1}}{u_n} < \rho + \varepsilon = \frac{\rho+1}{2} = q < 1, \ n \geqslant N.$$

于是有

$$u_{N+1} < q u_N,$$
$$u_{N+2} < q u_{N+1} < q^2 u_N,$$
$$\cdots$$
$$u_{N+m} < q u_{N+m-1} < \cdots < q^m u_N \, (m \geqslant 1).$$

因为等比级数 $\sum\limits_{m=1}^{\infty} q^m u_N (0<q<1)$ 收敛,利用比较判别法,可知级数 $\sum\limits_{m=1}^{\infty} u_{N+m} = \sum\limits_{n=N+1}^{\infty} u_n$ 收敛,从而级数 $\sum\limits_{n=1}^{\infty} u_n$ 收敛.

（2）设 $\lim\limits_{n\to\infty}\dfrac{u_{n+1}}{u_n}=\rho>1$,则对给定的 $\varepsilon=\dfrac{\rho-1}{2}>0$,存在正整数 N,使得当 $n\geqslant N$ 时,有

$$\left|\dfrac{u_{n+1}}{u_n}-\rho\right|<\varepsilon,$$

即有

$$\dfrac{u_{n+1}}{u_n}>\rho-\varepsilon=\dfrac{\rho+1}{2}=q>1,\ n\geqslant N.$$

于是有

$$u_{N+1}>qu_N,$$
$$u_{N+2}>qu_{N+1}>q^2 u_N,$$
$$\cdots$$
$$u_{N+m}>qu_{N+m-1}>\cdots>q^m u_N(m\geqslant1).$$

因为等比级数 $\sum\limits_{m=1}^{\infty} q^m u_N (q>1)$ 发散,根据比较判别法,可知级数 $\sum\limits_{m=1}^{\infty} u_{N+m} = \sum\limits_{n=N+1}^{\infty} u_n$ 发散,从而级数 $\sum\limits_{n=1}^{\infty} u_n$ 发散.

定理得证.

注意　若 $\lim\limits_{n\to\infty}\dfrac{u_{n+1}}{u_n}=\rho=1$,则级数 $\sum\limits_{n=1}^{\infty} u_n$ 可能收敛也可能发散.例如,对于 p – 级数 $\sum\limits_{n=1}^{\infty}\dfrac{1}{n^p}$,总有

$$\lim\limits_{n\to\infty}\dfrac{u_{n+1}}{u_n}=\lim\limits_{n\to\infty}\dfrac{\dfrac{1}{(n+1)^p}}{\dfrac{1}{n^p}}=\lim\limits_{n\to\infty}\left(\dfrac{n}{n+1}\right)^p=1.$$

但当 $p>1$ 时, $\sum\limits_{n=1}^{\infty}\dfrac{1}{n^p}$ 收敛;当 $p\leqslant1$ 时, $\sum\limits_{n=1}^{\infty}\dfrac{1}{n^p}$ 发散. 由此可见,当 $\lim\limits_{n\to\infty}\dfrac{u_{n+1}}{u_n}=1$ 时不能利用比值判别法判别 $\sum\limits_{n=1}^{\infty} u_n$ 的敛散性.

比值判别法也称为**达朗贝尔(d' Alembert) 判别法**.

例 6　判别级数 $\sum\limits_{n=1}^{\infty}\dfrac{n!}{n^n}$ 的敛散性.

解　由于

$$\lim\limits_{n\to\infty}\dfrac{u_{n+1}}{u_n}=\lim\limits_{n\to\infty}\dfrac{\dfrac{(n+1)!}{(n+1)^{n+1}}}{\dfrac{n!}{n^n}}=\lim\limits_{n\to\infty}\dfrac{1}{\left(1+\dfrac{1}{n}\right)^n}=\dfrac{1}{\mathrm{e}}<1.$$

故级数 $\sum\limits_{n=1}^{\infty} \dfrac{n!}{n^n}$ 收敛.

例 7　讨论级数 $\sum\limits_{n=1}^{\infty} (n+1)\left(\dfrac{x}{2}\right)^n$ $(x>0)$ 的敛散性.

解　这是一个正项级数. 由于

$$\lim_{n\to\infty} \frac{u_{n+1}}{u_n} = \lim_{n\to\infty} \frac{(n+2)\left(\dfrac{x}{2}\right)^{n+1}}{(n+1)\left(\dfrac{x}{2}\right)^n} = \lim_{n\to\infty} \frac{(n+2)x}{2(n+1)} = \frac{x}{2}.$$

故当 $0<x<2$ 时,级数收敛;当 $x>2$ 时,级数发散;当 $x=2$ 时,$u_n = n+1 \to \infty$ $(n\to\infty)$,级数发散.

定理 5(根值判别法)　设 $\sum\limits_{n=1}^{\infty} u_n$ 为正项级数,且

$$\lim_{n\to\infty} \sqrt[n]{u_n} = \rho.$$

(1) 若 $\rho < 1$,则级数 $\sum\limits_{n=1}^{\infty} u_n$ 收敛;

(2) 若 $\rho > 1$,则级数 $\sum\limits_{n=1}^{\infty} u_n$ 发散.

证　(1) 设 $\rho<1$,令 $q=\dfrac{1+\rho}{2}$,则 $\rho<q<1$. 由条件可知,对给定的 $\varepsilon=\dfrac{1-\rho}{2}>0$,存在正整数 N,使得当 $n>N$ 时,有 $\left|\sqrt[n]{u_n}-\rho\right|<\varepsilon$,即有

$$\sqrt[n]{u_n} < \rho+\varepsilon = \rho+\frac{1-\rho}{2} = q < 1, \quad n>N.$$

从而有

$$u_n < q^n, \quad n>N.$$

由于等比级数 $\sum\limits_{n=1}^{\infty} q^n$ $(0<q<1)$ 收敛,由比较判别法可知,级数 $\sum\limits_{n=1}^{\infty} u_n$ 收敛.

(2) 类似可证,若 $\rho>1$,则级数 $\sum\limits_{n=1}^{\infty} u_n$ 发散.

定理得证.

根值判别法也称为**柯西(Cauchy)判别法**.

例 8　判别级数 $\sum\limits_{n=1}^{\infty} \left(\dfrac{na}{n+1}\right)^n$ $(a>0)$ 的敛散性.

解　因为

$$\lim_{n\to\infty} \sqrt[n]{u_n} = \lim_{n\to\infty} \frac{na}{n+1} = a,$$

所以,当 $a<1$ 时,级数收敛;当 $a>1$ 时,级数发散;而当 $a=1$ 时,$u_n = \left(\dfrac{n}{n+1}\right)^n \to \dfrac{1}{e} \neq 0$ $(n\to\infty)$,级数发散.

上面我们介绍了几种判别正项级数敛散性的常用方法. 实际运用时,可按如下顺序

选择判别方法:

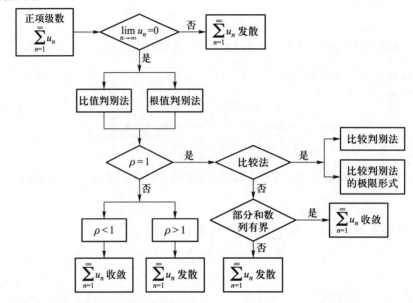

二、交错级数及其敛散性的判别法

定义 1 形如

$$\sum_{n=1}^{\infty} (-1)^{n-1} u_n = u_1 - u_2 + u_3 - u_4 + \cdots$$

或

$$\sum_{n=1}^{\infty} (-1)^{n} u_n = - u_1 + u_2 - u_3 + u_4 - \cdots$$

的级数称为**交错级数**,其中 $u_n > 0 (n = 1, 2, \cdots)$.

下面我们按照 $\sum_{n=1}^{\infty} (-1)^{n-1} u_n$ 的形式证明关于交错级数的一个判别法.

定理 6(莱布尼茨判别法) 若交错级数 $\sum_{n=1}^{\infty} (-1)^{n-1} u_n$ 满足条件:

(1) $u_n \geqslant u_{n+1} (n = 1, 2, \cdots)$;
(2) $\lim_{n \to \infty} u_n = 0$,

则交错级数 $\sum_{n=1}^{\infty} (-1)^{n-1} u_n$ 收敛,且其和 $S \leqslant u_1$.

证 由条件(1)可知,对任意的 $n \in \mathbf{N}_+$,有

$$S_{2n} = u_1 - (u_2 - u_3) - \cdots - (u_{2n-2} - u_{2n-1}) - u_{2n} \leqslant u_1,$$
$$S_{2n} = (u_1 - u_2) + (u_3 - u_4) + \cdots + (u_{2n-1} - u_{2n}) \geqslant 0.$$

这表明,下标为偶数的部分和数列 $\{S_{2n}\}$ 单调增加且有上界,故极限 $\lim_{n \to \infty} S_{2n}$ 存在.

另一方面,由条件(2)可知 $\lim_{n \to \infty} u_{2n+1} = 0$,从而

$$\lim_{n \to \infty} S_{2n+1} = \lim_{n \to \infty} (S_{2n} + u_{2n+1}) = \lim_{n \to \infty} S_{2n}.$$

由此可见,极限 $\lim_{n \to \infty} S_n$ 存在,从而 $\sum_{n=1}^{\infty} (-1)^{n-1} u_n$ 收敛,且由 $S_{2n} \leqslant u_1$ 可知

$$\sum_{n=1}^{\infty} (-1)^{n-1} u_n = S \leqslant u_1.$$

定理得证.

例如,交错级数

$$1 - \frac{1}{2} + \frac{1}{3} - \frac{1}{4} + \cdots + (-1)^{n-1} \frac{1}{n} + \cdots$$

满足条件 (1) $u_n = \dfrac{1}{n} > u_{n+1} = \dfrac{1}{n+1}$ $(n = 1, 2, \cdots)$;(2) $\lim\limits_{n \to \infty} u_n = \lim\limits_{n \to \infty} \dfrac{1}{n} = 0$,所以该级数是收敛的,且其和 $S < 1$.

三、 绝对收敛与条件收敛

若级数 $\sum\limits_{n=1}^{\infty} u_n$ 中有无穷多个正项和无穷多个负项,则称 $\sum\limits_{n=1}^{\infty} u_n$ 为**任意项级数**. 判别任意项级数的敛散性时,通常先考虑将其转化为判别正项级数敛散性的问题.

由任意项级数 $\sum\limits_{n=1}^{\infty} u_n$ 的各项取绝对值后构成的正项级数 $\sum\limits_{n=1}^{\infty} |u_n|$ 称为 $\sum\limits_{n=1}^{\infty} u_n$ 的**绝对值级数**.

定义 2 若级数 $\sum\limits_{n=1}^{\infty} |u_n|$ 收敛,则称级数 $\sum\limits_{n=1}^{\infty} u_n$ **绝对收敛**;若级数 $\sum\limits_{n=1}^{\infty} |u_n|$ 发散,而级数 $\sum\limits_{n=1}^{\infty} u_n$ 收敛,则称级数 $\sum\limits_{n=1}^{\infty} u_n$ **条件收敛**.

定理 7 若级数 $\sum\limits_{n=1}^{\infty} u_n$ 绝对收敛,则级数 $\sum\limits_{n=1}^{\infty} u_n$ 必定收敛.

证 令 $v_n = \dfrac{1}{2}(u_n + |u_n|)$,则显然有

$$0 \leqslant v_n \leqslant |u_n|.$$

于是,根据比较判别法,当级数 $\sum\limits_{n=1}^{\infty} |u_n|$ 收敛时,可知级数 $\sum\limits_{n=1}^{\infty} v_n$ 收敛,从而级数 $\sum\limits_{n=1}^{\infty} 2v_n$ 也收敛. 又由

$$u_n = 2v_n - |u_n|$$

可知,级数 $\sum\limits_{n=1}^{\infty} u_n$ 收敛.

定理得证.

定理 7 说明,对于任意项级数 $\sum\limits_{n=1}^{\infty} u_n$,其绝对值级数 $\sum\limits_{n=1}^{\infty} |u_n|$ 均为正项级数,故可应用正项级数判别法来判别其敛散性:

(1) 若 $\sum\limits_{n=1}^{\infty} |u_n|$ 收敛,则 $\sum\limits_{n=1}^{\infty} u_n$ 必收敛.

(2) 一般地,当 $\sum\limits_{n=1}^{\infty} |u_n|$ 发散时,$\sum\limits_{n=1}^{\infty} u_n$ 不一定发散. 但值得注意的是,如果根据比值判

别法或根值判别法判定 $\sum\limits_{n=1}^{\infty} |u_n|$ 发散,则 $\sum\limits_{n=1}^{\infty} u_n$ 必发散.原因如下:

根据比值判别法或根值判别法判别 $\sum\limits_{n=1}^{\infty} |u_n|$ 发散,必有 $\lim\limits_{n\to\infty} \dfrac{|u_{n+1}|}{|u_n|} = \rho \geqslant 1$ 或 $\lim\limits_{n\to\infty} \sqrt[n]{|u_n|} = \rho \geqslant 1$,则存在正整数 N,当 $n>N$ 时,有 $\dfrac{|u_{n+1}|}{|u_n|} \geqslant 1$ 或 $\sqrt[n]{|u_n|} \geqslant 1$,即 $|u_{n+1}| \geqslant |u_n|$ 或 $|u_n| \geqslant 1$,所以 $\lim\limits_{n\to\infty} |u_n| \neq 0$,从而 $\lim\limits_{n\to\infty} u_n \neq 0$,由级数收敛的必要条件知,级数 $\sum\limits_{n=1}^{\infty} u_n$ 发散.

例 9 证明级数 $\sum\limits_{n=1}^{\infty} \dfrac{\sin n}{n^2}$ 绝对收敛.

证 由于 $|u_n| = \left| \dfrac{\sin n}{n^2} \right| \leqslant \dfrac{1}{n^2}$,且 $\sum\limits_{n=1}^{\infty} \dfrac{1}{n^2}$ 收敛,可得 $\sum\limits_{n=1}^{\infty} \left| \dfrac{\sin n}{n^2} \right|$ 收敛,从而 $\sum\limits_{n=1}^{\infty} \dfrac{\sin n}{n^2}$ 绝对收敛.

例 10 证明级数 $\sum\limits_{n=1}^{\infty} \dfrac{(-1)^{n-1}}{n^p} (0 < p \leqslant 1)$ 条件收敛.

证 由于

$$u_n = \frac{1}{n^p} > \frac{1}{(n+1)^p} = u_{n+1} (n=1,2,\cdots),$$

$$\lim_{n\to\infty} u_n = \lim_{n\to\infty} \frac{1}{n^p} = 0 \ (0 < p \leqslant 1),$$

故由莱布尼茨判别法可知,级数 $\sum\limits_{n=1}^{\infty} \dfrac{(-1)^{n-1}}{n^p} (0 < p \leqslant 1)$ 收敛.

另一方面,当 $0<p\leqslant 1$ 时,p-级数

$$\sum_{n=1}^{\infty} \left| \frac{(-1)^{n-1}}{n^p} \right| = \sum_{n=1}^{\infty} \frac{1}{n^p}$$

发散. 因此,交错级数 $\sum\limits_{n=1}^{\infty} \dfrac{(-1)^{n-1}}{n^p} (0 < p \leqslant 1)$ 条件收敛.

例 11 讨论级数 $\sum\limits_{n=1}^{\infty} \dfrac{(-1)^{n-1}}{n} x^n$ 的敛散性.

解 因为

$$\lim_{n\to\infty} \frac{|u_{n+1}|}{|u_n|} = \lim_{n\to\infty} \left| \frac{x^{n+1}}{n+1} \cdot \frac{n}{x^n} \right| = \lim_{n\to\infty} \frac{n}{n+1} |x| = |x|,$$

所以,当 $|x| < 1$ 时,级数 $\sum\limits_{n=1}^{\infty} \left| \dfrac{(-1)^{n-1}}{n} x^n \right|$ 收敛,从而级数 $\sum\limits_{n=1}^{\infty} \dfrac{(-1)^{n-1}}{n} x^n$ 绝对收敛;当 $|x| > 1$ 时,级数 $\sum\limits_{n=1}^{\infty} \left| \dfrac{(-1)^{n-1}}{n} x^n \right|$ 发散,且有 $\lim\limits_{n\to\infty} \dfrac{(-1)^{n-1}}{n} x^n = \infty$,故由级数收敛的必要条件可知,级数 $\sum\limits_{n=1}^{\infty} \dfrac{(-1)^{n-1}}{n} x^n$ 发散.

另外,当 $x = 1$ 时,由例10可知,级数 $\displaystyle\sum_{n=1}^{\infty} \dfrac{(-1)^{n-1}}{n}$ 条件收敛;当 $x = -1$ 时,由 §8.1 性质1和调和级数 $\displaystyle\sum_{n=1}^{\infty} \dfrac{1}{n}$ 发散可知,级数 $\displaystyle\sum_{n=1}^{\infty} \dfrac{-1}{n}$ 发散.

总之,当 $|x| < 1$ 时,级数 $\displaystyle\sum_{n=1}^{\infty} \dfrac{(-1)^{n-1}}{n} x^n$ 绝对收敛;当 $x = 1$ 时,该级数条件收敛;当 $|x| > 1$ 及 $x = -1$ 时,该级数发散.

💻 **习题 8-2**

1. 判断下列各题的对错:

（1）若正项级数发散,则其部分和数列必趋于正无穷大; （　　）

（2）若正项级数 $\displaystyle\sum_{n=1}^{\infty} u_n$ 发散,则 $u_n \geqslant \dfrac{1}{n}$; （　　）

（3）若级数 $\displaystyle\sum_{n=1}^{\infty} u_n$ 收敛,则级数 $\displaystyle\sum_{n=1}^{\infty} u_n^2$ 一定收敛; （　　）

（4）若正项级数 $\displaystyle\sum_{n=1}^{\infty} u_n$ 收敛,则级数 $\displaystyle\sum_{n=1}^{\infty} u_n^2$ 收敛; （　　）

（5）若级数 $\displaystyle\sum_{n=1}^{\infty} u_n^2$ 收敛,则级数 $\displaystyle\sum_{n=1}^{\infty} u_n$ 收敛; （　　）

（6）若级数 $\displaystyle\sum_{n=1}^{\infty} u_n$ 收敛,则级数 $\displaystyle\sum_{n=1}^{\infty} (-1)^{n-1} u_n$ 条件收敛; （　　）

（7）若级数 $\displaystyle\sum_{n=1}^{\infty} (-1)^{n-1} u_n (u_n > 0)$ 条件收敛,则级数 $\displaystyle\sum_{n=1}^{\infty} u_n$ 发散; （　　）

（8）若级数 $\displaystyle\sum_{n=1}^{\infty} |u_n|$ 发散,则级数 $\displaystyle\sum_{n=1}^{\infty} u_n$ 也发散; （　　）

（9）若交错级数 $\displaystyle\sum_{n=1}^{\infty} (-1)^{n-1} u_n$ 满足莱布尼茨判别法的条件,则 $\displaystyle\sum_{n=1}^{\infty} (-1)^{n+k-1} u_{n+k}$（$k$ 为正整数）也满足莱布尼茨判别法的条件. （　　）

2. 利用比较判别法或其极限形式,判别下列正项级数的敛散性:

（1）$\displaystyle\sum_{n=1}^{\infty} \dfrac{1}{\sqrt{4n^2 - 3}}$;　　（2）$\displaystyle\sum_{n=2}^{\infty} \dfrac{3}{n^2 - n}$;

（3）$\displaystyle\sum_{n=1}^{\infty} \sin \dfrac{\pi}{2^n}$;　　（4）$\displaystyle\sum_{n=1}^{\infty} \dfrac{1+n}{1+n^2}$;

（5）$\displaystyle\sum_{n=1}^{\infty} \dfrac{1}{1+a^n} (a > 0)$;　　（6）$\displaystyle\sum_{n=1}^{\infty} \dfrac{1}{n \sqrt[n]{n}}$;

（7）$\displaystyle\sum_{n=1}^{\infty} \dfrac{1}{\ln(1+n)}$;　　（8）$\displaystyle\sum_{n=1}^{\infty} \dfrac{1}{\sqrt{2n^3 - 1}}$;

（9）$\displaystyle\sum_{n=1}^{\infty} \left(1 - \cos \dfrac{1}{n}\right)$;　　（10）$\displaystyle\sum_{n=1}^{\infty} \dfrac{\pi}{n} \tan \dfrac{\pi}{n}$;

(11) $\displaystyle\sum_{n=1}^{\infty} \frac{1}{n^2}\ln n$;
　　　　　　　　　　(12) $\displaystyle\sum_{n=1}^{\infty} \tan\frac{\pi}{4n}$;

(13) $\displaystyle\sum_{n=1}^{\infty} \frac{1}{\sqrt{n}}\ln\frac{n+1}{n-1}$;
　　　　　　(14) $\displaystyle\sum_{n=1}^{\infty} \left(\frac{1+n^2}{1+n^3}\right)^2$.

3. 设 $\dfrac{a_{n+1}}{a_n} \leqslant \dfrac{b_{n+1}}{b_n}$ $\quad(a_n, b_n > 0, n = 1, 2, \cdots)$, 证明:

(1) 若级数 $\displaystyle\sum_{n=1}^{\infty} b_n$ 收敛, 则级数 $\displaystyle\sum_{n=1}^{\infty} a_n$ 收敛;

(2) 若级数 $\displaystyle\sum_{n=1}^{\infty} a_n$ 发散, 则级数 $\displaystyle\sum_{n=1}^{\infty} b_n$ 发散.

4. 利用比值判别法, 判别下列正项级数的敛散性:

(1) $\displaystyle\sum_{n=1}^{\infty} \frac{(n+1)!}{2^n}$;
　　　　　　　(2) $\displaystyle\sum_{n=1}^{\infty} \frac{3^n}{(2n+1)!}$;

(3) $\displaystyle\sum_{n=1}^{\infty} \frac{n^2}{3^n}$;
　　　　　　　　(4) $\displaystyle\sum_{n=1}^{\infty} \frac{2^n n!}{n^n}$;

(5) $\displaystyle\sum_{n=1}^{\infty} \frac{1\cdot3\cdot5\cdots(2n-1)}{3^n\cdot n!}$;
　　(6) $\displaystyle\sum_{n=1}^{\infty} n^2\sin\frac{\pi}{2^n}$;

(7) $\displaystyle\sum_{n=1}^{\infty} 2^{n+1}\tan\frac{\pi}{4n^2}$;
　　　　(8) $\displaystyle\sum_{n=1}^{\infty} \frac{2^n}{\sqrt{n^n}}$;

(9) $\displaystyle\sum_{n=1}^{\infty} \frac{x^n}{n}$ $\quad(x>0)$;
　　　　(10) $\displaystyle\sum_{n=1}^{\infty} \frac{x^{2n}}{n^2}$.

5. 利用根值判别法, 判别下列正项级数的敛散性:

(1) $\displaystyle\sum_{n=1}^{\infty} \left(\frac{n}{2n+1}\right)^n$;
　　　　(2) $\displaystyle\sum_{n=1}^{\infty} \frac{n^p}{2^n}(p>0)$;

(3) $\displaystyle\sum_{n=1}^{\infty} \left(\arcsin\frac{1}{n}\right)^n$;
　　　(4) $\displaystyle\sum_{n=1}^{\infty} 3^n x^{3n}(x>0)$.

6. 判别下列正项级数的敛散性:

(1) $\displaystyle\sum_{n=1}^{\infty} \frac{1}{\left(1+\dfrac{1}{n}\right)^n}$;
　　　　(2) $\displaystyle\sum_{n=1}^{\infty} \frac{3+(-1)^n}{3^n}$;

(3) $\displaystyle\sum_{n=1}^{\infty} \frac{4^n}{5^n-3^n}$;
　　　　(4) $\displaystyle\sum_{n=1}^{\infty} \frac{n^{n+1}}{(n+1)^{n+2}}$;

(5) $\displaystyle\sum_{n=1}^{\infty} \frac{n\cos^2\dfrac{n}{3}\pi}{2^n}$;
　　　(6) $\displaystyle\sum_{n=1}^{\infty} \frac{2n-1}{3^n}$.

7. 判别下列级数是绝对收敛、条件收敛, 还是发散.

(1) $\displaystyle\sum_{n=1}^{\infty} \frac{(-1)^{n-1}}{\ln(1+n)}$;
　　(2) $\displaystyle\sum_{n=2}^{\infty} (-1)^n\sqrt{\frac{n(n+1)}{(n-1)(n+2)}}$;

(3) $\displaystyle\sum_{n=1}^{\infty} \frac{1}{2^n}\sin\frac{n\pi}{7}$;
　　　(4) $\displaystyle\sum_{n=1}^{\infty} 2^n\sin\frac{n\pi}{5}$;

(5) $\displaystyle\sum_{n=2}^{\infty} \frac{(-1)^{n-1} n^3}{2^n}$; (6) $\displaystyle\sum_{n=1}^{\infty} \frac{(-1)^{n-1}}{n!} 2^{n^2}$;

(7) $\displaystyle\sum_{n=2}^{\infty} \frac{(-1)^n}{n-\ln n}$; (8) $\displaystyle\sum_{n=1}^{\infty} (-1)^n \frac{1}{\ln\left(1+\dfrac{1}{n}\right)}$;

(9) $\displaystyle\sum_{n=1}^{\infty} (-1)^{n-1} \frac{2+(-1)^n}{n^{\frac{5}{4}}}$; (10) $\displaystyle\sum_{n=1}^{\infty} \left(\frac{1}{n} - e^{-n^2}\right)$.

8. 证明 $\displaystyle\lim_{n\to\infty} \frac{2^n}{n!} = 0$.

*§8.3 广义积分敛散性的判别法

一、无穷限积分敛散性的判别法

定理 1(柯西积分判别法) 设连续函数 $f(x)$ 在 $[N,+\infty)$ 上非负且单调减少,则级数 $\displaystyle\sum_{n=1}^{\infty} u_n$ 与广义积分 $\displaystyle\int_N^{+\infty} f(x)\mathrm{d}x$ 同时收敛或同时发散,其中 N 是某个自然数,而 $f(n) = u_n$,$n = 1,2,\cdots$.

证 由于 $f(x)$ 在 $[N,+\infty)$ 上非负且单调减少,如图 8-2 所示,易得

$$\int_k^{k+1} f(x)\mathrm{d}x \leqslant u_k \leqslant \int_{k-1}^k f(x)\mathrm{d}x, \quad k \geqslant N+1.$$

于是有

$$\int_{N+1}^{n+1} f(x)\mathrm{d}x \leqslant \sum_{k=N+1}^n u_k \leqslant \int_N^n f(x)\mathrm{d}x, \quad n \geqslant N+1.$$

根据单调有界准则及其推论知,级数 $\displaystyle\sum_{n=1}^{\infty} u_n$ 与广义积分 $\displaystyle\int_N^{+\infty} f(x)\mathrm{d}x$ 同时收敛或同时发散.

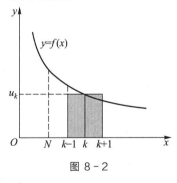

图 8-2

定理得证.

当然,定理 1 实际上也给出了判别广义积分敛散性的一种方法.

例 1 判断级数 $\displaystyle\sum_{n=2}^{\infty} \frac{1}{n\ln n}$ 的敛散性.

解 用比较判别法或比值判别法等不能解决本题,我们考虑积分判别法.

易知函数 $f(x) = \dfrac{1}{x\ln x}$ 在 $[2,+\infty)$ 上非负且单调减少,且广义积分 $\displaystyle\int_2^{+\infty} \frac{1}{x\ln x}\mathrm{d}x$ 发散(按定义可得).故由定理 1,级数 $\displaystyle\sum_{n=2}^{\infty} \frac{1}{n\ln n}$ 发散.

级数与无穷限积分有着密切的联系.事实上,对于级数 $\displaystyle\sum_{n=1}^{\infty} u_n$,如果我们在无穷区间

$[1,+\infty)$上定义函数
$$f(x)=u_n, x\in[n,n+1), n\in\mathbf{N}_+,$$
那么级数的部分和可表示为
$$S_n=u_1+u_2+\cdots+u_n=\int_1^{n+1}f(x)\,\mathrm{d}x.$$
于是,级数$\sum_{n=1}^{\infty}u_n$收敛与否等价于无穷限积分$\int_1^{+\infty}f(x)\,\mathrm{d}x$收敛与否.可见,常数项级数可看作特殊形式的无穷限积分.而常数项级数的比较判别法实质上是下述无穷限积分比较判别法的特殊形式.

定理2(比较判别法) 若常数$c>0$,函数$f(x)$和$g(x)$在$[a,+\infty)$上连续,且有
$$0\leqslant cf(x)\leqslant g(x), x\in[a,+\infty).$$
则当无穷限积分$\int_a^{+\infty}g(x)\,\mathrm{d}x$收敛时,$\int_a^{+\infty}f(x)\,\mathrm{d}x$收敛;当$\int_a^{+\infty}f(x)\,\mathrm{d}x$发散时,$\int_a^{+\infty}g(x)\,\mathrm{d}x$发散.

证 设$\int_a^{+\infty}g(x)\,\mathrm{d}x$收敛,且
$$\int_a^{+\infty}g(x)\,\mathrm{d}x=\lim_{b\to+\infty}\int_a^b g(x)\,\mathrm{d}x=I.$$
则由假设可知,当$b>a$时,有
$$0\leqslant c\int_a^b f(x)\,\mathrm{d}x\leqslant\int_a^b g(x)\,\mathrm{d}x,$$
即
$$0\leqslant\int_a^b f(x)\,\mathrm{d}x\leqslant\frac{1}{c}\int_a^b g(x)\,\mathrm{d}x=\frac{I}{c}.$$
由于$\int_a^b f(x)\,\mathrm{d}x$随$b$增加而增加,且有上界,故极限$\lim_{b\to+\infty}\int_a^b f(x)\,\mathrm{d}x$存在,即无穷限积分$\int_a^{+\infty}f(x)\,\mathrm{d}x$收敛.

若$\int_a^{+\infty}f(x)\,\mathrm{d}x$发散,则$\int_a^{+\infty}g(x)\,\mathrm{d}x$必发散.如若不然,假设$\int_a^{+\infty}g(x)\,\mathrm{d}x$收敛,则由上面的证明可知$\int_a^{+\infty}f(x)\,\mathrm{d}x$收敛,这与$\int_a^{+\infty}f(x)\,\mathrm{d}x$发散的假设矛盾.

定理得证.

我们知道,无穷限积分$\int_a^{+\infty}\frac{1}{x^p}\mathrm{d}x(a>0)$当$p>1$时收敛,当$p\leqslant 1$时发散.因此,当使用比较判别法判别无穷限积分$\int_a^{+\infty}f(x)\,\mathrm{d}x(a>0)$收敛时,可取$g(x)=\frac{1}{x^p}(p>1)$;判别$\int_a^{+\infty}g(x)\,\mathrm{d}x(a>0)$发散时,可取$f(x)=\frac{1}{x^p}(p\leqslant 1)$.

应用更为方便的是比较判别法的极限形式,通常称为极限判别法.

定理3(极限判别法) 设函数$f(x)$在无穷区间$[a,+\infty)$上连续(其中$a\geqslant 0$),且$f(x)\geqslant 0$.若

$$\lim_{x \to +\infty} x^p f(x) = A,$$

则当 $p>1$ 且 $0 \le A < +\infty$ 时, 无穷限积分 $\int_a^{+\infty} f(x)\mathrm{d}x$ 收敛; 当 $p \le 1$ 且 $0 < A \le +\infty$ 时, 无穷限积分 $\int_a^{+\infty} f(x)\mathrm{d}x$ 发散.

证明略.

例 2 判别广义积分 $\int_1^{+\infty} x^p \mathrm{e}^{-\alpha x}\mathrm{d}x$ 的敛散性, 其中 p, α 为常数, 且 $\alpha > 0$.

解 利用洛必达法则可得

$$\lim_{x \to +\infty} x^2 x^p \mathrm{e}^{-\alpha x} = \lim_{x \to +\infty} \frac{x^{p+2}}{\mathrm{e}^{\alpha x}} = 0,$$

故广义积分 $\int_1^{+\infty} x^p \mathrm{e}^{-\alpha x}\mathrm{d}x\,(\alpha > 0)$ 收敛.

例 3 判别广义积分 $\int_1^{+\infty} \dfrac{\arctan x}{1 + x^\alpha}\mathrm{d}x\ (\alpha > 0)$ 的敛散性.

解 由于

$$\lim_{x \to +\infty} x^\alpha \frac{\arctan x}{1+x^\alpha} = \lim_{x \to +\infty} \frac{x^\alpha}{1+x^\alpha}\arctan x = \frac{\pi}{2},$$

故当 $\alpha > 1$ 时, 该广义积分收敛; 当 $\alpha \le 1$ 时, 该广义积分发散.

对于连续函数的广义积分, 有如下的判别定理:

定理 4 设函数 $f(x)$ 在 $[a, +\infty)$ 上连续 (其中 $a > 0$). 若广义积分 $\int_a^{+\infty} |f(x)|\mathrm{d}x$ 收敛, 则广义积分 $\int_a^{+\infty} f(x)\mathrm{d}x$ 收敛. (此时称广义积分 $\int_a^{+\infty} f(x)\mathrm{d}x$ **绝对收敛**.)

证明略.

例 4 判别广义积分 $\int_1^{+\infty} x^p \mathrm{e}^{-\alpha x}\sin\beta x\mathrm{d}x$ 的敛散性, 其中 $p > 0, \alpha > 0, \beta > 0$.

解 由于

$$|x^p \mathrm{e}^{-\alpha x}\sin\beta x| \le x^p \mathrm{e}^{-\alpha x}, \quad x \in [1, +\infty),$$

由例 2 可知 $\int_1^{+\infty} x^p \mathrm{e}^{-\alpha x}\mathrm{d}x$ 收敛, 故 $\int_1^{+\infty} x^p \mathrm{e}^{-\alpha x}\sin\beta x\mathrm{d}x$ 绝对收敛.

二、瑕积分敛散性的判别法

与无穷限积分一样, 瑕积分也有类似的敛散性判别法. 为简便起见, 这里仅讨论 $f(x)$ 在 $(a, b]$ 上连续, a 为瑕点的情形, 其余可类似讨论.

定理 5 (比较判别法) 设函数 $f(x)$ 和 $g(x)$ 在 $(a, b]$ 上连续, $\lim\limits_{x \to a^+} f(x) = +\infty$, $\lim\limits_{x \to a^+} g(x) = +\infty$, 且恒有

$$0 \le cf(x) \le g(x), \quad x \in (a, b], c > 0,$$

则当瑕积分 $\int_a^b g(x)\mathrm{d}x$ 收敛时, $\int_a^b f(x)\mathrm{d}x$ 收敛; 当瑕积分 $\int_a^b f(x)\mathrm{d}x$ 发散时, $\int_a^b g(x)\mathrm{d}x$ 发散.

证明与定理 2 类似, 这里略.

因为瑕积分 $\int_a^b \dfrac{1}{(x-a)^p}dx$ 当 $0<p<1$ 时收敛,当 $p \geqslant 1$ 时发散,所以当使用比较判别法证明瑕积分 $\int_a^b f(x)dx$ 收敛时,可取 $g(x)=\dfrac{1}{(x-a)^p}(0<p<1)$;当证明瑕积分 $\int_a^b g(x)dx$ 发散时,可取 $f(x)=\dfrac{1}{(x-a)^p}(p \geqslant 1)$.

常用的是比较判别法的极限形式,也称为极限判别法.

定理 6(极限判别法) 设函数 $f(x)$ 在 $(a,b]$ 上连续,且 $\lim\limits_{x \to a^+} f(x) = +\infty$, $f(x) \geqslant 0$.若

$$\lim\limits_{x \to a^+} (x-a)^p f(x) = A,$$

则当 $0<p<1$ 且 $0 \leqslant A < +\infty$ 时,瑕积分 $\int_a^b f(x)dx$ 收敛;当 $p \geqslant 1$ 且 $0 < A \leqslant +\infty$ 时,瑕积分 $\int_a^b f(x)dx$ 发散.

证明略.

例 5 判别瑕积分 $\int_0^1 \dfrac{1}{\sqrt{x(1+x^2)}}dx$ 的敛散性.

解 易知 $x=0$ 为瑕点. 由于当 $p=\dfrac{1}{2}<1$ 时,有

$$\lim\limits_{x \to 0^+} x^{\frac{1}{2}} \dfrac{1}{\sqrt{x(1+x^2)}} = \lim\limits_{x \to 0^+} \dfrac{1}{\sqrt{1+x^2}} = 1,$$

故瑕积分 $\int_0^1 \dfrac{1}{\sqrt{x(1+x^2)}}dx$ 收敛.

例 6 判别瑕积分 $\int_{-1}^1 \dfrac{1}{\sqrt{(1-x^2)(4-x^2)}}dx$ 的敛散性.

解 易知 $x=\pm 1$ 为瑕点. 由于

$$\lim\limits_{x \to -1^+} (1+x)^{\frac{1}{2}} \dfrac{1}{\sqrt{(1-x^2)(4-x^2)}} = \lim\limits_{x \to -1^+} \dfrac{1}{\sqrt{(1-x)(4-x^2)}} = \dfrac{1}{\sqrt{6}},$$

$$\lim\limits_{x \to 1^-} (1-x)^{\frac{1}{2}} \dfrac{1}{\sqrt{(1-x^2)(4-x^2)}} = \lim\limits_{x \to 1^-} \dfrac{1}{\sqrt{(1+x)(4-x^2)}} = \dfrac{1}{\sqrt{6}}.$$

故瑕积分 $\int_{-1}^1 \dfrac{1}{\sqrt{(1-x^2)(4-x^2)}}dx$ 收敛.

例 7 证明广义积分 $\Gamma(t) = \int_0^{+\infty} x^{t-1}e^{-x}dx(t>0)$ 收敛.

证 设 $I_1 = \int_0^1 x^{t-1}e^{-x}dx, I_2 = \int_1^{+\infty} x^{t-1}e^{-x}dx$,则

$$\Gamma(t) = \int_0^{+\infty} x^{t-1}e^{-x}dx = I_1 + I_2.$$

首先,在例 2 中令 $p=t-1, \alpha=1>0$,可知 I_2 对一切实数 t 皆收敛.

下面证明 I_1 收敛 $(t>0)$.

显然,当 $t \geqslant 1$ 时,I_1 为定积分,必是收敛的;当 $0<t<1$ 时,$x=0$ 为瑕点,此时有

$$0<x^{t-1}\mathrm{e}^{-x}=\frac{1}{x^{1-t}\mathrm{e}^x}<\frac{1}{x^{1-t}},$$

且瑕积分

$$\int_0^1 \frac{1}{x^{1-t}}\mathrm{d}x=\lim_{\varepsilon\to0^+}\int_\varepsilon^1 x^{t-1}\mathrm{d}x=\lim_{\varepsilon\to0^+}\frac{1}{t}(1-\varepsilon^t)=\frac{1}{t}$$

收敛,故由定理 5 可知,瑕积分 I_1 收敛.

综上所述,可知当 $t>0$ 时,广义积分 $\Gamma(t)$ 收敛.

例 8 判别广义积分 $\int_0^1 x^{p-1}(1-x)^{q-1}\mathrm{d}x$ 的敛散性,其中 p,q 为常数.

解 显然,当 $p \geqslant 1$ 且 $q \geqslant 1$ 时,$\int_0^1 x^{p-1}(1-x)^{q-1}\mathrm{d}x$ 为定积分,必定收敛;当 $p<1$ 时,$x=0$ 为被积函数 $f(x)=x^{p-1}(1-x)^{q-1}$ 的瑕点;当 $q<1$ 时,$x=1$ 为被积函数 $f(x)$ 的瑕点,易知,当 $p<1$ 或 $q<1$ 时,有

$$\lim_{x\to0^+}x^{1-p}f(x)=\lim_{x\to0^+}(1-x)^{q-1}=1,$$
$$\lim_{x\to1^-}(1-x)^{1-q}f(x)=\lim_{x\to1^-}x^{p-1}=1.$$

因此,当 $1-p<1$ 且 $1-q<1$,即 $p>0$ 且 $q>0$ 时,广义积分 $\int_0^1 x^{p-1}(1-x)^{q-1}\mathrm{d}x$ 收敛;当 $p \leqslant 0$ 或 $q \leqslant 0$ 时,广义积分 $\int_0^1 x^{p-1}(1-x)^{q-1}\mathrm{d}x$ 发散.

三、Γ 函数

下面讨论概率论中的一个重要的广义积分.

定义 1 广义积分 $\Gamma(t)=\int_0^{+\infty}x^{t-1}\mathrm{e}^{-x}\mathrm{d}x\,(t>0)$ 是参变量 t 的函数,称为 **Γ 函数**.

在例 7 中我们已经证明,当 $t>0$ 时,这个广义积分是收敛的.

Γ 函数有如下重要性质:

$$\Gamma(t+1)=t\Gamma(t),\quad t>0. \tag{1}$$

特别地,当 $t=n$ 为正整数时,有

$$\Gamma(n+1)=n!. \tag{2}$$

证 由分部积分公式有

$$\Gamma(t+1)=\int_0^{+\infty}x^t\mathrm{e}^{-x}\mathrm{d}x=\int_0^{+\infty}x^t\mathrm{d}(-\mathrm{e}^{-x})$$
$$=-x^t\mathrm{e}^{-x}\Big|_0^{+\infty}+t\int_0^{+\infty}x^{t-1}\mathrm{e}^{-x}\mathrm{d}x$$
$$=t\Gamma(t).$$

特别地,当 $t=n$ 时,有

$$\Gamma(n+1)=n\Gamma(n)=n(n-1)\Gamma(n-1)=\cdots=n(n-1)\cdot\cdots\cdot2\cdot1\cdot\Gamma(1)=n!\,\Gamma(1).$$

而

$$\Gamma(1)=\int_0^{+\infty}\mathrm{e}^{-x}\mathrm{d}x=1,$$

所以

$$\Gamma(n+1)=n!.$$

公式(1)是一个递推公式,利用这个递推公式,可使 Γ 函数的计算大为简化,事实上,由(1)式不难证明如下公式:

$$\Gamma(t)=\begin{cases}\dfrac{1}{t}\Gamma(s), & 0<t=s-1<1,s\in(1,2),\\\Gamma(s), & t=s\in[1,2],\\(t-1)(t-2)\cdots(s+1)s\Gamma(s), & t=n+s>2,s\in[1,2],n\in\mathbf{N}_+.\end{cases}\tag{3}$$

由(3)式可知,对任何 $t>0$,$\Gamma(t)$ 的计算总可化为对 $\Gamma(s)(s\in[1,2])$ 的计算,而 $\Gamma(s)$ $(s\in[1,2])$ 的值可通过 Γ **函数表**直接查看(部分值见表 8-1).

表 8-1　Γ 函数表(部分值)

$$\Gamma(s)=\int_0^{+\infty}x^{s-1}\mathrm{e}^{-x}\mathrm{d}x\,(s>0)$$

s	0.000	0.001	0.002	0.003	0.004	0.005	0.006	0.007	0.008	0.009
1.00	1.000 0	0.999 4	0.998 8	0.998 3	0.997 7	0.997 1	0.996 6	0.996 0	0.995 4	0.994 9
1.01	0.994 3	0.993 8	0.993 2	0.992 7	0.992 1	0.991 6	0.991 0	0.990 5	0.989 9	0.989 4
1.32	0.894 6	0.894 5	0.894 4	0.894 3	0.894 1	0.894 0	0.893 9	0.893 7	0.893 6	0.893 5
1.50	0.886 2	0.886 3	0.886 3	0.886 3	0.886 4	0.886 4	0.886 4	0.886 5	0.886 5	0.886 6
1.99	0.995 8	0.996 2	0.996 6	0.997 1	0.997 5	0.997 9	0.998 3	0.998 7	0.999 2	0.999 6

例9　计算 $\Gamma(3.32)$ 和 $\Gamma(0.5)$.

解
$$\Gamma(3.32)=2.32\times1.32\times\Gamma(1.32),$$
$$\Gamma(0.5)=\frac{1}{0.5}\Gamma(1.5)=2\Gamma(1.5).$$

查表 8-1 可知 $\Gamma(1.32)=0.894\,6$,$\Gamma(1.5)=0.886\,2$,故有
$$\Gamma(3.32)=2.32\times1.32\times0.894\,6\approx2.739\,6,$$
$$\Gamma(0.5)=2\times0.886\,2=1.772\,4.$$

例10　计算 $\displaystyle\int_0^{+\infty}x^4\mathrm{e}^{-x^2}\mathrm{d}x$.

解　令 $u=x^2$,则
$$\int_0^{+\infty}x^4\mathrm{e}^{-x^2}\mathrm{d}x=\frac{1}{2}\int_0^{+\infty}u^{1.5}\mathrm{e}^{-u}\mathrm{d}u=\frac{1}{2}\Gamma\left(\frac{5}{2}\right)$$
$$=\frac{1}{2}\times\frac{3}{2}\times\Gamma\left(\frac{3}{2}\right)=0.664\,65.$$

四、β 函数

由例8可知,广义积分 $\displaystyle\int_0^1x^{p-1}(1-x)^{q-1}\mathrm{d}x$ 当 $p>0$ 且 $q>0$ 时收敛,其值为参数 p 和 q 的函数,称为 β **函数**,记为 $\beta(p,q)$,即

$$\beta(p,q) = \int_0^1 x^{p-1}(1-x)^{q-1}\mathrm{d}x,$$

其定义域为 $p>0$ 且 $q>0$.

β 函数具有下列性质:

性质 1 $\beta(p,q)=\beta(q,p)$.

证 令 $u=1-x$, 则

$$\beta(p,q) = \int_0^1 x^{p-1}(1-x)^{q-1}\mathrm{d}x$$

$$= -\int_1^0 (1-u)^{p-1}u^{q-1}\mathrm{d}u$$

$$= \int_0^1 u^{q-1}(1-u)^{p-1}\mathrm{d}u$$

$$= \beta(q,p).$$

性质 2 $\beta(p+1,q+1)=\dfrac{q}{p+q+1}\beta(p+1,q)$.

证 $\beta(p+1,q+1) = \int_0^1 x^p(1-x)^q\mathrm{d}x$

$$= \frac{1}{p+1}\int_0^1 (1-x)^q\mathrm{d}x^{p+1}$$

$$= \frac{1}{p+1}x^{p+1}(1-x)^q\Big|_0^1 - \frac{1}{p+1}\int_0^1 x^{p+1}\mathrm{d}(1-x)^q$$

$$= \frac{q}{p+1}\int_0^1 x^{p+1}(1-x)^{q-1}\mathrm{d}x$$

$$= \frac{q}{p+1}\int_0^1 x^p[1-(1-x)](1-x)^{q-1}\mathrm{d}x$$

$$= \frac{q}{p+1}\Big[\int_0^1 x^p(1-x)^{q-1}\mathrm{d}x - \int_0^1 x^p(1-x)^q\mathrm{d}x\Big]$$

$$= \frac{q}{p+1}[\beta(p+1,q)-\beta(p+1,q+1)],$$

移项即得

$$\beta(p+1,q+1) = \frac{q}{p+q+1}\beta(p+1,q).$$

性质 3 $\beta(p+1,q+1)=\dfrac{pq}{(p+q+1)(p+q)}\beta(p,q)$.

证 由性质 1 和性质 2, 可得

$$\beta(p+1,q+1) = \frac{q}{p+q+1}\beta(p+1,q)$$

$$= \frac{q}{p+q+1}\beta(q,p+1)$$

$$= \frac{q}{p+q+1}\cdot\frac{p}{p+q}\beta(q,p)$$

$$= \frac{pq}{(p+q+1)(p+q)}\beta(p,q).$$

性质 4 $\beta(p,q) = \dfrac{\Gamma(p)\Gamma(q)}{\Gamma(p+q)}$.

证明略.

由性质 4 可知, β 函数的计算可转化为 Γ 函数的计算.

例 11   计算广义积分 $\displaystyle\int_0^1 \frac{1}{\sqrt{1-\sqrt{x}}}\mathrm{d}x$.

解   令 $u = \sqrt{x}$, 则 $x = u^2$, $\mathrm{d}x = 2u\mathrm{d}u$. 于是

$$\int_0^1 \frac{1}{\sqrt{1-\sqrt{x}}}\mathrm{d}x = \int_0^1 \frac{2u}{\sqrt{1-u}}\mathrm{d}u = 2\int_0^1 u(1-u)^{-\frac{1}{2}}\mathrm{d}u = 2\beta\left(2, \frac{1}{2}\right)$$

$$= 2 \times \frac{\Gamma(2)\Gamma\left(\dfrac{1}{2}\right)}{\Gamma\left(\dfrac{5}{2}\right)} = 2 \times \frac{\Gamma\left(\dfrac{1}{2}\right)}{\dfrac{3}{2} \times \dfrac{1}{2} \times \Gamma\left(\dfrac{1}{2}\right)} = \frac{8}{3}.$$

💻 **习题 8-3**

1. 判别下列广义积分的敛散性:

(1) $\displaystyle\int_1^{+\infty} \mathrm{e}^{-x}\cos x\mathrm{d}x$;

(2) $\displaystyle\int_1^{+\infty} \frac{\ln x}{x^2}\sin x\mathrm{d}x$;

(3) $\displaystyle\int_2^{+\infty} \frac{1+\sin x}{x\sqrt{x^2-1}}\mathrm{d}x$;

(4) $\displaystyle\int_1^{+\infty} \frac{2x}{\sqrt{x+1}}\arctan\frac{1}{x}\mathrm{d}x$;

(5) $\displaystyle\int_1^{+\infty} \mathrm{e}^{-x^2}\mathrm{d}x$;

(6) $\displaystyle\int_1^{+\infty} \frac{1}{x}\ln(1+x^2)\mathrm{d}x$;

(7) $\displaystyle\int_{-1}^1 \frac{1}{\sqrt{x+1}}\ln(x+1)\mathrm{d}x$;

(8) $\displaystyle\int_1^2 \frac{1}{\ln^3 x}\mathrm{d}x$;

(9) $\displaystyle\int_0^1 \frac{\sqrt{x}}{\mathrm{e}^{\sin x}-1}\mathrm{d}x$;

(10) $\displaystyle\int_0^{\frac{\pi}{2}} \frac{1}{x^n}(1-\cos x)\mathrm{d}x$.

2. 利用 Γ 函数计算下列各题:

(1) $\dfrac{5\Gamma(10)\Gamma(4)}{\Gamma(8)\Gamma(6)\Gamma(2)}$;

(2) $\dfrac{\Gamma(1.5)\Gamma(2.5)}{\Gamma(3.5)}$;

(3) $\displaystyle\int_0^{+\infty} \mathrm{e}^{-x^n}\mathrm{d}x \quad (n>0)$;

(4) $\displaystyle\int_0^{+\infty} x^{2n}\mathrm{e}^{-x^2}\mathrm{d}x \left(n>-\dfrac{1}{2}\right)$;

(5) $\displaystyle\int_0^1 \left(\ln\frac{1}{x}\right)^\alpha \mathrm{d}x \ (\alpha>-1)$.

3. 求 $\displaystyle\int_1^2 x^{-\frac{1}{2}}(1-x)^{-\frac{1}{2}}\mathrm{d}x$ 的值.

4. 证明等式:

$$\int_0^1 x^{p-1}(1-x^m)^{q-1}dx = \frac{1}{m}\beta\left(\frac{p}{m}, q\right) \quad (m > 0),$$

并求 $\int_0^1 \dfrac{1}{\sqrt{1-\sqrt[3]{x}}}dx$ 的值.

§8.4 幂 级 数

一、函数项级数的概念

前面我们讨论了常数项级数,它以"数"为项,但是我们还会遇到以"函数"为项的级数,这就是函数项级数.

设函数序列 $\{u_n(x)\}$:
$$u_1(x), u_2(x), \cdots, u_n(x), \cdots$$

定义在同一实数集合 X 上,则称

$$u_1(x) + u_2(x) + \cdots + u_n(x) + \cdots \tag{1}$$

为定义在 X 上的**函数项无穷级数**,简称**函数项级数**或**函数级数**.在函数项级数(1)中,当 x 取确定值 $x_0 \in X$ 时,它就成为一个常数项级数

$$u_1(x_0) + u_2(x_0) + \cdots + u_n(x_0) + \cdots. \tag{2}$$

对于某点 $x_0 \in X$,若常数项级数(2)收敛,则称函数项级数(1)**在点 x_0 处收敛**,x_0 为函数项级数的**收敛点**;若常数项级数(2)发散,则称函数项级数(1)**在点 x_0 处发散**,x_0 为该函数项级数的**发散点**.函数项级数(1)所有收敛点组成的集合 $D \subset X$ 称为该函数项级数的**收敛域**;所有发散点组成的集合称为该函数项级数的**发散域**.对于收敛域 D 中的每一点 x,函数项级数(1)都是收敛的,因而有唯一确定的和与之对应,这个和是 x 的函数,记为 $S(x)$.因此,$S(x)$ 是定义在收敛域 D 上的一个函数,即

$$S(x) = u_1(x) + u_2(x) + \cdots + u_n(x) + \cdots = \sum_{n=1}^{\infty} u_n(x), x \in D.$$

称 $S(x)$ 为函数项级数 $\displaystyle\sum_{n=1}^{\infty} u_n(x)$ 的**和函数**,并称

$$S_n(x) = u_1(x) + u_2(x) + \cdots + u_n(x) = \sum_{i=1}^{n} u_i(x)$$

为函数项级数 $\displaystyle\sum_{n=1}^{\infty} u_n(x)$ 的**部分和**.于是,当 x 属于该函数项级数的收敛域 D 时,有

$$S(x) = \lim_{n \to \infty} S_n(x), x \in D.$$

例 1 讨论定义在区间 $(-\infty, +\infty)$ 上的函数项级数
$$1 + x + x^2 + \cdots + x^n + \cdots$$

的收敛域及和函数.

解 (1)当 $x = 0$ 时,级数收敛于 1;

(2)当 $x \neq 0$ 时,这是公比为 x 的等比级数.

（ⅰ）若 $x \neq \pm 1$，则它的部分和函数 $S_n = \dfrac{1-x^n}{1-x}$.

当 $|x| < 1$ 时，$\lim\limits_{n \to \infty} S_n = \lim\limits_{n \to \infty} \dfrac{1-x^n}{1-x} = \dfrac{1}{1-x}$，该级数收敛，和函数为 $\dfrac{1}{1-x}$；

当 $|x| > 1$ 时，$\lim\limits_{n \to \infty} S_n = \lim\limits_{n \to \infty} \dfrac{1-x^n}{1-x} = \infty$，该级数发散.

（ⅱ）当 $x = \pm 1$ 时，该级数也发散.

综上所述，该级数的收敛域为 $(-1, 1)$，和函数为 $S(x) = \dfrac{1}{1-x}$，$x \in (-1, 1)$.

下面讨论最重要的函数项级数——**幂级数**.

二、幂级数

1. 幂级数的收敛域

每一项都是幂函数的级数，即形如

$$\sum_{n=0}^{\infty} a_n (x - x_0)^n = a_0 + a_1(x - x_0) + \cdots + a_n (x - x_0)^n + \cdots \tag{3}$$

的函数项级数称为**幂级数**，其中 $a_n (n = 0, 1, 2, \cdots)$ 称为幂级数的**系数**. 我们将着重讨论 $x_0 = 0$ 的情形，即幂级数

$$\sum_{n=0}^{\infty} a_n x^n = a_0 + a_1 x + \cdots + a_n x^n + \cdots. \tag{4}$$

这是因为，只要把幂级数（4）中的 x 换成 $x - x_0$ 就可以得到幂级数（3）.

为了讨论幂级数（4）的敛散性，我们先考虑其绝对值级数 $\sum\limits_{n=0}^{\infty} |a_n x^n|$，因为它是正项级数，所以可用比值判别法来讨论. 设

$$\rho = \lim_{n \to \infty} \dfrac{|a_{n+1}|}{|a_n|},$$

则

$$\lim_{n \to \infty} \dfrac{|u_{n+1}|}{|u_n|} = \lim_{n \to \infty} \dfrac{|a_{n+1} x^{n+1}|}{|a_n x^n|} = \lim_{n \to \infty} \dfrac{|a_{n+1}|}{|a_n|} |x| = \rho |x|.$$

于是，当 $\rho |x| < 1$ 即 $|x| < \dfrac{1}{\rho}$ 时，幂级数（4）绝对收敛；当 $\rho |x| > 1$ 即 $|x| > \dfrac{1}{\rho}$ 时，幂级数（4）发散（参见 §8.2 中定理 7 的说明（2））. 至于当 $\rho |x| = 1$ 即 $|x| = \dfrac{1}{\rho}$ 时，要由幂级数（4）所对应的常数项级数来判别其敛散性.

定理 1　如果幂级数 $\sum\limits_{n=1}^{\infty} a_n x^n$ 在点 $x_0 (x_0 \neq 0)$ 处收敛，那么其在满足 $|x| < |x_0|$ 的一切点 x 处绝对收敛；如果幂级数 $\sum\limits_{n=1}^{\infty} a_n x^n$ 在点 x_1 处发散，那么其在满足 $|x| > |x_1|$ 的一切点 x 处发散.

证　设幂级数 $\sum\limits_{n=0}^{\infty} a_n x^n$ 在 $x_0 \neq 0$ 处收敛，即级数 $\sum\limits_{n=0}^{\infty} a_n x_0^n$ 收敛. 于是，由收敛级数的性

质可知, $\lim\limits_{n \to \infty} a_n x_0^n = 0$, 因而数列 $\{a_n x_0^n\}$ 有界. 不妨设

$$|a_n x_0^n| < M \quad (n \in \mathbf{N}_+, M > 0).$$

于是, 对于满足 $|x| < |x_0|$ 的任何 x, 都有

$$\left| a_n x^n \right| = \left| a_n x_0^n \right| \left| \left(\frac{x}{x_0} \right)^n \right| < M r^n,$$

其中 $r = \left| \dfrac{x}{x_0} \right| < 1$. 由于等比级数 $\sum\limits_{n=0}^{\infty} M r^n$ 收敛, 故级数 $\sum\limits_{n=0}^{\infty} a_n x^n$ 绝对收敛.

若幂级数 $\sum\limits_{n=0}^{\infty} a_n x^n$ 在点 x_1 处发散, 假设存在满足 $|x| > |x_1|$ 的 x, 使 $\sum\limits_{n=0}^{\infty} a_n x^n$ 收敛. 则由上面的讨论可知, $\sum\limits_{n=0}^{\infty} a_n x_1^n$ 应收敛, 与假设矛盾. 故 $\sum\limits_{n=1}^{\infty} a_n x^n$ 在满足 $|x| > |x_1|$ 的一切点 x 处发散.

定理证毕.

令 $R = \dfrac{1}{\rho}$, 由前面的分析可以发现: 当 $|x| < R$ 时, 幂级数 $\sum\limits_{n=0}^{\infty} a_n x^n$ 绝对收敛; 当 $|x| > R$ 时, 幂级数 $\sum\limits_{n=0}^{\infty} a_n x^n$ 发散, 所以称 R 为幂级数 $\sum\limits_{n=0}^{\infty} a_n x^n$ 的 **收敛半径**, 称开区间 $(-R, R)$ 为该幂级数的 **收敛区间**, 根据该幂级数在 $x = -R, x = R$ 的敛散情况, 就可以确定该级数的收敛域.

为明确起见, 当 $\rho = +\infty$, 即幂级数 $\sum\limits_{n=0}^{\infty} a_n x^n$ 在一切 $x \neq 0$ 处皆发散时, 规定 $R = 0$, 这时该幂级数仅在 $x = 0$ 处收敛, 其收敛区间退化为一点, 即原点 $x = 0$; 当 $\rho = 0$, 即幂级数 $\sum\limits_{n=0}^{\infty} a_n x^n$ 对一切 x 皆收敛时, 规定 $R = +\infty$, 这时收敛区间为 $(-\infty, +\infty)$.

于是, 利用正项级数的比值判别法, 我们可得到求收敛半径 R 的如下简便方法:

定理 2 设幂级数 $\sum\limits_{n=0}^{\infty} a_n x^n$ 满足

$$\lim_{n \to \infty} \left| \frac{a_{n+1}}{a_n} \right| = \rho,$$

则有

(1) 若 $0 < \rho < +\infty$, 则 $R = \dfrac{1}{\rho}$;

(2) 若 $\rho = 0$, 则 $R = +\infty$;

(3) 若 $\rho = +\infty$, 则 $R = 0$.

注意 由于在该定理的结论中, ρ 是利用幂级数 $\sum\limits_{n=0}^{\infty} a_n x^n$ 相邻两项 x^{n+1} 与 x^n 的系数 a_{n+1} 与 a_n 之比进行运算的, 若幂级数的中间缺项, 则认为该系数为零, 此时是不能利用该定理的. 例如, 对于幂级数 $\sum\limits_{n=0}^{\infty} 2^n x^{2n}$, 所有 x 的奇次方项的系数均为零, 无法应用定理 2, 这时应该直接利用比值判别法求解 (见例 3).

例 2 求幂级数 $\sum\limits_{n=1}^{\infty} \dfrac{1}{n^2 2^n} x^n$ 的收敛半径、收敛区间和收敛域.

解 由于

$$\lim_{n \to \infty} \left| \frac{a_{n+1}}{a_n} \right| = \lim_{n \to \infty} \frac{n^2 2^n}{(n+1)^2 2^{n+1}} = \lim_{n \to \infty} \frac{n^2}{2(n+1)^2} = \frac{1}{2},$$

故收敛半径为 $R = 2$.

当 $x = 2$ 时,原幂级数化为 $\sum\limits_{n=1}^{\infty} \dfrac{1}{n^2}$,这是 $p = 2$ 时的 p-级数,故原幂级数收敛;

当 $x = -2$ 时,原幂级数化为 $\sum\limits_{n=1}^{\infty} \dfrac{(-1)^n}{n^2}$,易知该交错级数绝对收敛.

总之,幂级数 $\sum\limits_{n=1}^{\infty} \dfrac{1}{n^2 2^n} x^n$ 的收敛半径为 2,收敛区间为 $(-2, 2)$,收敛域为 $[-2, 2]$.

例 3 求幂级数 $\sum\limits_{n=1}^{\infty} 2^n x^{2n}$ 的收敛半径、收敛区间和收敛域.

解 由于该幂级数的系数 $a_{2n+1} = 0 (n = 0, 1, 2, \cdots)$,故不能直接利用定理 2. 下面利用比值判别法求解. 由于

$$\lim_{n \to \infty} \frac{|u_{n+1}(x)|}{|u_n(x)|} = \lim_{n \to \infty} \left| \frac{2^{n+1} x^{2(n+1)}}{2^n x^{2n}} \right| = 2x^2,$$

故由比值判别法可知,当 $2x^2 < 1$,即 $|x| < \dfrac{\sqrt{2}}{2}$ 时,$\sum\limits_{n=1}^{\infty} 2^n x^{2n}$ 绝对收敛;当 $2x^2 > 1$,即 $|x| > \dfrac{\sqrt{2}}{2}$ 时,

$\sum\limits_{n=1}^{\infty} 2^n x^{2n}$ 发散;又当 $x = \pm \dfrac{\sqrt{2}}{2}$ 时,原幂级数化为常数项级数

$$\sum_{n=1}^{\infty} 1 = 1 + 1 + \cdots,$$

该级数发散.

故幂级数 $\sum\limits_{n=1}^{\infty} \dfrac{1}{2^n} x^{2n}$ 的收敛半径 $R = \dfrac{\sqrt{2}}{2}$,收敛区间和收敛域均为 $\left(-\dfrac{\sqrt{2}}{2}, \dfrac{\sqrt{2}}{2} \right)$.

例 4 求幂级数 $\sum\limits_{n=1}^{\infty} \dfrac{1}{\sqrt{n}} (x-1)^n$ 的收敛半径、收敛区间和收敛域.

解 令 $t = x - 1$,则所给幂级数化为 $\sum\limits_{n=1}^{\infty} \dfrac{1}{\sqrt{n}} t^n$.

由于

$$\lim_{n \to \infty} \left| \frac{a_{n+1}}{a_n} \right| = \lim_{n \to \infty} \frac{\sqrt{n}}{\sqrt{n+1}} = 1,$$

故由定理 2 可知,$\sum\limits_{n=1}^{\infty} \dfrac{1}{\sqrt{n}} t^n$ 的收敛半径为 $R = 1$.

当 $t = 1$ 时,$\sum\limits_{n=1}^{\infty} \dfrac{1}{\sqrt{n}} t^n = \sum\limits_{n=1}^{\infty} \dfrac{1}{\sqrt{n}}$ 为发散的 p-级数(因 $p = \dfrac{1}{2} < 1$);当 $t = -1$ 时,$\sum\limits_{n=1}^{\infty} \dfrac{1}{\sqrt{n}} (-1)^n$

为收敛的交错级数.

因此,幂级数 $\sum\limits_{n=1}^{\infty} \dfrac{1}{\sqrt{n}} t^n$ 的收敛半径为 $R = 1$,收敛区间为 $(-1, 1)$,收敛域为 $[-1, 1)$.

从而,由 $t = x - 1$ 可知,幂级数 $\sum\limits_{n=1}^{\infty} \dfrac{1}{\sqrt{n}} (x-1)^n$ 的收敛半径为 $R = 1$,收敛区间为 $(0, 2)$,收敛域为 $[0, 2)$.

2. 幂级数的基本性质

下面介绍幂级数的一些基本性质,证明从略.

定理 3 设幂级数 $\sum\limits_{n=0}^{\infty} a_n x^n$ 与 $\sum\limits_{n=0}^{\infty} b_n x^n$ 的收敛半径分别为 $R_1 (R_1 > 0)$ 与 $R_2 (R_2 > 0)$,记 $R = \min\{R_1, R_2\}$,则在区间 $(-R, R)$ 内,两个幂级数可以逐项相加减,即

$$\sum_{n=0}^{\infty} a_n x^n \pm \sum_{n=0}^{\infty} b_n x^n = \sum_{n=0}^{\infty} (a_n \pm b_n) x^n, x \in (-R, R).$$

定理 4 若幂级数 $\sum\limits_{n=0}^{\infty} a_n x^n$ 的收敛半径 $R > 0$,其和函数为 $S(x)$,则

(1) $S(x)$ 在其收敛域上连续;

(2) $S(x)$ 在其收敛区间内可导,且有逐项求导公式

$$S'(x) = \sum_{n=0}^{\infty} (a_n x^n)' = \sum_{n=0}^{\infty} n a_n x^{n-1}, \quad x \in (-R, R), \tag{5}$$

且幂级数 $\sum\limits_{n=0}^{\infty} n a_n x^{n-1}$ 与原幂级数 $\sum\limits_{n=0}^{\infty} a_n x^n$ 有相同的收敛半径.

(3) $S(x)$ 在其收敛域 I 上可积,且有逐项求积分公式

$$\int_0^x S(x) \mathrm{d}x = \sum_{n=0}^{\infty} \int_0^x a_n x^n \mathrm{d}x = \sum_{n=0}^{\infty} \dfrac{a_n}{n+1} x^{n+1}, x \in I, \tag{6}$$

且幂级数 $\sum\limits_{n=0}^{\infty} \dfrac{a_n}{n+1} x^{n+1}$ 与原幂级数 $\sum\limits_{n=0}^{\infty} a_n x^n$ 有相同的收敛半径.

例 5 求幂级数 $\sum\limits_{n=1}^{\infty} \dfrac{x^n}{n}$ 的和函数,并求级数 $\sum\limits_{n=1}^{\infty} \dfrac{(-1)^n}{n}$ 的和.

解 因 $\rho = \lim\limits_{n \to \infty} \dfrac{n}{n+1} = 1$,故 $R = 1$.又 $\sum\limits_{n=1}^{\infty} \dfrac{(-1)^n}{n}$ 收敛,$\sum\limits_{n=1}^{\infty} \dfrac{1}{n}$ 发散,所以幂级数 $\sum\limits_{n=1}^{\infty} \dfrac{x^n}{n}$ 的收敛半径为 1,收敛域为 $[-1, 1)$.

设

$$S(x) = \sum_{n=1}^{\infty} \dfrac{x^n}{n}, x \in [-1, 1),$$

则

$$S'(x) = \sum_{n=1}^{\infty} x^{n-1} = \dfrac{1}{1-x}, x \in (-1, 1).$$

又 $S(0) = 0$,可得

$$S(x) = \int_0^x S'(x) \mathrm{d}x + S(0) = \int_0^x \dfrac{1}{1-x} \mathrm{d}x = -\ln(1-x), \quad x \in (-1, 1).$$

根据定理 4 的 (1) ,可知 $S(x)$ 在 $x = -1$ 处右连续,故和函数
$$S(x) = -\ln(1-x), \quad x \in [-1, 1).$$

特别地,当 $x = -1$ 时, $\displaystyle\sum_{n=1}^{\infty} \frac{(-1)^n}{n} = -\ln 2$,即
$$-1 + \frac{1}{2} - \frac{1}{3} + \cdots + \frac{(-1)^n}{n} + \cdots = -\ln 2,$$

常写成
$$1 - \frac{1}{2} + \frac{1}{3} + \cdots + \frac{(-1)^{n-1}}{n} + \cdots = \ln 2.$$

实际上,这也是 $\ln 2$ 的计算方式,根据精度要求,可选取适当的 n.

说明 等比级数的和函数 $\displaystyle\sum_{n=0}^{\infty} x^n = 1 + x + \cdots + x^n + \cdots = \frac{1}{1-x}$ $(-1 < x < 1)$ 是一个非常重要的结论,一定要熟练应用.

例 6 求幂级数 $\displaystyle\sum_{n=0}^{\infty} (2n+1) x^{2n+1}$ 的和函数.

解 易求得该幂级数的收敛域为 $(-1, 1)$.
因为
$$\sum_{n=0}^{\infty} (2n+1) x^{2n+1} = x \sum_{n=0}^{\infty} (2n+1) x^{2n},$$

所以设
$$S(x) = \sum_{n=0}^{\infty} (2n+1) x^{2n}, x \in (-1, 1).$$

上式两端从 0 到 x 积分,得
$$\int_0^x S(x) \mathrm{d}x = \sum_{n=0}^{\infty} \int_0^x (2n+1) x^{2n} \mathrm{d}x = \sum_{n=0}^{\infty} x^{2n+1} = \frac{x}{1-x^2}, x \in (-1, 1).$$

上式两端再对 x 求导,得
$$S(x) = \left(\frac{x}{1-x^2}\right)' = \frac{1+x^2}{(1-x^2)^2}, x \in (-1, 1).$$

故
$$\sum_{n=0}^{\infty} (2n+1) x^{2n+1} = xS(x) = \frac{x(1+x^2)}{(1-x^2)^2}, x \in (-1, 1).$$

习题 8-4

1. 求下列幂级数的收敛域:

(1) $\displaystyle\sum_{n=1}^{\infty} (-1)^n \frac{5^n}{\sqrt{n}} x^n$;

(2) $\displaystyle\sum_{n=1}^{\infty} \frac{(-1)^n}{n!} x^n$;

(3) $\displaystyle\sum_{n=0}^{\infty} n! \, x^n$;

(4) $\displaystyle\sum_{n=0}^{\infty} \frac{1}{3^n} x^{2n+1}$;

(5) $\displaystyle\sum_{n=1}^{\infty} \frac{(-1)^{n-1}}{n^2} (x-2)^n$;

(6) $\displaystyle\sum_{n=1}^{\infty} \frac{1}{1+n^2} (3x)^n$;

(7) $\displaystyle\sum_{n=0}^{\infty} q^{n^2} x^n (0 < q < 1)$;

(8) $\displaystyle\sum_{n=1}^{\infty} \frac{(-1)^{n-1}}{3^n} \sqrt{x^n}$;

(9) $\displaystyle\sum_{n=1}^{\infty} \frac{2^n}{2n-1} x^{4n}$;   (10) $\displaystyle\sum_{n=1}^{\infty} \left[\left(\frac{n+1}{n} \right)^n x \right]^n$;

2. 求下列幂级数的收敛域及它们在收敛域内的和函数:

(1) $\displaystyle\sum_{n=1}^{\infty} \frac{x^n}{n}$;   (2) $\displaystyle\sum_{n=0}^{\infty} (n+1) x^n$;

(3) $\displaystyle\sum_{n=1}^{\infty} n^2 x^{n-1}$;   (4) $\displaystyle\sum_{n=0}^{\infty} \frac{1}{2^n} x^n$;

(5) $\displaystyle\sum_{n=1}^{\infty} \frac{1}{2n+1} x^{2n+1}$;   (6) $\displaystyle\sum_{n=1}^{\infty} \left(\frac{1}{n} x^n - \frac{1}{n+1} x^{n+1} \right)$.

3. 求幂级数 $\displaystyle\sum_{n=1}^{\infty} n(n+1) x^n$ 在其收敛区间 $(-1,1)$ 内的和函数,并求常数项级数 $\displaystyle\sum_{n=1}^{\infty} \frac{n(n+1)}{2^n}$ 的和.

§8.5　函数的幂级数展开

我们已经知道,幂级数 $\displaystyle\sum_{n=0}^{\infty} a_n x^n$ 和 $\displaystyle\sum_{n=0}^{\infty} a_n (x-a)^n$ 在其收敛域内分别表示一个函数.本节讨论与此相反的问题:给定一个函数后,能否在某区间内将此函数表示成一个幂级数? 如果可以,怎样表示这个幂级数? 将函数表示成幂级数称为**函数的幂级数展开**,而幂级数称为**函数的幂级数展开式**.

一、泰勒级数

具有什么性质的函数才能展开成幂级数? 幂级数展开式的系数与函数有怎样的关系? 对此,我们先做如下分析:

假设函数 $f(x)$ 在点 x_0 的某邻域内能表示为幂级数,即当 $x \in (x_0-\delta, x_0+\delta)$ 时,有

$$f(x) = a_0 + a_1(x-x_0) + a_2(x-x_0)^2 + \cdots + a_n(x-x_0)^n + \cdots. \tag{1}$$

那么在什么条件下能确定上述幂级数的系数 $a_0, a_1, a_2, \cdots, a_n, \cdots$? 在什么条件下 (1)式右端的幂级数收敛且收敛于函数 $f(x)$?

我们发现

$$f(x_0) = a_0,\ f'(x_0) = a_1, f''(x_0) = 2! a_2, f^{(n)}(x_0) = n! a_n, \cdots,$$

可得上述幂级数为

$$f(x_0) + f'(x_0)(x-x_0) + \frac{f''(x_0)}{2!}(x-x_0)^2 + \cdots + \frac{f^{(n)}(x_0)}{n!}(x-x_0)^n + \cdots.$$

先介绍一个定义.

定义 1　设函数 $f(x)$ 在开区间 (a,b) 内具有任意阶导数

$$f'(x), f''(x), \cdots, f^{(n)}(x), \cdots, x \in (a,b),$$

则 $f(x)$ 能唯一确定幂级数

$$\sum_{n=0}^{\infty} \frac{f^{(n)}(x_0)}{n!}(x-x_0)^n$$

$$=f(x_0)+f'(x_0)(x-x_0)+\frac{f''(x_0)}{2!}(x-x_0)^2+\cdots+\frac{f^{(n)}(x_0)}{n!}(x-x_0)^n+\cdots. \tag{2}$$

称幂级数(2)为函数 $f(x)$ 在点 x_0 的**泰勒**(Taylor)**级数**.

但是,这个泰勒级数不一定收敛,即使收敛,其和函数也不一定为 $f(x)$,我们仍需继续分析讨论.

设函数 $f(x)$ 的泰勒级数(2)的收敛半径为 R,和函数为 $S(x)$,即

$$\sum_{n=0}^{\infty}\frac{f^{(n)}(x_0)}{n!}(x-x_0)^n=S(x), \quad x\in(x_0-R,x_0+R).$$

泰勒级数(2)的部分和为

$$S_{n+1}(x)=f(x_0)+f'(x_0)(x-x_0)+\frac{f''(x_0)}{2!}(x-x_0)^2+\cdots+\frac{f^{(n)}(x_0)}{n!}(x-x_0)^n,$$

则有

$$\lim_{n\to\infty}S_{n+1}(x)=S(x), \quad x\in(x_0-R,x_0+R).$$

(因为 $\lim_{n\to\infty}S_{n+1}(x)=\lim_{n\to\infty}S_n(x)$,为方便起见,以下将 $\lim_{n\to\infty}S_{n+1}(x)$ 均写成 $\lim_{n\to\infty}S_n(x)$.)

由此可见,函数 $f(x)$ 的泰勒级数在其收敛区间内收敛于 $f(x)$(即有 $S(x)=f(x)$)的充要条件是

$$\lim_{n\to\infty}S_n(x)=f(x) \quad \text{或} \quad \lim_{n\to\infty}[f(x)-S_n(x)]=0.$$

通常,称 $R_n(x)=f(x)-S_n(x)$ 为**余项**,它是用 $S_n(x)$ 近似表示 $f(x)$ 时所产生的误差.关于余项 $R_n(x)$ 如上册 §4.6 中的定理 1 所示:

$$f(x)=f(x_0)+f'(x_0)(x-x_0)+\frac{f''(x_0)}{2!}(x-x_0)^2+\cdots+\frac{f^{(n)}(x_0)}{n!}(x-x_0)^n+R_n(x), \tag{3}$$

其中余项

$$R_n(x)=\frac{1}{(n+1)!}f^{(n+1)}(\xi)(x-x_0)^{n+1} (\xi \text{ 介于 } x_0 \text{ 与 } x \text{ 之间}).$$

公式(3)称为 $f(x)$ 在 $x=x_0$ 处的 n 阶泰勒公式.$f(x)$ 的泰勒公式表明,函数 $f(x)$ 的值可近似地表示为

$$f(x)\approx f(x_0)+f'(x_0)(x-x_0)+\frac{1}{2!}f''(x_0)(x-x_0)^2+\cdots+\frac{1}{n!}f^{(n)}(x_0)(x-x_0)^n,$$

而近似表示的误差可由 $R_n(x)$ 来估计.

定理 1 设函数 $f(x)$ 在点 $x=x_0$ 的某邻域内有任意阶导数,则函数 $f(x)$ 能展开成泰勒级数的充要条件是

$$\lim_{n\to\infty}R_n(x)=0,$$

其中 $R_n(x)$ 为泰勒公式中的余项.

证明略.

§4.6 中的定理 1 与上面的定理 1 既说明了如何求函数幂级数展开式的系数,又说明了幂级数展开式的唯一性,即一个函数在 $x=x_0$ 处不可能有两个不同的幂级数展开式.

特别地,当 $x_0 = 0$ 时,$f(x)$ 的泰勒级数可写为

$$\sum_{n=0}^{\infty} \frac{f^{(n)}(0)}{n!} x^n = f(0) + f'(0)x + \frac{f''(0)}{2!}x^2 + \cdots + \frac{f^{(n)}(0)}{n!}x^n + \cdots. \tag{4}$$

称上式为函数 $f(x)$ 的**麦克劳林(Maclaurin)级数**.

例如,因为

$$1 + x + x^2 + \cdots + x^n + \cdots = \frac{1}{1-x}, x \in (-1,1),$$

可以验证,$\sum_{n=0}^{\infty} x^n = 1 + x + x^2 + \cdots + x^n + \cdots$ 是 $\frac{1}{1-x}$ 的麦克劳林级数.

当 $x_0 = 0$ 时的泰勒公式

$$f(x) = f(0) + f'(0)x + \frac{1}{2!}f''(0)x^2 + \cdots + \frac{1}{n!}f^{(n)}(0)x^n + R_n(x)$$

称为**麦克劳林公式**,其中余项

$$R_n(x) = \frac{1}{(n+1)!} f^{(n+1)}(\xi) x^{n+1} (\xi \text{ 介于 } 0 \text{ 与 } x \text{ 之间}),$$

或者表示为

$$R_n(x) = \frac{1}{(n+1)!} f^{(n+1)}(\theta x) x^{n+1} (0 < \theta < 1).$$

二、函数展开成幂级数

我们已经知道,一个函数若能展开成幂级数,则此幂级数必是此函数的泰勒级数或麦克劳林级数. 所以,函数的幂级数展开式又称为函数的**泰勒级数展开式**或**麦克劳林级数展开式**. 这里着重介绍麦克劳林级数展开式,即 $x_0 = 0$ 时的泰勒级数.

将函数 $f(x)$ 展开成 x 的幂级数 $\sum_{n=0}^{\infty} \frac{f^{(n)}(0)}{n!} x^n$,可采用**直接展开法**或**间接展开法**.

1. 直接展开法

利用 §4.6 中的定理 1 和本节的定理 1,将函数 $f(x)$ 展开成泰勒级数的方法称为**直接展开法**.直接展开法的解题步骤是:

(1) 求出函数 $f(x)$ 的各阶导数,并求出 $f(0)$ 及各阶导数在 $x=0$ 的值.

(2) 写出函数 $f(x)$ 的麦克劳林级数

$$\sum_{n=0}^{\infty} \frac{f^{(n)}(0)}{n!} x^n = f(0) + f'(0)x + \frac{f''(0)}{2!}x^2 + \cdots + \frac{f^{(n)}(0)}{n!}x^n + \cdots,$$

并求出其收敛半径 R.

(3) 对于收敛区间 $(-R,R)$ 内的任意一点 x,考察余项 $R_n(x)$ 的极限,若

$$\lim_{n \to \infty} R_n(x) = \lim_{n \to \infty} \frac{f^{(n+1)}(\xi)}{(n+1)!} x^{n+1} = 0,$$

则函数 $f(x)$ 在区间 $(-R,R)$ 内可以展开成麦克劳林级数,即

$$f(x) = f(0) + f'(0)x + \frac{f''(0)}{2!}x^2 + \cdots + \frac{f^{(n)}(0)}{n!}x^n + \cdots, x \in (-R,R).$$

例 1 求函数 $f(x) = e^x$ 的麦克劳林级数展开式.

解 由于

$$f(x) = f'(x) = \cdots = f^{(n)}(x) = e^x,$$
$$f(0) = f'(0) = \cdots = f^{(n)}(0) = 1,$$

故 $f(x) = e^x$ 的麦克劳林公式为

$$e^x = 1 + x + \frac{1}{2!}x^2 + \cdots + \frac{1}{n!}x^n + R_n(x),$$

其中,余项

$$R_n(x) = \frac{e^{\theta x}}{(n+1)!}x^{n+1} \quad (0 < \theta < 1),$$

于是

$$|R_n(x)| \leqslant \frac{|x|^{n+1}}{(n+1)!}e^{|x|}.$$

考察级数 $\sum\limits_{n=0}^{\infty} \dfrac{|x|^{n+1}}{(n+1)!}e^{|x|}$,有

$$\lim_{n \to \infty} \left| \frac{u_{n+1}(x)}{u_n(x)} \right| = \lim_{n \to \infty} \left[\frac{|x|^{n+2}}{(n+2)!}e^{|x|} \right] \Big/ \left[\frac{|x|^{n+1}}{(n+1)!}e^{|x|} \right] = \lim_{n \to \infty} \frac{|x|}{n+2} = 0 < 1.$$

由比值判别法可知,级数 $\sum\limits_{n=0}^{\infty} \dfrac{|x|^{n+1}}{(n+1)!}e^{|x|}$ 收敛,故其一般项趋于零,即有

$$\lim_{n \to \infty} \frac{|x|^{n+1}}{(n+1)!}e^{|x|} = 0, x \in (-\infty, +\infty),$$

从而有

$$\lim_{n \to \infty} R_n(x) = 0.$$

因此,由定理 1 可知,$f(x) = e^x$ 能展开成麦克劳林级数

$$e^x = 1 + x + \frac{1}{2!}x^2 + \cdots + \frac{1}{n!}x^n + \cdots, x \in (-\infty, +\infty).$$

在 e^x 的麦克劳林级数展开式中取 $x = 1$,可得无理数 e 的计算公式:

$$e = 2 + \frac{1}{2!} + \cdots + \frac{1}{n!} + \cdots.$$

例 2 求函数 $f(x) = \sin x$ 的麦克劳林级数展开式.

解 因为

$$f^{(n)}(x) = \sin\left(x + \frac{n}{2}\pi\right) \quad (n = 0, 1, 2, \cdots),$$

所以

$$f^{(2k)}(0) = 0 \quad (k = 1, 2, 3, \cdots),$$
$$f^{(2k+1)}(0) = (-1)^k \quad (k = 0, 1, 2, \cdots),$$
$$R_n(x) = \frac{1}{(n+1)!}\sin\left(\theta x + \frac{n+1}{2}\pi\right)x^{n+1} \quad (0 < \theta < 1).$$

显然有

$$|R_n(x)| \leqslant \frac{1}{(n+1)!}|x|^{n+1}.$$

由上例可知

$$\lim_{n \to \infty} \frac{1}{(n+1)!} |x|^{n+1} = 0, \quad x \in (-\infty, +\infty),$$

所以

$$\lim_{n \to \infty} R_n(x) = 0.$$

于是, $\sin x$ 能展开成麦克劳林级数

$$\sin x = x - \frac{1}{3!}x^3 + \frac{1}{5!}x^5 - \cdots + (-1)^n \frac{x^{2n+1}}{(2n+1)!} + \cdots, \quad x \in (-\infty, +\infty).$$

2. 间接展开法

实际上, 利用直接展开法求一个函数的泰勒级数展开式是不容易的, 甚至是不可能的. 通常可利用幂级数的性质和某些已知函数的泰勒级数展开式来求另一些函数的泰勒级数展开式, 这种方法称为**间接展开法**.

例 3 利用间接展开法求函数 $f(x) = \cos x$ 的麦克劳林级数展开式.

解 由例 2 可得

$$\cos x = (\sin x)' = \left(\sum_{n=0}^{\infty} \frac{(-1)^n}{(2n+1)!} x^{2n+1} \right)'$$

$$= \sum_{n=0}^{\infty} \frac{(-1)^n}{(2n)!} x^{2n}$$

$$= 1 - \frac{1}{2!}x^2 + \frac{1}{4!}x^4 - \cdots + \frac{(-1)^n}{(2n)!}x^{2n} + \cdots, x \in (-\infty, +\infty).$$

例 4 求函数 $f(x) = \arctan x$ 的麦克劳林级数展开式.

解 由

$$\frac{1}{1+x} = \sum_{n=0}^{\infty} (-1)^n x^n, x \in (-1, 1),$$

可知

$$\frac{1}{1+x^2} = \sum_{n=0}^{\infty} (-1)^n x^{2n}, x \in (-1, 1).$$

于是, 由幂级数的逐项积分性质, 可得

$$\arctan x = \int_0^x \frac{1}{1+x^2} \mathrm{d}x$$

$$= \sum_{n=0}^{\infty} \int_0^x (-1)^n x^{2n} \mathrm{d}x$$

$$= \sum_{n=0}^{\infty} \frac{(-1)^n}{2n+1} x^{2n+1}, x \in [-1, 1].$$

$\left(\right.$ 因为当 $x = \pm 1$ 时, $\sum_{n=0}^{\infty} \frac{(-1)^n}{2n+1} (\pm 1)^{2n+1} = \pm \sum_{n=0}^{\infty} \frac{(-1)^n}{2n+1}$, 这是收敛级数, 所以收敛域为 $[-1, 1]. \left.\right)$

例 5 将 $f(x) = \sin x$ 在 $x = \frac{\pi}{4}$ 展开成泰勒级数.

解 因为

$$\sin x = \sin\left[\frac{\pi}{4} + \left(x - \frac{\pi}{4}\right)\right] = \sin\frac{\pi}{4}\cos\left(x - \frac{\pi}{4}\right) + \cos\frac{\pi}{4}\sin\left(x - \frac{\pi}{4}\right)$$

$$= \frac{\sqrt{2}}{2}\left[\cos\left(x - \frac{\pi}{4}\right) + \sin\left(x - \frac{\pi}{4}\right)\right],$$

又因为

$$\cos\left(x - \frac{\pi}{4}\right) = \sum_{n=0}^{\infty}\frac{(-1)^n}{(2n)!}\left(x - \frac{\pi}{4}\right)^{2n}, x \in (-\infty, +\infty),$$

$$\sin\left(x - \frac{\pi}{4}\right) = \sum_{n=0}^{\infty}\frac{(-1)^n}{(2n+1)!}\left(x - \frac{\pi}{4}\right)^{2n+1}$$

$$= \left(x - \frac{\pi}{4}\right)\sum_{n=0}^{\infty}\frac{(-1)^n}{(2n+1)!}\left(x - \frac{\pi}{4}\right)^{2n}, x \in (-\infty, +\infty),$$

所以

$$\sin x = \frac{\sqrt{2}}{2}\sum_{n=0}^{\infty}(-1)^n\left[\frac{1}{(2n)!} + \frac{1}{(2n+1)!}\left(x - \frac{\pi}{4}\right)\right]\left(x - \frac{\pi}{4}\right)^{2n}$$

$$= \frac{\sqrt{2}}{2}\left[1 + \left(x - \frac{\pi}{4}\right) - \frac{1}{2!}\left(x - \frac{\pi}{4}\right)^2 - \frac{1}{3!}\left(x - \frac{\pi}{4}\right)^3 + \frac{1}{4!}\left(x - \frac{\pi}{4}\right)^4 + \frac{1}{5!}\left(x - \frac{\pi}{4}\right)^5 - \cdots\right], x \in (-\infty, +\infty).$$

将直接展开法与间接展开法结合起来使用,可得到函数 $f(x) = (1+x)^\alpha$ ($\alpha \neq 0$ 且为实数)的麦克劳林级数展开式(这里直接给出):

$$(1+x)^\alpha = \sum_{n=0}^{\infty}\binom{\alpha}{n}x^n$$

$$= 1 + \alpha x + \frac{\alpha(\alpha-1)}{2!}x^2 + \cdots + \frac{\alpha(\alpha-1)\cdots(\alpha-n+1)}{n!}x^n + \cdots, \text{收敛区间为}(-1,1),$$

其中 $\binom{\alpha}{n} = \frac{\alpha(\alpha-1)\cdots(\alpha-n+1)}{n!}$ ($n = 1,2,\cdots$), $\binom{\alpha}{0} = 1$. 通常称此展开式为**牛顿二项展开式**.

牛顿二项展开式在端点 $x = \pm1$ 处收敛与否与 α 的具体取值有关:

(ⅰ)当 $\alpha \leqslant -1$ 时,其收敛域为 $(-1,1)$;

(ⅱ)当 $-1 < \alpha < 0$ 时,其收敛域为 $(-1,1]$;

(ⅲ)当 $\alpha > 0$ 时,其收敛域为 $[-1,1]$.

特别地,当 $\alpha = -1$ 时,就得到熟悉的等比级数:

$$\frac{1}{1+x} = \sum_{n=0}^{\infty}(-1)^n x^n = 1 - x + x^2 - \cdots + (-1)^n x^n + \cdots, x \in (-1,1).$$

当 α 为正整数 n 时,级数为 n 次多项式

$$(1+x)^n = 1 + nx + \frac{n(n-1)}{2!}x^2 + \cdots + x^n, x \in (-\infty, +\infty),$$

级数只有有限项,这就是代数学中的**二项式定理**.

现将几个重要函数的幂级数展开式列在下面:

$$(1)\ e^x = \sum_{n=0}^{\infty}\frac{1}{n!}x^n = 1 + x + \frac{1}{2!}x^2 + \cdots + \frac{1}{n!}x^n + \cdots, x \in (-\infty, +\infty).$$

(2) $\sin x = \sum\limits_{n=0}^{\infty} \dfrac{(-1)^n}{(2n+1)!}x^{2n+1} = x - \dfrac{1}{3!}x^3 + \dfrac{x^5}{5!} - \cdots + \dfrac{(-1)^n}{(2n+1)!}x^{2n+1} + \cdots, x \in (-\infty, +\infty).$

(3) $\cos x = \sum\limits_{n=0}^{\infty} \dfrac{(-1)^n}{(2n)!}x^{2n} = 1 - \dfrac{1}{2!}x^2 + \dfrac{1}{4!}x^4 - \cdots + \dfrac{(-1)^n}{(2n)!}x^{2n} + \cdots, x \in (-\infty, +\infty).$

(4) $\ln(1+x) = \sum\limits_{n=0}^{\infty} \dfrac{(-1)^n}{n+1}x^{n+1} = x - \dfrac{1}{2}x^2 + \cdots + \dfrac{(-1)^n}{n+1}x^{n+1} + \cdots, x \in (-1, 1].$

(5) 当 $\alpha \neq 0$ 时,

$$(1+x)^\alpha = \sum\limits_{n=0}^{\infty} \binom{\alpha}{n} x^n, \begin{cases} x \in (-1, 1), & \alpha \leqslant -1, \\ x \in (-1, 1], & -1 < \alpha < 0, \\ x \in [-1, 1], & \alpha > 0. \end{cases}$$

特别地,

$$\frac{1}{1-x} = \sum\limits_{n=0}^{\infty} x^n = 1 + x + x^2 - \cdots + x^n + \cdots, x \in (-1, 1),$$

$$\frac{1}{1+x} = \sum\limits_{n=0}^{\infty} (-1)^n x^n = 1 - x + x^2 - \cdots + (-1)^n x^n + \cdots, x \in (-1, 1).$$

(6) $\arctan x = \sum\limits_{n=0}^{\infty} \dfrac{(-1)^n}{2n+1}x^{2n+1} = x - \dfrac{1}{3}x^3 + \dfrac{1}{5}x^5 + \cdots + \dfrac{(-1)^n}{2n+1}x^{2n+1} + \cdots, x \in [-1, 1].$

三、函数的幂级数展开式的简单应用

有了函数的幂级数展开式,就可以用其进行近似计算,也就是在展开式的收敛域内,可以利用这个级数按照精度要求计算其近似值.

例 6 计算无理数 e 的近似值,要求误差不超过 10^{-4},结果保留五位有效数字.

解 利用例 1 的结果,

$$e^x = 1 + x + \frac{1}{2!}x^2 + \cdots + \frac{1}{n!}x^n + R_n(x), \ |R_n(x)| \leqslant \frac{|x|^{n+1}}{(n+1)!}e^{|x|},$$

当 $x = 1$ 时,$e = 1 + 1 + \dfrac{1}{2!} + \cdots + \dfrac{1}{n!} + R_n(1), \ |R_n(1)| \leqslant \dfrac{1}{(n+1)!}e < \dfrac{3}{(n+1)!}.$

若要求误差不超过 10^{-4},则有

$$\frac{3}{(n+1)!} < 10^{-4}, \ 即 (n+1)! > 3 \times 10^4, 得 n \geqslant 7.$$

亦即

$$e \approx 2 + \frac{1}{2!} + \frac{1}{3!} + \frac{1}{4!} + \frac{1}{5!} + \frac{1}{6!} + \frac{1}{7!}.$$

结果要求保留五位有效数字,得到 $e \approx 2.718\,25$.

最后我们来简略讨论原函数存在定理中尚未回答的问题. 显然函数 $f(x) = e^{x^2}$ 在 $(-\infty, +\infty)$ 内连续,那么它的原函数一定存在,但却无法用初等函数来表示. 实际上,它的原函数可以用幂级数表示.

利用公式(1),有

$$e^{x^2} = \sum\limits_{n=0}^{\infty} \frac{1}{n!}x^{2n} = 1 + x^2 + \frac{1}{2!}x^4 + \cdots + \frac{1}{n!}x^{2n} + \cdots (-\infty < x < +\infty),$$

将上式两端从 0 到 x 积分,可得

$$\int_0^x e^{x^2} \mathrm{d}x = \int_0^x \left(1 + x^2 + \frac{1}{2!}x^4 + \cdots + \frac{1}{n!}x^{2n} + \cdots\right)\mathrm{d}x$$

$$= x + \frac{1}{3}x^3 + \frac{1}{5 \cdot 2!}x^5 + \cdots + \frac{1}{(2n+1) \cdot n!}x^{2n+1} + \cdots (-\infty < x < +\infty).$$

上述等式中最后一个幂级数即为 $f(x) = e^{x^2}$ 的一个原函数.

对于其他函数,如 $e^{-x^2}, \dfrac{\sin x}{x}, \sqrt{1+x^3}$ 等,它们的原函数都可以用幂级数来表示.

 习题 8-5

1. 将下列函数展开成 x 的幂级数,并求其收敛域:

(1) $f(x) = \sin^2 x$; (2) $f(x) = \dfrac{x^2}{1+x}$;

(3) $f(x) = x^3 e^{-x}$; (4) $f(x) = 3^x$;

(5) $f(x) = \dfrac{1}{2}(e^x + e^{-x})$; (6) $f(x) = \dfrac{x^2}{\sqrt{1-x^2}}$;

(7) $f(x) = \displaystyle\int_0^x e^{-t^2} \mathrm{d}t$; (8) $f(x) = \dfrac{1}{x}\ln(1+x)$.

2. 求下列函数在指定点处的幂级数展开式,并求其收敛域:

(1) $f(x) = e^x, x_0 = 1$; (2) $f(x) = \dfrac{1}{x}, x_0 = 2$;

(3) $f(x) = \ln x, x_0 = 3$; (4) $f(x) = \sin x, x_0 = a$.

3. 函数 $f(x) = \sqrt{x}$ 能否展开成 x 的幂级数? 为什么?

4. 利用函数的幂级数展开式求下列各数的近似值,结果保留四位有效数字:

(1) $\ln 2$(误差不超过 10^{-3}); (2) $\sqrt[5]{240}$(误差不超过 10^{-3}).

5. 试用幂级数表示函数 $\dfrac{\sin x}{x}$ $(x \neq 0)$ 的一个原函数.

总习题八

1. 级数 $\displaystyle\sum_{n=1}^{\infty} (-1)^n \frac{10^n}{n!}$ 的敛散性为(   ).

A. 绝对收敛 B. 条件收敛 C. 发散 D. 无法判定

2. 函数 $y = x^3$ 在 $x = 1$ 处的幂级数展开式为_____.

3. 判断下列各题的对错:

(1) 若 $\displaystyle\sum_{n=1}^{\infty} u_n$ 发散,则 $\lim\limits_{n\to\infty} u_n \neq 0$. (   )

（2）若 $\lim\limits_{n\to\infty} u_n = 0$，则 $\sum\limits_{n=1}^{\infty} u_n$ 收敛.（　　　）

（3）若 $\sum\limits_{n=0}^{\infty} u_n (u_n > 0)$ 收敛，则 $\lim\limits_{n\to\infty} \dfrac{u_{n+1}}{u_n} < 1$.（　　　）

（4）若 $\lim\limits_{n\to\infty} \dfrac{u_{n+1}}{u_n} < 1$，则 $\sum\limits_{n=1}^{\infty} u_n$ 收敛.（　　　）

（5）因为 $\sum\limits_{n=1}^{\infty} (-1)^{n-1} u_n (u_n > 0)$ 是交错级数，所以 $\sum\limits_{n=1}^{\infty} (-1)^{n-1} u_n$ 收敛.（　　　）

（6）若 $\sum\limits_{n=1}^{\infty} u_n$ 收敛，则 $\sum\limits_{n=1}^{\infty} (u_n + A)(A > 0)$ 收敛.（　　　）

（7）若 $\sum\limits_{n=1}^{\infty} u_n$ 与 $\sum\limits_{n=1}^{\infty} v_n$ 都发散，则 $\sum\limits_{n=1}^{\infty} (u_n + v_n)$ 发散.（　　　）

（8）若级数 $(u_1-v_1)+(u_2-v_2)+\cdots+(u_n-v_n)+\cdots$ 发散，则级数 $u_1-v_1+u_2-v_2+\cdots+u_n-v_n+\cdots$ 也发散.（　　　）

4. 判别下列级数的敛散性：

（1）$\sum\limits_{n=1}^{\infty} \dfrac{1}{3^n}\left(\dfrac{n+1}{n}\right)^{n^2}$；

（2）$\sum\limits_{n=1}^{\infty} \left(\dfrac{1}{n+1}\right)^{\frac{1}{3}} \ln \dfrac{n+2}{n}$；

（3）$\sum\limits_{n=1}^{\infty} \left(\arcsin\dfrac{1}{n}\right)^n$；

（4）$\sum\limits_{n=2}^{\infty} \dfrac{\ln n}{\sqrt{n}}$；

（5）$\sum\limits_{n=2}^{\infty} \dfrac{\ln n}{n\sqrt{n+1}}$；

（6）$\sum\limits_{n=1}^{\infty} \dfrac{1}{\displaystyle\int_0^n (1+x^4)^{\frac{1}{4}}\mathrm{d}x}$.

5. 判别下列级数是绝对收敛，条件收敛，还是发散？

（1）$\sum\limits_{n=2}^{\infty} \dfrac{(-1)^n}{\sqrt{n}+(-1)^n}$；

（2）$\sum\limits_{n=1}^{\infty} \dfrac{(-1)^{n-1}}{\ln(e^n+e^{-n})}$.

6. 求下列级数的收敛域：

（1）$\sum\limits_{n=1}^{\infty} n e^{-nx}$；

（2）$\sum\limits_{n=1}^{\infty} \left[\dfrac{(-1)^n}{2^n}x^n + 3^n x^n\right]$；

（3）$\sum\limits_{n=1}^{\infty} \dfrac{(-1)^n}{2n-1}\left(\dfrac{1-x}{1+x}\right)^n$；

（4）$\sum\limits_{n=1}^{\infty} \left(\dfrac{1}{2}\ln x\right)^n$；

（5）$\sum\limits_{n=1}^{\infty} \dfrac{n}{2^n+(-3)^n} \cdot x^{2n-1}$；

（6）$\sum\limits_{n=1}^{\infty} \dfrac{3^n+(-2)^n}{n}(x+1)^n$；

（7）$\sum\limits_{n=1}^{\infty} \dfrac{n^2}{x^n}$.

7. 求级数 $\sum\limits_{n=1}^{\infty} \dfrac{2n-1}{2^n}x^{2n-2}$ 的收敛域及和函数，并求常数项级数 $\sum\limits_{n=1}^{\infty} \dfrac{2n-1}{2^n}$ 的和.

8. 求级数 $\sum\limits_{n=2}^{\infty} \dfrac{1}{(n^2-1)2^n}$ 的和.

9. 将下列函数展开成 x 的幂级数，并求收敛域：

（1）$f(x)=\ln(4-3x-x^{2})$；　　　　（2）$f(x)=\sin(x+a)$；

（3）$f(x)=\dfrac{1}{(x-1)(x-2)}$；　　　（4）$f(x)=\dfrac{x}{(1-x)(1-2x)}$.

10. 将函数 $f(x)=\dfrac{1}{4}\ln\dfrac{1+x}{1-x}+\dfrac{1}{2}\arctan x-x$ 展开成 x 的幂级数.

11. 设级数 $\displaystyle\sum_{n=1}^{\infty}u_{n}^{2}$ 和 $\displaystyle\sum_{n=1}^{\infty}v_{n}^{2}$ 都收敛,证明:级数 $\displaystyle\sum_{n=1}^{\infty}u_{n}v_{n}$ 绝对收敛.

12. 设有两条抛物线 $y=nx^{2}+\dfrac{1}{n}$ 与 $y=(n+1)x^{2}+\dfrac{1}{n+1}$,记它们的交点的横坐标的绝对值为 u_{n}.

（1）求这两条抛物线所围成的平面图形的面积 S_{n};

（2）求级数 $\displaystyle\sum_{n=1}^{\infty}\dfrac{S_{n}}{u_{n}}$ 的和.

13. 从点 $P_{1}(1,0)$ 作 x 轴的垂线,交抛物线 $y=x^{2}$ 于点 $Q_{1}(1,1)$,再从 Q_{1} 作这条抛物线的切线与 x 轴交于 P_{2};然后又从 P_{2} 作 x 轴的垂线交抛物线于 Q_{2},依次重复上述过程得到一系列的点 $(P_{1},Q_{1}),(P_{2},Q_{2}),\cdots,(P_{n},Q_{n}),\cdots$.

（1）求 $|OP_{n}|$（即线段 OP_{n} 的长度）;（2）求级数 $|Q_{1}P_{1}|+|Q_{2}P_{2}|+\cdots+|Q_{n}P_{n}|+\cdots$ 的和.

14. 设数列 $a_{1}=2,a_{n+1}=\dfrac{1}{2}\left(a_{n}+\dfrac{1}{a_{n}}\right)$ $(n=1,2,\cdots)$. 证明:

（1）$\displaystyle\lim_{n\to\infty}a_{n}$ 存在;　　　　（2）级数 $\displaystyle\sum_{n=1}^{\infty}\left(\dfrac{a_{n}}{a_{n+1}}-1\right)$ 收敛.

15. 设正项数列 $\{a_{n}\}$ 单调减少,且级数 $\displaystyle\sum_{n=1}^{\infty}(-1)^{n}a_{n}$ 发散,问级数 $\displaystyle\sum_{n=1}^{\infty}\left(\dfrac{1}{a_{n}+1}\right)^{n}$ 是否收敛?并说明理由.

第八章
习题参考
答案与提示

第九章 空间解析几何初步

解析几何的基本思想是将数与形结合,从而利用代数方法研究几何问题,同时也可以采用几何图形直观地解释代数问题. 在平面解析几何中,通过建立平面直角坐标系,我们将平面上的点与二元有序数组 (x,y) 建立一一对应关系,进而将平面曲线与二元方程 $F(x,y)=0$ 对应起来. 类似地,空间解析几何则是通过建立空间直角坐标系将空间中的点与三元有序数组 (x,y,z) 对应起来,将空间曲面和空间曲线与三元方程和方程组对应起来,使得几何图形与代数运算相互融合.

本章介绍空间解析几何的基本知识,这是学习多元函数微积分必备的基础工具.

§9.1 空间直角坐标系

一、空间直角坐标系的建立

在空间中取定一点 O,以点 O 为公共原点作三条互相垂直的数轴 Ox,Oy,Oz,各数轴的正方向符合**右手法则**:张开右手的拇指、食指与中指,使三者两两相互垂直,则拇指、食指、中指分别指向 Ox,Oy,Oz 轴的正方向,再规定一个单位长度,这样就建立了**空间直角坐标系** $Oxyz$(如图 9-1),其中点 O 称为**坐标原点**,Ox,Oy,Oz 分别称为**横轴**(简称为 x **轴**)、**纵轴**(简称为 y 轴)、**竖轴**(简称为 z **轴**),三条轴统称为**坐标轴**. 每两条坐标轴确定一个平面,称为**坐标平面**,分别是 xOy 平面(由 x 轴与 y 轴确定)、yOz 平面(由 y 轴与 z 轴确定)、zOx 平面(由 z 轴与 x 轴确定);三个坐标平面将空间分为八个部分,每一部分称为一个**卦限**. 其中,在 xOy 平面上方,含有三个坐标轴正向的卦限称为第 Ⅰ 卦限,按逆时针方向依次称为第 Ⅱ、Ⅲ、Ⅳ 卦限;在 xOy 平面下方,与第 Ⅰ 卦限相对的为第 Ⅴ 卦限,按逆时针方向依次称为第 Ⅵ、Ⅶ、Ⅷ 卦限(如图 9-2).

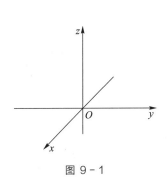

图 9-1

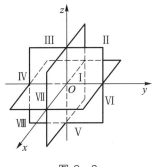

图 9-2

二、空间中点的坐标

设 M 为空间中的任意一点,过点 M 分别作垂直于三个坐标轴的平面,这三个平面与三个坐标轴的交点依次为 P,Q,R(如图 9-3),称点 P,Q,R 分别为点 M 在 x 轴、y 轴、z 轴上的**投影**. 设点 P,Q,R 在 x 轴、y 轴、z 轴上的坐标分别为 x,y,z,则由空间中的点 M 可唯一确定一个三元有序数组 (x,y,z). 反之,由已知有序数组 (x,y,z) 可分别确定 x 轴、y 轴、z 轴上的三个点 P,Q,R,其中点 P 在 x 轴上的坐标即为 x、点 Q 在 y 轴上的坐标为 y、点 R 在 z 轴上的坐标为 z. 过 P,Q,R 三点分别作垂直于 x 轴、y 轴、z 轴的平面,三个平面交于点 M,于是三元有序数组 (x,y,z) 唯一确定了空间中的一点 M. 这样,空间中的点 M 与有序数组 (x,y,z) 之间就建立了一一对应关系,我们将有序数组 (x,y,z) 称为点 M 的**坐标**,将 x,y,z 分别称为点 M 的**横坐标**、**纵坐标**、**竖坐标**,并可将点 M 记作 $M(x,y,z)$.

特别地,

原点 O 的坐标为 $(0,0,0)$;

x 轴上点的坐标为 $(x,0,0)$;

y 轴上点的坐标为 $(0,y,0)$;

z 轴上点的坐标为 $(0,0,z)$;

xOy 平面上点的坐标为 $(x,y,0)$;

yOz 平面上点的坐标为 $(0,y,z)$;

zOx 平面上点的坐标为 $(x,0,z)$.

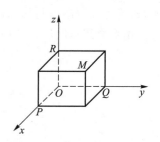

图 9-3

根据各卦限的位置,可得每个卦限内部(除坐标平面外)点的坐标的符号特征如下:

第 I 卦限:$(+,+,+)$; 第 II 卦限:$(-,+,+)$;

第 III 卦限:$(-,-,+)$; 第 IV 卦限:$(+,-,+)$;

第 V 卦限:$(+,+,-)$; 第 VI 卦限:$(-,+,-)$;

第 VII 卦限:$(-,-,-)$; 第 VIII 卦限:$(+,-,-)$.

例 1 求点 $M(x_0,y_0,z_0)$ 的下述对称点的坐标:

(1) 关于 x 轴对称的点 N_1; (2) 关于 xOy 平面对称的点 N_2;

(3) 关于原点 O 对称的点 N_3; (4) 关于点 $A(a,b,c)$ 对称的点 N_4.

解 如图 9-4 所示.

(1) 点 M 在 x 轴上的投影 $P(x_0,0,0)$ 为线段 MN_1 的中点,$x_0+x=2x_0$,$y_0+y=0$,$z_0+z=0$,故所求点坐标为 $N_1(x_0,-y_0,-z_0)$.

(2) 点 M 在 xOy 平面上的投影 $T(x_0,y_0,0)$ 为线段 MN_2 的中点,$x_0+x=2x_0$,$y_0+y=2y_0$,$z_0+z=0$,故所求点坐标为 $N_2(x_0,y_0,-z_0)$.

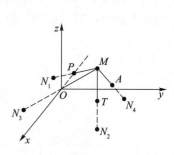

图 9-4

(3) 原点 $O(0,0,0)$ 为线段 MN_3 的中点,$x_0+x=0$,$y_0+y=0$,$z_0+z=0$,故所求点坐标为 $N_3(-x_0,-y_0,-z_0)$.

(4) 点 $A(a,b,c)$ 为线段 MN_4 的中点,$x_0+x=2a$,$y_0+y=2b$,$z_0+z=2c$,故所求点坐标为 $N_4(2a-x_0,2b-y_0,2c-z_0)$.

三、空间中两点间的距离

设 $M_1(x_1,y_1,z_1)$ 与 $M_2(x_2,y_2,z_2)$ 是空间中的两点,过 M_1,M_2 分别作垂直于 x 轴、y 轴、z 轴的平面,所得六个平面围成一长方体,M_1M_2 为此长方体的主对角线,如图 9-5 所示,长方体的三条棱长分别为 $|x_2-x_1|,\ |y_2-y_1|,\ |z_2-z_1|$. 由此可得,空间中任意两点 $M_1(x_1,y_1,z_1)$ 与 $M_2(x_2,y_2,z_2)$ 之间的距离公式为

$$|M_1M_2|=\sqrt{(x_1-x_2)^2+(y_1-y_2)^2+(z_1-z_2)^2}.$$

特别地,空间中任意一点 $M(x,y,z)$ 到坐标原点 $O(0,0,0)$ 的距离为

$$|OM|=\sqrt{x^2+y^2+z^2}.$$

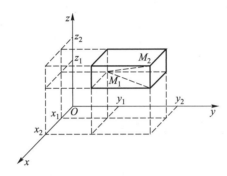

图 9-5

例 2 判断以空间中的点 $A(1,2,3),B(0,3,2),C(-1,1,4)$ 为顶点的三角形的形状.

解 由两点间的距离公式,得三角形的三条边长分别为

$$|AB|=\sqrt{(1-0)^2+(2-3)^2+(3-2)^2}=\sqrt{3},$$
$$|BC|=\sqrt{(0+1)^2+(3-1)^2+(2-4)^2}=3,$$
$$|AC|=\sqrt{(1+1)^2+(2-1)^2+(3-4)^2}=\sqrt{6}.$$

因为 $|AB|^2+|AC|^2=|BC|^2$,所以该三角形是一个直角三角形.

例 3 在 z 轴上求一点,使得该点到点 $A(2,1,3)$ 与点 $B(-3,5,0)$ 的距离相等.

解 设所求点的坐标为 $M(0,0,z)$. 由于 $|MA|=|MB|$,故

$$\sqrt{(2-0)^2+(1-0)^2+(3-z)^2}=\sqrt{(-3-0)^2+(5-0)^2+(0-z)^2},$$

解得 $z=-\dfrac{10}{3}$. 因此,所求点为 $M\left(0,0,-\dfrac{10}{3}\right)$.

例 4 求点 $M(1,-2,-2)$ 到 y 轴的距离.

解 点 M 在 y 轴上的投影为 $Q(0,-2,0)$,由两点间的距离公式有

$$|MQ|=\sqrt{(1-0)^2+(-2+2)^2+(-2-0)^2}=\sqrt{5}.$$

故点 M 到 y 轴的距离为 $\sqrt{5}$.

尽管我们不能画出四维空间的图形,但通过类推可知,四元有序数组 (x_1,x_2,x_3,x_4) 与四维空间中的点是一一对应的.更一般地,对给定的正整数 $n(n\geqslant 2)$,规定 n 元有序数组 $(x_1,x_2,\cdots,x_n)$ 与 n 维空间中的点一一对应.引入多维空间对人们分析许多实际问题是

非常有益的,特别对经济问题,其意义更为明显.因为人们常常将经济系统分为多个部门或多种商品来进行研究,引入多维空间的概念会对经济系统的分析带来很大的便利.

💻 习题 9-1

1. 在空间直角坐标系中,

(1) 点$(-2,1,6)$在 z 轴上的投影坐标为_____,在 yOz 平面上的投影坐标为_____;

(2) 点$(\sqrt{2},-3,5)$到坐标原点的距离为_____,到 x 轴的距离为_____,到 y 轴的距离为_____,到 z 轴的距离为_____;

(3) 点$(3,6,2)$与点$(-1,-2,0)$关于点_____对称;

(4) 点 $M(x_0,y_0,z_0)$关于 y 轴对称的点的坐标为_____,关于 z 轴对称的点的坐标为_____,关于 yOz 平面对称的点的坐标为_____,关于 zOx 平面对称的点的坐标为_____.

2. 指出下列各点在空间直角坐标系中的位置.

(1) $(0,1,0)$;   (2) $(1,-2,0)$;

(3) $(9,0,1)$;   (4) $(-2,-1,3)$;

(5) $(-5,-6,-7)$;   (6) $(3,5,-1)$;

(7) $(8,-5,2)$;   (8) $(-1,2,1)$.

3. 求以点 $A(-1,4,-3),B(3,2,1),C(1,1,3)$为顶点的三角形的周长.

4. 在 xOy 平面上,求出到点 $A(5,1,0),B(1,2,3),C(-2,-2,4)$距离相等的点.

§9.2　空间曲面与方程

一、空间曲面的概念

解析几何采用坐标的方式研究几何图形.在平面解析几何中,我们将平面曲线视为具有某种特殊性质的点的轨迹,利用点的坐标(x,y)建立曲线方程 $F(x,y)=0$,然后通过方程的解析性质分析图形的几何性质.在空间解析几何中,空间曲面与曲线仍可视为具有某种性质的点的集合,因此空间中的曲面或曲线的性质同样可转化为点的坐标(x,y,z)所满足的代数方程(如图 9-6).

定义 1　若空间曲面 S 与三元方程 $F(x,y,z)=0$ 满足下述关系:

(1) 曲面 S 上任一点的坐标(x,y,z)都满足方程
$$F(x,y,z)=0;$$

(2) 不在曲面 S 上的点的坐标(x,y,z)都不满足方程
$$F(x,y,z)=0,$$

则称方程 $F(x,y,z)=0$ 为**曲面 S 的方程**,称曲面 S 为**方程**

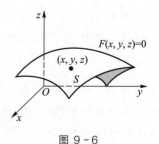

图 9-6

$F(x,y,z)=0$ 的图形.

在曲面方程概念的基础上,我们关注两类基本问题:

（ⅰ）已知曲面形状,确定曲面的方程;

（ⅱ）已知曲面方程,描述曲面的图形特征.

基于上面两个问题,我们介绍几种常见的空间曲面.

二、常见的空间曲面

1. 球面

球面是空间中到某一确定点的距离等于固定长度的所有点组成的集合,确定点即为球心,固定长度即为球的半径,这是平面上的圆的推广(如图 9-7). 现在求以点 $M_0(x_0,$ $y_0,z_0)$ 为球心,以 R 为半径的球面的方程.

设 $M(x,y,z)$ 为球面上任意一点,则 $|MM_0|=R$,即

$$\sqrt{(x-x_0)^2+(y-y_0)^2+(z-z_0)^2}=R,$$

两边平方可得

$$(x-x_0)^2+(y-y_0)^2+(z-z_0)^2=R^2. \tag{1}$$

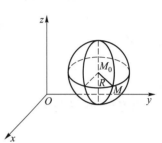

图 9-7

在球面上的点的坐标必定满足方程(1),不在球面上的点的坐标显然都不满足方程(1). 因此,三元二次方程 (1)就是以 $M_0(x_0,y_0,z_0)$ 为球心,R 为半径的球面的方程.

特别地,球心在原点 $O(0,0,0)$ 的球面方程为

$$x^2+y^2+z^2=R^2.$$

其中,$z=\sqrt{R^2-x^2-y^2}$ 表示球面的上半部分(如图 9-8);$z=-\sqrt{R^2-x^2-y^2}$ 表示球面的下半部分(如图 9-9).

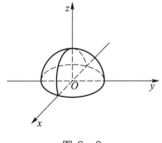

图 9-8

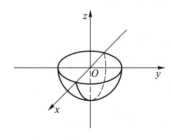

图 9-9

例 1 方程 $x^2+y^2+z^2+4y-6z+11=0$ 表示何种曲面?

解 将方程配方为

$$x^2+(y+2)^2+(z-3)^2=2.$$

可知该曲面是球心为点 $(0,-2,3)$,半径为 $\sqrt{2}$ 的球面.

2. 平面

作为曲面的特例,平面是空间中最简单的曲面.

例 2 点 $M_1(-2,0,4)$ 与 $M_2(1,2,3)$ 构成线段 M_1M_2,求此线段的垂直平分面的方程.

解 所求平面是由空间中所有到点 M_1 与点 M_2 距离相等的点组成的集合,这是平面解析几何中垂直平分线概念的推广.

设 $M(x,y,z)$ 是此垂直平分面上的任意一点,则

$$|MM_1| = |MM_2|.$$

由两点间的距离公式,有

$$\sqrt{(x+2)^2+(y-0)^2+(z-4)^2} = \sqrt{(x-1)^2+(y-2)^2+(z-3)^2}.$$

两边平方,化简可得

$$3x+2y-z+3 = 0.$$

在线段 M_1M_2 的垂直平分面上的点的坐标必然满足此三元一次方程;反之,不在垂直平分面上的点的坐标不满足该方程. 所以,上述方程即为所求平面方程.

事实上,在空间解析几何中,三元一次方程与平面是一一对应的,其一般形式为

$$Ax+By+Cz+D=0, \tag{2}$$

其中常数 A、B、C 不全为零. 我们将(2)式称为**平面的一般方程**.

若在方程(2)中,系数 A,B,C,D 有若干为零时,其所表示的平面会处于特殊的位置. 如:

当 $D=0$ 时,方程为

$$Ax+By+Cz=0.$$

因原点的坐标 $(0,0,0)$ 满足此方程,故该方程表示通过原点的平面.

当 $A=0$ 时,方程为

$$By+Cz+D=0.$$

由于该平面上任一点 $P(x,y,z)$ 在 yOz 平面上的投影 $P_0(0,y,z)$ 仍然在该平面上,故该平面垂直于 yOz 平面,从而该平面平行于 x 轴.

当 $A=D=0$ 时,方程为

$$By+Cz=0,$$

表示经过 x 轴的平面.

当 $A=B=0(C\neq0)$ 时,方程为

$$Cz+D=0 \left(即 z=-\frac{D}{C} \right),$$

表示平行于 xOy 平面的平面.

当 $A=B=D=0(C\neq0)$ 时,方程为

$$z=0,$$

表示 xOy 平面.

对于其余系数为零的情况,读者可进行类似讨论.

例 3 设有一平面与 x 轴、y 轴、z 轴分别交于点 $M_1(a,0,0)$,$M_2(0,b,0)$,$M_3(0,0,c)$,其中 $a\neq0,b\neq0,c\neq0$,求此平面的方程.

解 设所求平面的一般方程为

$$Ax+By+Cz+D=0.$$

由于点 M_1,M_2,M_3 在此平面上,将坐标分别代入方程可得

$$aA+D=0, bB+D=0, cC+D=0.$$

于是，

$$A = -\frac{D}{a}, B = -\frac{D}{b}, C = -\frac{D}{c}.$$

将 A、B、C 的表达式代入所设方程，得

$$-\frac{D}{a}x - \frac{D}{b}y - \frac{D}{c}z + D = 0.$$

约去非零常数 D，得

$$\frac{x}{a} + \frac{y}{b} + \frac{z}{c} = 1$$

即为所求平面方程.

注 例 3 所得方程称为**平面的截距式方程**，常数 a, b, c 分别称为平面在 x 轴、y 轴、z 轴上的**截距**.

例 4 求过 z 轴和点 $(-2, 5, 7)$ 的平面方程.

解 因平面经过 z 轴，故设所求方程为

$$Ax + By = 0.$$

又因点 $(-2, 5, 7)$ 在平面上，将坐标代入方程得

$$-2A + 5B = 0, \quad 即 \quad B = \frac{2}{5}A.$$

故 $Ax + \frac{2}{5}Ay = 0$. 由于 $A \neq 0$，整理后可得所求平面方程为

$$5x + 2y = 0.$$

3. 柱面

由动直线 L 以平行于定直线 l 的方式沿定曲线 C 移动所形成的曲面称为**柱面**（如图 9-10），其中，动直线 L 称为柱面的**母线**，定曲线 C 称为柱面的**准线**.

以下我们研究母线平行于某一坐标轴的柱面方程问题.

设柱面的准线是 xOy 平面上的曲线 C，其方程为 $F(x, y) = 0$，柱面的母线平行于 z 轴，则柱面上任一点 $M(x, y, z)$ 在 xOy 平面上的投影 $M_1(x, y, 0)$ 必然落在准线 C 上（如图 9-11），于是 $M_1(x, y, 0)$ 的横坐标 x 与纵坐标 y 满足方程 $F(x, y) = 0$；反之，坐标满足 $F(x, y) = 0$ 的点 $M(x, y, z)$ 一定在过 $M_1(x, y, 0)$ 的母线上，即 M 是柱面上一点. 因此，这一柱面的方程就是

$$F(x, y) = 0.$$

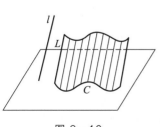

图 9-10

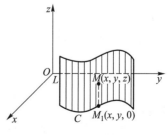

图 9-11

一般而言,在空间解析几何中,仅含 x,y 而缺少 z 的方程 $F(x,y)=0$ 表示母线平行于 z 轴的柱面. 类似地,仅含 y,z 而缺少 x 的方程 $G(y,z)=0$ 表示母线平行于 x 轴的柱面;仅含 x,z 而缺少 y 的方程 $H(x,z)=0$ 表示母线平行于 y 轴的柱面.

应注意的是,需根据不同的坐标系来确定二元方程的几何意义. 如,在空间直角坐标系下,$F(x,y)=0$ 表示一张柱面;在平面直角坐标系下,$F(x,y)=0$ 表示一条曲线.

例 5 指出下列方程在空间直角坐标系中分别表示什么几何图形 $(a,b,c,p>0)$:

(1) $x^2+y^2=a^2$; (2) $\dfrac{y^2}{b^2}+\dfrac{z^2}{c^2}=1$;

(3) $\dfrac{x^2}{a^2}-\dfrac{y^2}{b^2}=1$; (4) $x^2=2pz$.

解 (1) 方程 $x^2+y^2=a^2$ 缺少 z,在空间中表示母线平行于 z 轴的柱面. 由于此柱面的准线为 xOy 平面上的圆周,故称此柱面为**圆柱面**(如图 9-12).

(2) 方程 $\dfrac{y^2}{b^2}+\dfrac{z^2}{c^2}=1$ 缺少 x,在空间中表示母线平行于 x 轴的**椭圆柱面**(如图 9-13).

(3) 方程 $\dfrac{x^2}{a^2}-\dfrac{y^2}{b^2}=1$ 缺少 z,在空间中表示母线平行于 z 轴的**双曲柱面**(如图 9-14).

(4) 方程 $x^2=2pz$ 缺少 y,在空间中表示母线平行于 y 轴的**抛物柱面**(如图 9-15).

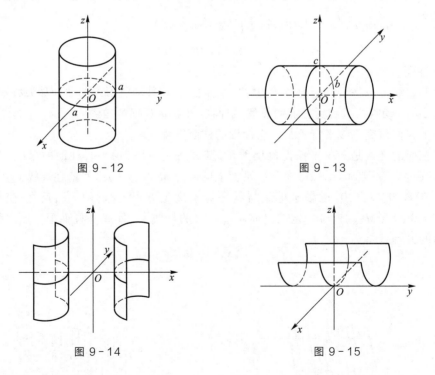

图 9-12   图 9-13

图 9-14   图 9-15

4. 旋转曲面

由一条平面曲线 C 绕其所在平面内的一条定直线 l 旋转一周所形成的曲面称为**旋转曲面**,其中曲线 C 称为旋转曲面的**母线**,直线 l 称为旋转曲面的**轴**.

以下我们讨论轴为坐标轴的旋转曲面方程.

设 C 为 yOz 平面上的一条已知曲线,方程为 $f(y,z)=0$. 此曲线绕 z 轴旋转一周所得旋转曲面如图 9-16 所示,求此曲面的方程.

在曲线 C 上任取一点 $M_1(0,y_1,z_1)$,则 $f(y_1,z_1)=0$. 当曲线 C 绕 z 轴旋转时,点 M_1 随之绕 z 轴旋转,且运动轨迹为一个圆周. 设点 $M(x,y,z)$ 是点 M_1 旋转路径上的任一点,则 M 与 M_1 的竖坐标保持不变,即 $z=z_1$,且因点 M 到 z 轴的距离与点 M_1 到 z 轴的距离相同,故有

$$d=\sqrt{x^2+y^2}=|y_1|.$$

将 $y_1=\pm\sqrt{x^2+y^2}$,$z_1=z$ 代入 $f(y_1,z_1)=0$,得

$$f(\pm\sqrt{x^2+y^2},z)=0. \tag{3}$$

反之,容易看出,若点 $M(x,y,z)$ 不是此旋转曲面上的点,则其坐标不满足(3)式. 所以(3)式即为所求旋转曲面的方程.

由上述过程可知,在曲线 C 的方程 $f(y,z)=0$ 中,若保持 z 不变,将 y 改写为 $\pm\sqrt{x^2+y^2}$,则得到曲线 C 绕 z 轴旋转而成的旋转曲面方程

$$f(\pm\sqrt{x^2+y^2},z)=0.$$

同理,在 $f(y,z)=0$ 中,若保持 y 不变,将 z 改写为 $\pm\sqrt{x^2+z^2}$,则得到曲线 C 绕 y 轴旋转而成的旋转曲面方程

$$f(y,\pm\sqrt{x^2+z^2})=0.$$

读者可自行总结其中的规律,推导其他类似情形的旋转曲面方程.

例 6　xOy 平面上的椭圆 $\dfrac{x^2}{a^2}+\dfrac{y^2}{b^2}=1$ 绕 y 轴旋转而成的曲面方程为

$$\frac{x^2+z^2}{a^2}+\frac{y^2}{b^2}=1. \tag{4}$$

称此曲面为**旋转椭球面**(如图 9-17).

例 7　yOz 平面上的抛物线 $\dfrac{y^2}{a^2}=z$ 绕 z 轴旋转而成的曲面方程为

$$\frac{x^2+y^2}{a^2}=z. \tag{5}$$

称此曲面为**旋转抛物面**(如图 9-18).

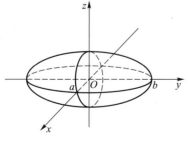

图 9-17

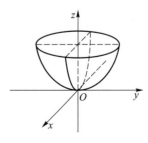

图 9-18

例 8 zOx 平面上的双曲线 $\dfrac{x^2}{a^2}-\dfrac{z^2}{c^2}=1$ 绕 z 轴旋转而成的曲面方程为

$$\frac{x^2+y^2}{a^2}-\frac{z^2}{c^2}=1. \tag{6}$$

称此曲面为**旋转单叶双曲面**（如图 9-19）. 该双曲线绕 x 轴旋转而成的曲面方程为

$$\frac{x^2}{a^2}-\frac{y^2+z^2}{c^2}=1. \tag{7}$$

称此曲面为**旋转双叶双曲面**（如图 9-20）.

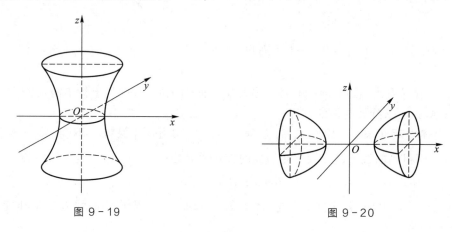

图 9-19   图 9-20

例 9 yOz 平面上经过原点的直线 $z=ky(k>0)$ 绕 z 轴旋转而成的曲面方程为

$$z=\pm k\sqrt{x^2+y^2},$$

即

$$z^2=k^2(x^2+y^2).$$

由图 9-21 可知,对应曲面为一个**圆锥面**. 因此,圆锥面又可被定义为由一条直线 L 绕着与其相交的另一条定直线旋转一周得到的旋转曲面. 通常,圆锥面的方程可表示为

$$\frac{x^2+y^2}{a^2}=z^2. \tag{8}$$

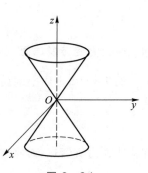

图 9-21

5. 二次曲面

三元二次方程表示的空间曲面称为**二次曲面**;相应地,三元一次方程表示的平面称为一次曲面.

前面介绍的球面、椭圆柱面、旋转抛物面、圆锥面等都属于二次曲面. 除此之外,常见的二次曲面还有以下几种:

例 10 **椭球面**

$$\frac{x^2}{a^2}+\frac{y^2}{b^2}+\frac{z^2}{c^2}=1. \tag{9}$$

椭球面(9)可由例 6 中的旋转椭球面 $\dfrac{x^2+z^2}{a^2}+\dfrac{y^2}{b^2}=1$ 沿 z 轴方向伸缩 $\dfrac{c}{a}$ 倍得到,形状如

图 9-22 所示.

例 11　椭圆抛物面

$$\frac{x^2}{a^2} + \frac{y^2}{b^2} = z. \tag{10}$$

椭圆抛物面(10)可由例 7 中的旋转抛物面 $\frac{x^2+y^2}{a^2} = z$ 沿 y

轴方向伸缩 $\frac{b}{a}$ 倍得到.

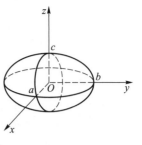

图 9-22

例 12　单叶双曲面

$$\frac{x^2}{a^2} + \frac{y^2}{b^2} - \frac{z^2}{c^2} = 1. \tag{11}$$

单叶双曲面(11)可由例 8 中的旋转单叶双曲面 $\frac{x^2+y^2}{a^2} - \frac{z^2}{c^2} = 1$ 沿 y 轴方向伸缩 $\frac{b}{a}$ 倍

得到.

例 13　双叶双曲面

$$\frac{x^2}{a^2} - \frac{y^2}{b^2} - \frac{z^2}{c^2} = 1. \tag{12}$$

双叶双曲面(12)可由例 8 中的旋转双叶双曲面 $\frac{x^2}{a^2} - \frac{y^2+z^2}{c^2} = 1$ 沿 y 轴方向伸缩 $\frac{b}{c}$ 倍

得到.

例 14　椭圆锥面

$$\frac{x^2}{a^2} + \frac{y^2}{b^2} = z^2. \tag{13}$$

椭圆锥面(13)可由例 9 中的圆锥面 $\frac{x^2+y^2}{a^2} = z^2$ 沿 y 轴方向伸缩 $\frac{b}{a}$ 倍得到.

利用旋转曲面的伸缩变形是我们大致了解二次曲面形状的一种简便方法. 应当注意的是, 上述经各个旋转曲面伸缩得到的曲面不再是旋转曲面, 而仅是一般的二次曲面.

例 15　双曲抛物面(马鞍面)

$$\frac{x^2}{a^2} - \frac{y^2}{b^2} = 2pz \quad (p \neq 0). \tag{14}$$

双曲抛物面不能经由任何旋转曲面伸缩得到, 为了解双曲抛物面的特点与形状, 我们需采用**截痕法**(或称**平行截口法**)作图, 即用坐标平面及平行于坐标平面的平面与曲面相截, 考察相截后的交线(称为**截痕**)的形态, 然后综合各种情形描绘出曲面的大致形状.

以下我们采用截痕法作出双曲抛物面 $z = y^2 - x^2$ 的图形.

(ⅰ) 用 yOz 平面 $x=0$ 截此曲面, 截痕为 yOz 平面上顶点在原点、开口向上的抛物线 $z = y^2$.

用平面 $x=k$(k 为某一确定常数)截此曲面, 截痕为平面 $x=k$ 上的抛物线

$$z = y^2 - k^2.$$

(ⅱ) 用 zOx 平面 $y=0$ 截此曲面, 截痕为 zOx 平面上顶点在原点、开口向下的抛物线

$$z = -x^2.$$

用平面 $y = h$（h 为某一确定常数）截此曲面，截痕为平面 $y = h$ 上的抛物线

$$z = h^2 - x^2.$$

（iii）用平面 $z = c$（c 为某一确定常数）截该曲面，截痕为平面 $z = c$ 上的双曲线 $y^2 - x^2 = c$，且当 $c > 0$ 时，双曲线的实轴平行于 y 轴；当 $c < 0$ 时，双曲线的实轴平行于 x 轴.

综合以上讨论，双曲抛物面的图形如图 9-23 所示. 因其形状类似于马鞍，故双曲抛物面又被称为**马鞍面**.

利用截痕法，我们还可对本节例 10 至例 14 中出现的二次曲面的图形做更为细致的描述. 如对于单叶双曲面

$$\frac{x^2}{a^2} + \frac{y^2}{b^2} - \frac{z^2}{c^2} = 1 \ (a, b, c > 0),$$

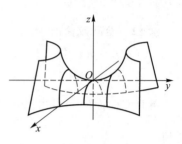

图 9-23

使用截痕法作图的过程如下：

（i）用 xOy 平面 $z = 0$ 与该曲面相截，交线为 xOy 平面上的椭圆

$$\frac{x^2}{a^2} + \frac{y^2}{b^2} = 1.$$

用平面 $z = d$（$d \neq 0$）与该曲面相截，交线为平面 $z = d$ 上的椭圆

$$\frac{x^2}{a^2} + \frac{y^2}{b^2} = 1 + \frac{d^2}{c^2}.$$

（ii）用 zOx 平面 $y = 0$ 与该曲面相截，交线为 zOx 平面上的双曲线

$$\frac{x^2}{a^2} - \frac{z^2}{c^2} = 1.$$

（iii）类似地，用 yOz 平面 $x = 0$ 与该曲面相截，交线为 yOz 平面上的双曲线

$$\frac{y^2}{b^2} - \frac{z^2}{c^2} = 1.$$

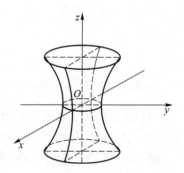

图 9-24

综上所述，可得单叶双曲面的图形如图 9-24 所示.

三、空间曲线及其方程

空间中两张曲面的交线就是一条空间曲线.

设 S_1 与 S_2 是两个相交曲面，它们的方程分别为 $F(x, y, z) = 0$，$G(x, y, z) = 0$，交线记作 C（如图 9-25）.

因曲线 C 既在曲面 S_1 上又在曲面 S_2 上，故曲线 C 上任一点的坐标 (x, y, z) 同时满足两个曲面的方程，即满足方程组

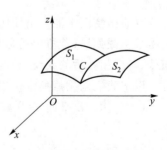

图 9-25

$$\begin{cases} F(x, y, z) = 0, \\ G(x, y, z) = 0. \end{cases} \tag{15}$$

方程组(15)称为**空间曲线 C 的一般方程**.

特别地,两个平面(其中 A_1,B_1,C_1 与 A_2,B_2,C_2 不成比例)
$$\Sigma_1 : A_1x+B_1y+C_1z+D_1=0$$
与
$$\Sigma_2 : A_2x+B_2y+C_2z+D_2=0$$
的交线 L 是空间中的一条直线(如图 9-26),此**直线的一般方程**为

$$\begin{cases} A_1x+B_1y+C_1z+D_1=0, \\ A_2x+B_2y+C_2z+D_2=0. \end{cases} \tag{16}$$

例 16 设曲面 $F(x,y,z)=0$ 与三个坐标平面都相交,试确定三条交线的方程.

解 曲面 $F(x,y,z)=0$ 与 xOy 平面的交线方程为

$$\begin{cases} F(x,y,z)=0, \\ z=0; \end{cases}$$

与 yOz 平面的交线方程为

$$\begin{cases} F(x,y,z)=0, \\ x=0; \end{cases}$$

与 zOx 平面的交线方程为

$$\begin{cases} F(x,y,z)=0, \\ y=0. \end{cases}$$

例 17 试确定曲面 $z=1-x^2-y^2$ 与 $x+y-1=0$ 交线的形状.

解 方程 $z=1-x^2-y^2$ 表示一个旋转抛物面,它可看作由 zOx 平面上顶点为 $(0,0,1)$,开口向下的抛物线 $z=1-x^2$ 绕 z 轴旋转所得;方程 $x+y-1=0$ 表示平行于 z 轴的平面.两者的交线为一开口向下的抛物线,如图 9-27 所示.

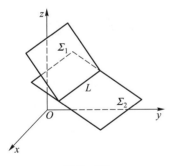

图 9-26

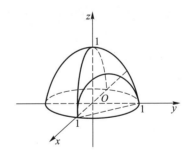

图 9-27

🖥 习题 9-2

1. 确定下列平面在空间直角坐标系中的特殊位置:

(1) $x=0$;　　　　　　　　　　(2) $2x+y=1$;

(3) $4z+11=0$;　　　　　　　　(4) $y=3z$;

(5) $x+2y-9z=0$;　　　　　　 (6) $z=8x-5$.

2. 求满足下列条件的各平面方程:

（1）过 y 轴及点 $(\sqrt{3},-7,1)$；

（2）垂直于 x 轴且过点 $(6,6,9)$；

（3）平行于 z 轴且过点 $\left(2,\dfrac{3}{2},0\right)$，$(5,-3,2)$；

（4）过点 $(3,-2,-1)$，$(3,-1,0)$，$(-1,-3,2)$；

（5）过点 $(-2,8,0)$，且在 x 轴、y 轴、z 轴上的截距构成以 2 为公差的等差数列.

3. 指出下列方程在空间直角坐标系中表示何种曲面：

（1）$x^2+y^2+z^2-2x+6y+2z+11=0$；

（2）$x^2+y^2+z^2=0$；

（3）$x^2+y^2+z^2-2x+4y-4=0$；

（4）$z^2-2=0$；   （5）$y^2-x^2=0$；

（6）$4x^2+z^2=1$；   （7）$3x^2=y+1$；

（8）$9x^2+4y^2+36z^2=36$；   （9）$z=x^2+2y^2$；

（10）$x^2+y^2-z^2=1$；   （11）$z^2=2x^2+9y^2$.

4. 写出下列旋转曲面的方程：

（1）曲线 $\begin{cases} z=8-x^2, \\ y=0, \end{cases}$ 绕 z 轴旋转；

（2）曲线 $\begin{cases} y=2x, \\ z=0, \end{cases}$ 绕 y 轴旋转；

（3）曲线 $\begin{cases} y^2-6z^2=1, \\ x=0, \end{cases}$ 绕 z 轴旋转；

（4）曲线 $\begin{cases} 2x^2+y^2=3, \\ z=0, \end{cases}$ 绕 x 轴旋转.

5. 下列方程组表示怎样的空间曲线？

（1）$\begin{cases} x^2+y^2=1, \\ x+y+z=1; \end{cases}$

（2）$\begin{cases} z^2-y^2=2, \\ x=1; \end{cases}$

（3）$\begin{cases} z=\sqrt{2-x^2-y^2}, \\ z=\sqrt{x^2+y^2}. \end{cases}$

 总习题九

1. 选择题：

（1）yOz 平面上的抛物线 $z^2=2y$ 绕 y 轴旋转而成的旋转曲面方程为（   ）.

A. $x^2+z^2=2y$ B. $y^2+z^2=2y$ C. $x^2+y^2=2z$ D. $z^2=2(x^2+y^2)$

（2）方程 $x+2y=1$ 在空间解析几何中表示的几何图形为（　　）.

A．点 　　　　B．直线 　　　　C．平面 　　　　D．球面

（3）方程 $x^2+y^2=0$ 在空间直角坐标系下表示（　　）.

A．一个点 　　　　B．一条直线 　　　　C．一张平面 　　　　D．一张圆柱面

（4）球面 $x^2+y^2+z^2-2x-6y+4z=0$ 的球心与半径分别为（　　）.

A．$M_0(0,0,0),R=14$ 　　　　　　　　B．$M_0(-1,-3,2),R=\sqrt{14}$

C．$M_0(1,3,-2),R=14$ 　　　　　　　　D．$M_0(1,3,-2),R=\sqrt{14}$

（5）下列曲面中,（　　）不是旋转曲面.

A．$x+y^2+z^2=1$ 　　　　　　　　B．$x^2-\dfrac{y^2}{4}+z^2=1$

C．$x^2+2y^2-z^2=1$ 　　　　　　　　D．$-x^2-y^2+z^2-2z=1$

（6）下列曲面中有（　　）个柱面.

① $yz=1$；② $\dfrac{x^2}{4}+\dfrac{z^2}{9}=0$；③ $x^2+y^2+2x=0$；

④ $2x+3z=6$；⑤ $y=1-x^2-z^2$.

A．2 　　　　B．3 　　　　C．4 　　　　D．5

2．求出满足下列条件的点的轨迹方程,并指明分别表示什么曲面:

（1）到点 $(0,6,0)$ 的距离等于它到 z 轴的距离的点的轨迹;

（2）到原点的距离与到点 $A(1,2,3)$ 的距离之比为 2∶1 的点的轨迹.

3．已知某平面过点 $(0,4,-3)$ 和点 $(6,-4,3)$,但不经过原点,且在三个坐标轴上的截距之和为零,求此平面的方程.

4．求顶点在原点,母线与 z 轴正向夹角为 $\dfrac{\pi}{3}$ 的上半圆锥面的方程.

第九章
习题参考
答案与提示

第十章 多元函数微分学及其应用

上册各章节的研究对象均是一元函数,即仅有一个自变量的函数.然而,在自然界、科学技术、社会生产等不同领域中,一个实际问题往往涉及多方面的因素,例如,企业对某产品的定价取决于生产成本、预期利润、市场需求、竞争商品的价格等,体现到数量关系上,即一个变量依赖于多个变量,这时就需引入多元函数的概念.

本章介绍多元函数微分学及其在几何学、经济学中的应用.直观上,多元函数可简单理解为含有多个自变量的函数,其定义方式与一元函数的情形相似,因此,多元函数微分学是一元函数微分学的推广与发展,但自变量个数的增加会导致多元函数微分学与一元函数微分学在理论与研究方法上存在很多本质上的不同.本章,我们重点关注二元函数的微分学问题,相应结果可类推到三元及以上的多元函数中.

§10.1 多元函数的基本概念

一、平面区域的知识

当研究一元函数时,我们利用数轴上的点集、邻域与区间等概念描述变量的变化范围.现在讨论二元函数,因为自变量有两个,所以需要将数轴上的邻域、区间等概念推广到平面上,从而得到平面邻域与平面区域等概念.

由于二元有序实数组 (x,y) 与 xOy 平面上的点一一对应,因此我们将 xOy 平面上一切点的集合表示为

$$\mathbf{R}^2 = \{(x,y) \mid x \in \mathbf{R}, y \in \mathbf{R}\},$$

称 $\mathbf{R}^2$ 为**二维空间**,并称 $\mathbf{R}^2$ 上具有某种性质的点的集合为**平面点集**.类似地,可定义三维空间 $\mathbf{R}^3$,乃至一般的 n 维空间 $\mathbf{R}^n$.

设定点 $P_0(x_0,y_0) \in \mathbf{R}^2$,$\delta$ 为某一正数,则 $\mathbf{R}^2$ 中与点 $P_0(x_0,y_0)$ 的距离小于 δ 的点 $P(x,y)$ 的全体称为点 P_0 的 δ 邻域,记作 $U_\delta(P_0)$ 或 $U_\delta(x_0,y_0)$,即

$$U_\delta(P_0) = \{P \in \mathbf{R}^2 \mid |P_0P| < \delta\}$$
$$= \{(x,y) \mid \sqrt{(x-x_0)^2 + (y-y_0)^2} < \delta\}.$$

在几何上,P_0 的 δ 邻域就是 xOy 平面上以点 $P_0(x_0,y_0)$ 为圆心,以 δ 为半径的圆的内部(如图 10-1).

若点 P_0 不包含在上述邻域内,则称 $U_\delta(P_0)$ 去除点 $P_0(x_0,y_0)$ 后剩余的部分为 P_0 的**去心 δ 邻域**(或**空心 δ 邻域**),记作 $\mathring{U}_\delta(P_0)$,即

$$\mathring{U}_\delta(P_0) = \{P \in \mathbf{R}^2 \mid 0 < |P_0P| < \delta\}$$
$$= \left\{(x,y) \mid 0 < \sqrt{(x-x_0)^2 + (y-y_0)^2} < \delta\right\}.$$

在以后的讨论中,如果不需要强调邻域半径 δ 的大小,那么用符号 $U(P_0)$ 表示点 P_0 的某个邻域,用 $\mathring{U}(P_0)$ 表示点 P_0 的某个去心邻域.

设集合 $D \subseteq \mathbf{R}^2$,点 $P_0 \in \mathbf{R}^2$. 若存在 $\delta > 0$,使得 $U_\delta(P_0) \subseteq D$,则称点 P_0 为 D 的 **内点**. 显然,集合 D 的内点必定属于 D. 若对于任意的 $\delta > 0$,总存在点 $P_1, P_2 \in U_\delta(P_0)$,使得 $P_1 \in D, P_2 \notin D$,则称点 P_0 为 D 的 **边界点**. 集合 D 的边界点可能属于 D,也可能不属于 D(如图 10-2). D 的全体边界点构成的集合称为 D 的 **边界**,记作 ∂D.

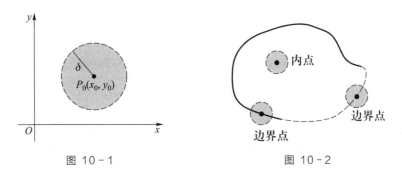

图 10-1   图 10-2

若对于任意的 $\delta > 0$,点 P_0 的去心 δ 邻域内总有 D 中的点,即 $\mathring{U}_\delta(P_0) \cap D \neq \varnothing$,则称点 P_0 为 D 的 **聚点**. 一个集合的聚点可能属于该集合,也可能不属于该集合. 后文中有关多元函数的极限与连续性的问题均是在聚点处进行讨论的.

例如,设平面点集 $D = \{(x,y) \mid 1 < x^2 + y^2 \leqslant 4\}$,则所有满足条件 $1 < x^2 + y^2 < 4$ 的点 (x,y) 都是 D 的内点,也是 D 的聚点. 所有满足 $x^2 + y^2 = 4$ 的点 (x,y) 既是 D 的边界点,也是 D 的聚点,它们都属于集合 D. 类似地,所有满足 $x^2 + y^2 = 1$ 的点 (x,y) 是 D 的边界点,同样也是 D 的聚点,但它们都不属于集合 D. D 的边界
$$\partial D = \{(x,y) \mid x^2 + y^2 = 1 \text{ 或 } x^2 + y^2 = 4\}.$$

下面定义几类重要的平面点集.

若集合 D 中的每一点都是 D 的内点,则称 D 为 $\mathbf{R}^2$ 中的 **开集**. 若 D 的边界 ∂D 满足 $\partial D \subset D$,则称 D 为 $\mathbf{R}^2$ 中的 **闭集**.

例如,集合 $\{(x,y) \mid 1 < x^2 + y^2 < 4\}$ 是开集;集合 $\{(x,y) \mid 1 \leqslant x^2 + y^2 \leqslant 4\}$ 是闭集;集合 $\{(x,y) \mid 1 < x^2 + y^2 \leqslant 4\}$ 既非开集,又非闭集.

若集合 D 中的任意两点都可以用包含于 D 中的折线连接起来,则称 D 为 **连通集**. 连通的开集称为 **开区域**,简称为 **区域**. 区域及其边界构成的集合称为 **闭区域**.

例如,集合 $\{(x,y) \mid 1 < x < 2, 1 < y < 2\}$ 为(开)区域;集合 $\{(x,y) \mid 1 \leqslant x \leqslant 2, 1 \leqslant y \leqslant 2\}$ 为闭区域;集合 $\{(x,y) \mid (x+1)^2 + (y+1)^2 < 1 \text{ 或 } (x-1)^2 + (y-1)^2 < 1\}$ 不是区域,因其不具备连通性.

对于区域 D,若存在某一正数 R,使得 D 被覆盖在以原点 $O(0,0)$ 为圆心,R 为半径的开圆盘内,即 $D \subset U_R(O)$,则称 D 为 **有界区域**;否则,称 D 为 **无界区域**.

例如,集合 $\{(x,y) \mid 1 < x < 2, 1 < y < 2\}$ 为有界开区域;集合 $\{(x,y) \mid x^2 + y^2 \geqslant 1\}$ 为无界闭

区域.

在下文的叙述中,当不需要明确区分开区域、闭区域、有界区域、无界区域时,我们将上述概念统称为**区域**.

二、多元函数的概念

一元函数研究一个自变量对因变量的影响,但在许多实际问题特别是经济问题中,往往要研究多个自变量对因变量的影响,于是多元函数便应运而生.

多元函数的例子十分常见.例如,长、宽、高分别为 x,y,z 的长方体的表面积为

$$S = 2(xy+yz+zx), \quad x,y,z>0.$$

显然,当 x,y,z 变化时,S 将随之变化.因此,长方体的表面积是其长、宽、高这三个变量的函数.

又如,在生产问题中,产品的产出 Y 与资本的投入量 K 和劳动力的投入量 L 之间有如下关系:

$$Y = AK^{\alpha}L^{\beta},$$

其中 A,α,β 为正常数.当 K 与 L 变化时,Y 随之变化,即产出是这两种投入要素的函数.在西方经济学中,称此函数为**柯布-道格拉斯(Cobb-Douglas)生产函数**.

由上述两例可见,所谓多元函数是指依赖于多个自变量的函数关系.类比一元函数的概念,下面给出二元函数的定义:

定义 1 设 D 为 $\mathbf{R}^2$ 的一个非空子集.如果按照某一确定的对应法则 f,对于 D 内的任意一点 $P(x,y)$,都有唯一确定的一个实数 z 与之对应,则称 f 为定义在 D 上的**二元函数**,记作

$$z=f(x,y),(x,y) \in D$$

或

$$z=f(P),P \in D,$$

其中集合 D 称为函数 f 的**定义域**,x,y 称为**自变量**,z 称为**因变量**(z 的值也称为 f 在点(x,y)处的**函数值**),函数值的全体构成的集合称为**值域**,记作 $f(D)$,即

$$f(D) = \{z | z=f(x,y),(x,y) \in D\}.$$

习惯上,我们也称 z 是 x,y 的函数,且二元函数的概念仍包含对应法则 f 和定义域 D 这两个决定性因素.

采用类似的方式,可以定义三元函数

$$u=f(x,y,z), \quad (x,y,z) \in D \subset \mathbf{R}^3,$$

更一般地,可定义 n 元函数

$$u=f(x_1,x_2,\cdots,x_n),(x_1,x_2,\cdots,x_n) \in D \subset \mathbf{R}^n.$$

二元及二元以上的函数统称为**多元函数**.

与一元函数相似,当用某个算式表示多元函数时,使该算式有意义的全体点构成的集合称为这个多元函数的**自然定义域**.对于具有实际背景的函数,其定义域会受到实际条件的约束,称之为**实际定义域**.我们做以下约定:对于由算式表示的多元函数,如无特殊说明,则其定义域指的是自然定义域.

例 1 求函数 $z = \dfrac{\sqrt{9-x^2-y^2}}{\sqrt{x^2+y^2-4}}$ 的定义域.

解 为确保函数中所有算式有意义,点 (x,y) 需同时满足
$$x^2+y^2-4>0 \text{ 且 } 9-x^2-y^2 \geqslant 0.$$
将不等式联立,可解得定义域为
$$D = \{(x,y) \mid 4<x^2+y^2 \leqslant 9\}.$$

定义域如图 10-3 所示.

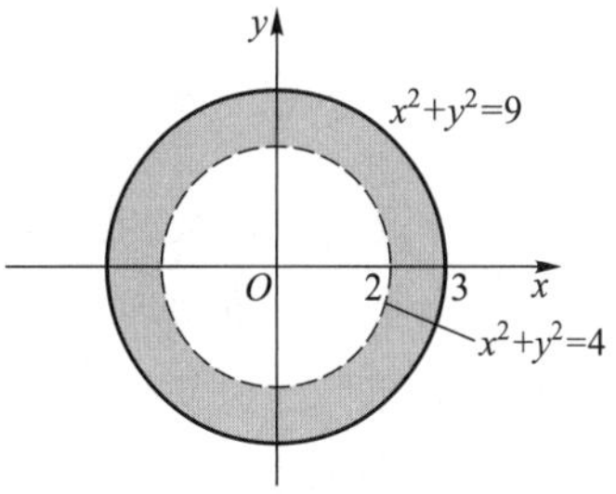

例 2 求函数 $z = [\sin(x^2+y^2)]^{-1}$ 的定义域.

解 因为函数的分母不能为零,所以定义域为
$$D = \{(x,y) \mid x^2+y^2 \neq k\pi, k \in \mathbf{N}\}.$$

例 3 设函数 $z = f(x,y)$ 的定义域为 D,且当 $(x,y) \in D$ 时,对实数 $t \in \mathbf{R}$,仍有 $(tx,ty) \in D$. 若存在常数 k,使对任意的 $(x,y) \in D$,恒有
$$f(tx,ty) = t^k f(x,y),$$
则称函数 $z=f(x,y)$ 为 **k 次齐次函数**. 证明:函数

图 10-3

$$f(x,y) = x^2+y^2-xy\tan\frac{x}{y}$$
为二次齐次函数.

证
$$f(tx,ty) = (tx)^2+(ty)^2-tx \cdot ty\tan\frac{tx}{ty}$$
$$= t^2x^2+t^2y^2-t^2xy\tan\frac{x}{y}$$
$$= t^2\left(x^2+y^2-xy\tan\frac{x}{y}\right) = t^2f(x,y).$$

类似地可定义 n 元 k 次齐次函数. 齐次函数是经济学中经常遇到的一类函数. 例如,前面提到的柯布-道格拉斯生产函数就是 $\alpha+\beta$ 次齐次函数. 一般地,设描述产出 Y 与投入要素 $x_1, x_2, \cdots, x_n$(资本、劳动力……)之间关系的生产函数为
$$Y = f(x_1, x_2, \cdots, x_n),$$
通常假定其为齐次函数,即有
$$f(\lambda x_1, \lambda x_2, \cdots, \lambda x_n) = \lambda^k f(x_1, x_2, \cdots, x_n).$$

当 $k=1$ 时,表示产出与生产规模成比例,称为**规模报酬不变**或**固定规模报酬**;当 $k>1$ 时,称为**规模报酬递增**;当 $k<1$ 时,称为**规模报酬递减**.

在几何上,设有二元函数 $z=f(x,y)$,定义域为 D,称三维空间 $\mathbf{R}^3$ 中的集合
$$\{(x,y,z) \mid z=f(x,y), (x,y) \in D\}$$
为二元函数 $z=f(x,y)$ 的**图形**. 通常,二元函数的图形为空间中的一张曲面(如图 10-4),这张曲面在 xOy 平面上的投影区域就是函数 $z=f(x,y)$ 的定义域 D. 例如,函数 $z=\sqrt{1-x^2-y^2}$ 的图形为球心在原点 $O(0,0,0)$,半径为 1 的上半球面;该球面在 xOy 平面上的投影区域为圆域 $\{(x,y) \mid x^2+y^2 \leqslant 1\}$,此区域正是二元函数的定义域(如图 10-5). 再如,函数 $z=2x+3y-5$ 的定义域为 $\mathbf{R}^2$,函数的图形为一张平面,它在 xOy 平面上的投影区域即

为整个 xOy 平面.

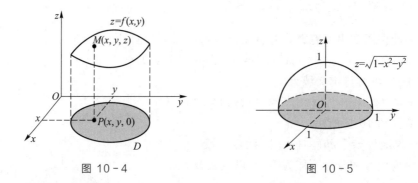

图 10-4 图 10-5

仿照一元初等函数,我们将**多元初等函数**定义为能由一个算式表示的多元函数,且此算式可由不同变量的一元基本初等函数与常数经过有限次的四则运算和有限次的复合构成. 如 $z=y^2-2x+1, z=e^{\sin x^3 y}, u=\ln(1+3x+y^2+z^5)$ 等都是多元初等函数.

三、多元函数的极限

极限刻画的是当自变量变化时函数变化的趋势. 对于二元函数 $z=f(x,y)$,当平面上的动点 $P(x,y)$ 以任意方式趋于点 $P_0(x_0,y_0)$,即 $P\to P_0$(或表示为 $(x,y)\to(x_0,y_0)$)时,若对应的函数值 $f(x,y)$ 无限接近于常数 A,则称 A 是 $f(x,y)$ 当 $P\to P_0$ 时的极限. 这一概念可以由"$\varepsilon-\delta$"语言做更精确的描述.

定义 2 设二元函数 $z=f(x,y)$ 在点 $P_0(x_0,y_0)$ 的某去心邻域内有定义,A 为常数. 若对任意给定的 $\varepsilon>0$,总存在 $\delta>0$,使得当 $0<|P_0P|=\sqrt{(x-x_0)^2+(y-y_0)^2}<\delta$ 时,恒有
$$|f(P)-A|=|f(x,y)-A|<\varepsilon$$
成立,则称当 $(x,y)\to(x_0,y_0)$ 时,函数 $f(x,y)$ 的**极限**为 A,记作
$$\lim_{P\to P_0}f(P)=A \quad \text{或} \quad \lim_{(x,y)\to(x_0,y_0)}f(x,y)=A,$$
也可记作
$$f(P)\to A \ (P\to P_0) \quad \text{或} \quad f(x,y)\to A \ ((x,y)\to(x_0,y_0)).$$
上述二元函数的极限也称为**二重极限**.

注意 (1) 函数 $z=f(x,y)$ 在点 $P_0(x_0,y_0)$ 有无定义不会影响 $f(x,y)$ 在点 $P_0(x_0,y_0)$ 的极限情况.

(2) 在二元函数极限的定义中,平面上的动点 $P(x,y)$ 趋于点 $P_0(x_0,y_0)$ 的方式是任意的,可以沿直线,也可以沿曲线,它远比一元函数的情形 $(x\to x_0)$ 复杂. 所谓函数 $f(x,y)$ 以 A 为极限,指点 $P(x,y)$ 以任意方式趋于点 $P_0(x_0,y_0)$ 时,函数值 $f(x,y)$ 都无限趋于常数 A. 当点 $P(x,y)$ 按某一特殊方式趋于 $P_0(x_0,y_0)$ 时,函数 $f(x,y)$ 的极限存在,并不能保证点 $P(x,y)$ 趋于 $P_0(x_0,y_0)$ 时 $f(x,y)$ 的极限也存在. 反之,当 $P(x,y)$ 按某一路径趋于 $P_0(x_0,y_0)$ 时,$f(x,y)$ 的极限不存在,或者 $P(x,y)$ 按不同方式趋于 $P_0(x_0,y_0)$ 时,$f(x,y)$ 趋于不同的数值,则可断定该二元函数的极限不存在.

例 4 用定义证明 $\lim\limits_{(x,y)\to(0,0)}\dfrac{xy}{\sqrt{x^2+y^2}}=0.$

分析 由极限的定义,对任意给定的 $\varepsilon > 0$,需根据 ε 找到一个正数 δ,使得所有满足

$$0 < \sqrt{(x-0)^2 + (y-0)^2} = \sqrt{x^2 + y^2} < \delta$$

的点 (x, y),都有

$$\left| \frac{xy}{\sqrt{x^2 + y^2}} - 0 \right| = \frac{|xy|}{\sqrt{x^2 + y^2}} < \varepsilon$$

成立. 由于 $|xy| \leqslant \dfrac{1}{2}(x^2 + y^2)$,故可将上一不等式放大为

$$\frac{|xy|}{\sqrt{x^2 + y^2}} \leqslant \frac{1}{2}\sqrt{x^2 + y^2} < \varepsilon,$$

分析可知,选取 $\delta = 2\varepsilon$ 即可.

证 $\forall \varepsilon > 0$,取 $\delta = 2\varepsilon$,则当

$$0 < \sqrt{(x-0)^2 + (y-0)^2} = \sqrt{x^2 + y^2} < \delta$$

时,恒有

$$\left| \frac{xy}{\sqrt{x^2 + y^2}} - 0 \right| = \frac{|xy|}{\sqrt{x^2 + y^2}} \leqslant \frac{\frac{1}{2}(x^2 + y^2)}{\sqrt{x^2 + y^2}} = \frac{1}{2}\sqrt{x^2 + y^2} < \frac{\delta}{2} = \varepsilon$$

成立,所以

$$\lim_{(x,y)\to(0,0)} \frac{xy}{\sqrt{x^2 + y^2}} = 0.$$

例 5 设函数

$$f(x,y) = \begin{cases} \dfrac{xy}{x^2 + y^2}, & (x,y) \neq (0,0), \\ 0, & (x,y) = (0,0), \end{cases}$$

讨论当 $(x,y) \to (0,0)$ 时,该函数的极限是否存在.

解 考虑点 (x,y) 沿直线 $y = kx$(k 为任意常数)趋于 $(0,0)$ 的情形,有

$$\lim_{\substack{(x,y)\to(0,0) \\ y=kx}} \frac{xy}{x^2 + y^2} = \lim_{x\to 0} \frac{kx^2}{x^2 + k^2 x^2} = \frac{k}{1 + k^2}.$$

上式右端的值随直线 $y = kx$ 的斜率 k 的取值不同而改变,这表明当 $(x,y) \to (0,0)$ 时,由于趋近方式的改变,$f(x,y)$ 将趋于不同的值,因此该函数的极限不存在.

多元函数极限的定义与一元函数极限的定义在思想上与形式上是完全类似的,因此一元函数极限的有关性质,如极限的唯一性、局部保号性、局部有界性等,以及一元函数极限的运算法则(除洛必达法则与单调有界准则外)都可以平行推广到多元函数上.

例 6 求极限 $\lim\limits_{(x,y)\to(0,5)} \dfrac{x}{\sin xy}$.

解 由 $\lim\limits_{t\to 0} \dfrac{\sin t}{t} = 1$,可得

$$\lim_{(x,y)\to(0,5)} \frac{x}{\sin xy} = \lim_{(x,y)\to(0,5)} \frac{xy}{\sin xy} \cdot \frac{1}{y}$$

$$= \lim_{(x,y) \to (0,5)} \frac{xy}{\sin xy} \cdot \lim_{(x,y) \to (0,5)} \frac{1}{y}$$

$$= 1 \times \frac{1}{5} = \frac{1}{5}.$$

例 7　求极限 $\lim\limits_{(x,y) \to (0,0)} \dfrac{xy^2}{x^2+y^2}$.

解　由于对任意 $(x,y) \neq (0,0)$，有

$$\left| \frac{y^2}{x^2+y^2} \right| \leqslant 1,$$

故当 $(x,y) \to (0,0)$ 时，$\dfrac{y^2}{x^2+y^2}$ 为有界变量.

又因 $\lim\limits_{(x,y) \to (0,0)} x = 0$，故当 $(x,y) \to (0,0)$ 时，x 为无穷小量. 由于无穷小量与有界变量之积仍为无穷小量，从而有

$$\lim_{(x,y) \to (0,0)} \frac{xy^2}{x^2+y^2} = 0.$$

以上关于二元函数极限的概念与运算思路可相应地推广到 n 元 $(n \geqslant 3)$ 函数上.

四、多元函数的连续性

基于多元函数极限的概念，我们可以定义多元函数的连续性. 以下详细讨论二元函数的情况，二元以上的函数以此类推.

定义 3　设二元函数 $z = f(x,y)$ 在点 $P_0(x_0, y_0)$ 的某邻域内有定义，如果

$$\lim_{(x,y) \to (x_0, y_0)} f(x,y) = f(x_0, y_0),$$

则称函数 $f(x,y)$ 在点 $P_0(x_0, y_0)$ 处**连续**，且称 $P_0(x_0, y_0)$ 为 $f(x,y)$ 的**连续点**.

若引入自变量的增量（改变量），令 $\Delta x = x - x_0$，$\Delta y = y - y_0$，则函数的相应增量为

$$\Delta z = f(x,y) - f(x_0, y_0) = f(x_0 + \Delta x, y_0 + \Delta y) - f(x_0, y_0),$$

称 Δz 为函数 $f(x,y)$ 在点 $P_0(x_0, y_0)$ 的**全增量**. 此时，连续性的定义可等价地叙述为：函数 $z = f(x,y)$ 在点 $P_0(x_0, y_0)$ 的某邻域内有定义，若

$$\lim_{(\Delta x, \Delta y) \to (0,0)} \Delta z = 0,$$

则称 $f(x,y)$ 在点 $P_0(x_0, y_0)$ 处连续.

若函数 $f(x,y)$ 在区域 D 上每一点处都连续，则称 $f(x,y)$ **在区域 D 上连续**，或称 $f(x,y)$ 为区域 D 上的**连续函数**. 几何上看，区域 D 上连续函数的图形通常为空间中一张"无缝无洞"的连续曲面.

由定义 3 可知，函数 $f(x,y)$ 在点 $P_0(x_0, y_0)$ 处连续必须同时满足三个条件：

（1）$f(x,y)$ 在点 P_0 处有定义；

（2）$\lim\limits_{(x,y) \to (x_0, y_0)} f(x,y)$ 存在；

（3）$\lim\limits_{(x,y) \to (x_0, y_0)} f(x,y) = f(x_0, y_0)$.

这三个条件中只要有一个不成立，$f(x,y)$ 在点 P_0 处就不连续. 若 $P_0(x_0, y_0)$ 是聚点，且不是 $f(x,y)$ 的连续点，则称之为 $f(x,y)$ 的**间断点**.

例 8 讨论二元函数 $f(x,y)=\begin{cases}\dfrac{xy^2}{x^2+y^2}, & (x,y)\neq(0,0),\\[2mm] 0, & (x,y)=(0,0)\end{cases}$ 在点 $(0,0)$ 处的连续性.

解 $f(x,y)$ 在点 $(0,0)$ 处有定义,且 $f(0,0)=0$. 由例 7 知,

$$\lim_{(x,y)\to(0,0)}f(x,y)=\lim_{(x,y)\to(0,0)}\frac{xy^2}{x^2+y^2}=0=f(0,0),$$

所以 $f(x,y)$ 在点 $(0,0)$ 处连续.

例 9 讨论函数 $f(x,y)=\begin{cases}\dfrac{xy}{x^2+y^2}, & (x,y)\neq(0,0),\\[2mm] 0, & (x,y)=(0,0)\end{cases}$ 在点 $(0,0)$ 处的连续性.

解 $f(x,y)$ 在点 $(0,0)$ 处有定义,且 $f(0,0)=0$. 但由例 5 知,极限 $\displaystyle\lim_{(x,y)\to(0,0)}\frac{xy}{x^2+y^2}$ 不存在. 故点 $(0,0)$ 为 $f(x,y)$ 的间断点.

与一元函数不同的是,二元函数的间断点未必是孤立的点,还有可能是一条或几条曲线,这种曲线称为**间断曲线**. 例如,函数 $f(x,y)=\dfrac{1}{y^2-x}$ 的定义域为 $D=\{(x,y)\mid y^2\neq x\}$. 因为 $f(x,y)$ 在抛物线 $y^2=x$ 上各点处都没有定义,所以 $y^2=x$ 上的每一点都是此函数的间断点,$y^2=x$ 是一条间断曲线.

与一元连续函数类似,二元连续函数有以下性质:

(1) 二元连续函数的和、差、积、商(分母不为零)、绝对值仍为连续函数.

(2) 二元连续函数的复合函数仍为连续函数.

(3) 二元初等函数在其定义区域内连续. 定义区域是指包含在函数定义域内的开区域或闭区域.

在有界闭区域上连续的二元函数具有类似于闭区间上连续的一元函数的有关性质:

(4) **有界性**:有界闭区域 D 上的二元连续函数在 D 上必定为有界函数.

(5) **最值定理**:有界闭区域 D 上的二元连续函数在 D 上必能取到最大值和最小值.

(6) **介值定理**:有界闭区域 D 上的二元连续函数必能取到介于最大值与最小值之间的任何数值.

根据连续性的定义,二元函数在其连续点处的极限就是函数在该点处的函数值. 这为我们计算连续点处的二重极限提供了便利.

例 10 求函数 $f(x,y)=\ln(x^2-2xy)$ 的连续区域,并求极限 $\displaystyle\lim_{(x,y)\to(1,0)}f(x,y)$.

解 此函数为二元初等函数,定义区域 D 即为所求连续区域. 可得

$$D=\{(x,y)\mid x(x-2y)>0\}$$
$$=\{(x,y)\mid x>0\text{ 且 }x>2y,\text{ 或 }x<0\text{ 且 }x<2y\}.$$

因为点 $(1,0)\in D$,所以所求极限

$$\lim_{(x,y)\to(1,0)}f(x,y)=\lim_{(x,y)\to(1,0)}\ln(x^2-2xy)=f(1,0)=0.$$

💻 习题 10-1

1. 讨论平面区域的内点、边界点与聚点之间的关系.

2. 判断下列各组函数是否分别表示同一函数,为什么?

(1) $z_1 = \ln[x\ln(y-x)]$, $z_2 = \ln x + \ln[\ln(y-x)]$;

(2) $z_1 = \dfrac{\pi}{2}\sqrt{x^2+y^2}$, $z_1 = \sqrt{x^2+y^2}\,(\arcsin x + \arccos x)$.

3. 设函数 $f(x,y) = x^y + y^x$, 求

(1) $f(2,3)$;　　 (2) $f(x,1)$;　　 (3) $f(x+y,xy)$.

4. 设函数 $f(x,y,z) = x^{y^z}$, 求 $f(2,3,2)$.

5. 设 $f\left(\dfrac{x}{y}, x+y\right) = y^2 - x^2$, 求 $f(x,y)$.

6. 设 $f(x,y) = y^2 G(3x+2y)$, 若 $f\left(x, \dfrac{1}{2}\right) = x^2$, 求 $f(x,y)$.

7. 求下列函数的定义域:

(1) $z = \arccos\sqrt{x^2+y^2}$;　　　　　　 (2) $z = \ln[x^2(x+y)]$;

(3) $z = \ln(y-x) + \dfrac{\sqrt{x}}{\sqrt{1-x^2-y^2}}$;　　 (4) $z = \sqrt{x-\sqrt{y}}$.

8. 求下列函数的极限:

(1) $\lim\limits_{(x,y)\to(1,2)} \dfrac{x^2+2y^2}{x-y}$;　　　　　 (2) $\lim\limits_{(x,y)\to(0,0)} \dfrac{\sqrt{|xy|}}{x^2+y^2}\sin(x^2+y^2)$;

(3) $\lim\limits_{(x,y)\to(0,0)} \dfrac{2-\sqrt{xy+4}}{xy}$;　　　 (4) $\lim\limits_{(x,y)\to(0,0)} \dfrac{\arctan(x^2+y^2)}{1-e^{x^2+y^2}}$;

(5) $\lim\limits_{(x,y)\to(0,0)} x\cos\dfrac{1}{xy}$;　　　　 (6) $\lim\limits_{(x,y)\to(0,0)} \dfrac{x^3+y^3}{x^2+y^2}$.

9. 判断下列极限是否存在:

(1) $\lim\limits_{(x,y)\to(0,0)} \dfrac{x-y}{x+y}$;　　　　　 (2) $\lim\limits_{(x,y)\to(0,0)} \dfrac{\sqrt{xy+1}-1}{x+y}$.

10. 指出下列函数在何处间断:

(1) $z = \dfrac{y^2+5x}{x-y^2}$;　　　　　　 (2) $z = \cos\dfrac{1}{xy}$;

(3) $z = \dfrac{1}{\sin(x^2+y^2)}$;　　　　 (4) $z = \ln\dfrac{1}{\sqrt{(x-1)^2+(y-2)^2}}$.

11. 讨论函数 $f(x,y) = \begin{cases} \dfrac{x^2 y}{x^4+y^2}, & (x,y) \neq (0,0), \\ 0, & (x,y) = (0,0) \end{cases}$ 在点 $(0,0)$ 处的连续性.

§10.2　偏　导　数

在一元函数中,导数反映了因变量相对于自变量的变化率,这一概念在研究一元函

数的性态时起到了极为重要的作用.与一元函数的情形相似,在实际问题中,我们也需要考虑多元函数的变化率问题.因为多元函数有多个自变量,所以其因变量与自变量的关系比一元函数复杂.但是多元函数的自变量又是各自独立变化的,因此我们可以考虑仅让其中一个自变量变化,而其他自变量保持不变,研究此时相应的变化率问题.

例如,对柯布-道格拉斯生产函数

$$Y = AK^{\alpha}L^{\beta},$$

在考虑劳动力 L 不变的情况下产出 Y 相对于资本 K 的变化率时,可将 Y 视为 K 的一元函数,由一元函数求导公式,可得

$$Y'_K = \alpha AK^{\alpha-1}L^{\beta}.$$

类似地,考虑 K 不变时 Y 相对于 L 的变化率,可将 Y 视为 L 的一元函数,则有

$$Y'_L = \beta AK^{\alpha}L^{\beta-1}.$$

在上述讨论中,仅有一个自变量变化,而其余自变量固定时得到的"导数"就是多元函数的偏导数.

一、偏导数

1. 偏导数的概念

以二元函数为例,我们给出偏导数的概念.

定义 1 设函数 $z = f(x, y)$ 在点 (x_0, y_0) 的某个邻域内有定义.若固定 $y = y_0$,一元函数 $f(x, y_0)$ 在点 $x = x_0$ 处可导,即极限

$$\lim_{\Delta x \to 0} \frac{f(x_0 + \Delta x, y_0) - f(x_0, y_0)}{\Delta x}$$

存在,则称此极限为函数 $z = f(x, y)$ 在点 (x_0, y_0) 处**关于自变量 x 的偏导数**,记作 $f_x(x_0, y_0)$,或

$$\left.\frac{\partial f}{\partial x}\right|_{(x_0, y_0)}, \quad \left.\frac{\partial z}{\partial x}\right|_{(x_0, y_0)}, \quad f'_x(x_0, y_0), \quad z'_x(x_0, y_0), \quad z_x(x_0, y_0),$$

称 $f(x_0 + \Delta x, y_0) - f(x_0, y_0)$ 为函数 $z = f(x, y)$ 在点 (x_0, y_0) 处**关于自变量 x 的偏增量**(或**偏改变量**),记为 $\Delta_x z$.

类似地,当固定 $x = x_0$ 时,可定义函数 $z = f(x, y)$ 在点 (x_0, y_0) 处**关于自变量 y 的偏导数**,记作 $f_y(x_0, y_0)$,即

$$f_y(x_0, y_0) = \lim_{\Delta y \to 0} \frac{f(x_0, y_0 + \Delta y) - f(x_0, y_0)}{\Delta y},$$

或记为

$$\left.\frac{\partial f}{\partial y}\right|_{(x_0, y_0)}, \quad \left.\frac{\partial z}{\partial y}\right|_{(x_0, y_0)}, \quad f'_y(x_0, y_0), \quad z'_y(x_0, y_0), \quad z_y(x_0, y_0),$$

称 $f(x_0, y_0 + \Delta y) - f(x_0, y_0)$ 为函数 $z = f(x, y)$ 在点 (x_0, y_0) 处**关于自变量 y 的偏增量**(或**偏改变量**),记为 $\Delta_y z$.

当函数 $z = f(x, y)$ 在点 (x_0, y_0) 处同时存在对 x 以及对 y 的偏导数时,称 $f(x, y)$ 在点 (x_0, y_0) 处**可偏导**.

若函数 $z = f(x, y)$ 在区域 D 内的每一点 (x, y) 处都有对 x 及对 y 的偏导数,则这些偏

导数就是 x,y 的二元函数,称之为 $f(x,y)$ 的**偏导函数**,记作

$$f_x(x,y) \text{ 或 } f'_x(x,y) , \quad \frac{\partial f}{\partial x}, \quad \frac{\partial z}{\partial x}, \quad z_x, \quad z'_x,$$

$$f_y(x,y) \text{ 或 } f'_y(x,y) , \quad \frac{\partial f}{\partial y}, \quad \frac{\partial z}{\partial y}, \quad z_y, \quad z'_y.$$

在不至于混淆的情况下,我们将偏导函数简称为偏导数.

当偏导函数在点 (x_0,y_0) 处有定义时,函数 $z=f(x,y)$ 在点 (x_0,y_0) 的两个偏导数分别是两个偏导函数在该点处的函数值,即

$$f_x(x_0,y_0)=f_x(x,y)\big|_{(x_0,y_0)},$$
$$f_y(x_0,y_0)=f_y(x,y)\big|_{(x_0,y_0)}.$$

另外,需要注意的是,偏导数符号 $\dfrac{\partial z}{\partial x},\dfrac{\partial z}{\partial y}$ 必须视为整体记号,不能看作分子与分母之商,单独书写的 $\partial z,\partial x,\partial y$ 都是没有意义的. 这点区别于导数 $\dfrac{\mathrm{d}y}{\mathrm{d}x}$ 的情况.

对于二元以上的函数,可仿照上述内容给出相应偏导数的定义(即把其余自变量当成常数,而对目标自变量求导). 例如,三元函数 $u=f(x,y,z)$ 在点 (x,y,z) 处对 x 的偏导数定义为

$$f_x(x,y,z) = \lim_{\Delta x\to 0}\frac{f(x+\Delta x,y,z)-f(x,y,z)}{\Delta x}.$$

2. 偏导数的计算

由定义知,二元函数 $z=f(x,y)$ 在点 (x_0,y_0) 处的偏导数就是分别固定某一个自变量,而对另一个自变量求导数,即

$$f_x(x_0,y_0)=\frac{\mathrm{d}}{\mathrm{d}x}f(x,y_0)\bigg|_{x=x_0},$$

$$f_y(x_0,y_0)=\frac{\mathrm{d}}{\mathrm{d}y}f(x_0,y)\bigg|_{y=y_0}.$$

由此可知,利用一元函数的求导方法就可求出二元函数的偏导数. 事实上,几乎所有的一元函数的求导法则(如四则运算法则、复合函数求导法则等)都可以照搬到二元函数及一般的 n 元函数中来. 具体来说,求 $z=f(x,y)$ 关于 x 的偏导数时,将 y 视为常量,求一元函数 $f(x,y)$ 的导数,即可得到偏导数 $f_x(x,y)$. 类似地可求得偏导数 $f_y(x,y)$.

例 1 求函数 $z=\arctan\dfrac{y}{x}$ 的偏导数 z_x,z_y 和 $z_x\big|_{(1,1)},z_y\big|_{(1,1)}$.

解 求 z_x 时,将 y 看作常量,对 x 求导可得

$$z_x=\frac{1}{1+\left(\dfrac{y}{x}\right)^2}\cdot\left(-\frac{y}{x^2}\right)=-\frac{y}{x^2+y^2},$$

将 $(1,1)$ 代入上述函数,得 $z_x\big|_{(1,1)}=-\dfrac{1}{2}$.

类似地,求 z_y 时,将 x 看作常量,对 y 求导可得

$$z_y = \frac{1}{1+\left(\frac{y}{x}\right)^2} \cdot \frac{1}{x} = \frac{x}{x^2+y^2},$$

代入 $(1,1)$，得 $z_y|_{(1,1)} = \frac{1}{2}$.

例 2 设 $f(x,y) = x^3\cos(1-y) + (y-1)\tan\sqrt{\frac{x-1}{y}}$，求 $f_x(3,1)$.

解 将 $y=1$ 代入函数 $f(x,y)$，得 $f(x,1) = x^3$. 将此函数对 x 求导，并令 $x=3$，则有

$$f_x(3,1) = \frac{\mathrm{d}}{\mathrm{d}x}f(x,1)\bigg|_{x=3} = 3x^2|_{x=3} = 27.$$

注意，上题中二元函数的形式较为复杂，若直接求偏导函数，运算起来十分麻烦. 故考虑先将与求导无关的 $y=1$ 代入函数，再进行一元函数求导数的计算.

例 3 求 $u = x^{y^z}$ 的偏导数.

解 $\dfrac{\partial u}{\partial x} = y^z x^{y^z-1}$,

$\dfrac{\partial u}{\partial y} = \ln x \cdot x^{y^z} \cdot zy^{z-1} = zy^{z-1}x^{y^z}\ln x$,

$\dfrac{\partial u}{\partial z} = \ln x \cdot x^{y^z} \cdot \ln y \cdot y^z = y^z x^{y^z}\ln x\ln y$.

3. 偏导数的几何意义

由偏导数的定义，二元函数 $z=f(x,y)$ 在点 (x_0,y_0) 处对 x 的偏导数为

$$f_x(x_0,y_0) = \frac{\mathrm{d}}{\mathrm{d}x}f(x,y_0)\bigg|_{x=x_0},$$

在数量上可理解为该函数在点 (x_0,y_0) 处沿 x 轴方向的变化率. 于是我们可以利用一元函数导数的几何意义理解偏导数的几何意义.

在空间直角坐标系中，二元函数 $z=f(x,y)$ 的图形是一张曲面，点 $M(x_0,y_0,f(x_0,y_0))$ 为曲面上一点. 过点 M 作平面 $y=y_0$，该平面与曲面相交所得曲线方程为

$$\begin{cases} z=f(x,y), \\ y=y_0, \end{cases}$$

则偏导数 $f_x(x_0,y_0)$ 表示曲线 $\begin{cases} z=f(x,y), \\ y=y_0 \end{cases}$（即 $z=f(x,y_0)$）在点 M 处的切线 MT_x 对 x 轴的斜率（如图 10-6）.

同样地，偏导数 $f_y(x_0,y_0)$ 表示曲面 $z=f(x,y)$ 与平面 $x=x_0$ 的交线在点 M 处的切线 MT_y 对 y 轴的斜率.

4. 可偏导与连续的关系

我们知道，一元函数 $y=f(x)$ 在点 $x=x_0$ 处可导时，它在该点必连续，即连续性是一元函数可导的必要条件. 但是多元函数不具备类似的性质. 先看一道例题.

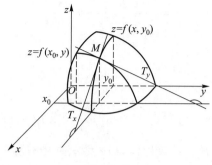

图 10-6

例 4 求函数

$$f(x,y)=\begin{cases}\dfrac{xy}{x^2+y^2}, & (x,y)\neq(0,0),\\[3mm] 0, & (x,y)=(0,0)\end{cases}$$

的偏导数 $f_x(x,y)$ 和 $f_y(x,y)$.

解 当 $(x,y)\neq(0,0)$ 时,有

$$f_x(x,y)=\left(\frac{xy}{x^2+y^2}\right)'_x=\frac{y(y^2-x^2)}{(x^2+y^2)^2},$$

$$f_y(x,y)=\left(\frac{xy}{x^2+y^2}\right)'_y=\frac{x(x^2-y^2)}{(x^2+y^2)^2}.$$

当 $(x,y)=(0,0)$ 时,

$$f_x(0,0)=\lim_{\Delta x\to 0}\frac{f(\Delta x,0)-f(0,0)}{\Delta x}=\lim_{\Delta x\to 0}\frac{0-0}{\Delta x}=0,$$

$$f_y(0,0)=\lim_{\Delta y\to 0}\frac{f(0,\Delta y)-f(0,0)}{\Delta y}=\lim_{\Delta y\to 0}\frac{0-0}{\Delta y}=0.$$

在例 4 中,$f(x,y)$ 在点 $(0,0)$ 处的两个偏导数都存在,因此 $f(x,y)$ 在点 $(0,0)$ 处可偏导. 但在 §10.1 的例 10 中我们已经得到,函数 $f(x,y)$ 在点 $(0,0)$ 处不连续. 这反映了二元函数在某点处可偏导并不能保证函数在该点处连续. 之所以有这种现象,是因为二元函数 $f(x,y)$ 在点 (x_0,y_0) 处连续要求在平面内任意方向和任意路径上 $f(x,y)$ 的极限值都等于函数值 $f(x_0,y_0)$,而偏导数仅刻画了二元函数在点 (x_0,y_0) 处沿 x 轴或 y 轴这两个特定方向的变化率,只能保证 $f(x,y)$ 沿着 x 轴或 y 轴方向作为一元函数连续,却不能说明沿其他任意方向的情况. 反之,二元函数在一点处连续也未必能保证该点处的偏导数都是存在的.

例 5 讨论函数 $f(x,y)=\sqrt{x^2+y^2}$ 在点 $(0,0)$ 处的连续性以及偏导数的存在情况.

解 因为

$$\lim_{(x,y)\to(0,0)}f(x,y)=\lim_{(x,y)\to(0,0)}\sqrt{x^2+y^2}=0=f(0,0),$$

所以 $f(x,y)$ 在点 $(0,0)$ 处连续.

另一方面,由偏导数的定义,

$$f_x(0,0) = \lim_{\Delta x \to 0} \frac{f(\Delta x, 0) - f(0,0)}{\Delta x} = \lim_{\Delta x \to 0} \frac{|\Delta x|}{\Delta x},$$

此极限不存在.

类似地,

$$f_y(0,0) = \lim_{\Delta y \to 0} \frac{f(0, \Delta y) - f(0,0)}{\Delta y} = \lim_{\Delta y \to 0} \frac{|\Delta y|}{\Delta y},$$

此极限不存在. 故函数 $f(x,y)$ 在点 $(0,0)$ 处的偏导数不存在.

综合上述内容可知, 多元函数是否可偏导与是否连续没有必然的联系. 这是多元函数与一元函数的重要区别之一.

二、高阶偏导数

与一元函数的高阶导数类似, 我们可以定义多元函数的高阶偏导数.

定义 2 设二元函数 $z=f(x,y)$ 在区域 D 上有偏导数

$$\frac{\partial z}{\partial x} = f_x(x,y), \frac{\partial z}{\partial y} = f_y(x,y).$$

若这两个二元函数也存在偏导数, 则称 $\dfrac{\partial z}{\partial x}$ 与 $\dfrac{\partial z}{\partial y}$ 对 x, y 的偏导数为函数 $z=f(x,y)$ 对 x, y 的

二阶偏导数.

显然, 根据对自变量求导次序的不同, 二元函数的二阶偏导数共有 4 个, 分别为

$$\frac{\partial}{\partial x}\left(\frac{\partial z}{\partial x}\right) = \frac{\partial^2 z}{\partial x^2} = f_{xx}(x,y), \text{ 或 } z_{xx}, f''_{xx}, z''_{xx}, \frac{\partial^2 f}{\partial x^2};$$

$$\frac{\partial}{\partial y}\left(\frac{\partial z}{\partial x}\right) = \frac{\partial^2 z}{\partial x \partial y} = f_{xy}(x,y), \text{ 或 } z_{xy}, f''_{xy}, z''_{xy}, \frac{\partial^2 f}{\partial x \partial y};$$

$$\frac{\partial}{\partial x}\left(\frac{\partial z}{\partial y}\right) = \frac{\partial^2 z}{\partial y \partial x} = f_{yx}(x,y), \text{ 或 } z_{yx}, f''_{yx}, z''_{yx}, \frac{\partial^2 f}{\partial y \partial x};$$

$$\frac{\partial}{\partial y}\left(\frac{\partial z}{\partial y}\right) = \frac{\partial^2 z}{\partial y^2} = f_{yy}(x,y), \text{ 或 } z_{yy}, f''_{yy}, z''_{yy}, \frac{\partial^2 f}{\partial y^2},$$

其中 $\dfrac{\partial^2 z}{\partial x^2}$ 与 $\dfrac{\partial^2 z}{\partial y^2}$ 分别称为 $z=f(x,y)$ 对 x 和对 y 的**二阶单纯偏导数**, $\dfrac{\partial^2 z}{\partial x \partial y}$ 与 $\dfrac{\partial^2 z}{\partial y \partial x}$ 称为 $z=f(x,y)$ 对 x 和 y 的**二阶混合偏导数**.

类似地, 若二阶偏导数仍可继续对 x, y 求偏导数, 则可得三阶偏导数. 二元函数 $z=f(x,y)$ 共有 8 个三阶偏导数. 如

$$\frac{\partial}{\partial x}\left(\frac{\partial^2 z}{\partial x^2}\right) = \frac{\partial^3 z}{\partial x^3} = f_{xxx}(x,y), \text{ 或 } z_{xxx}, f'''_{xxx}, z'''_{xxx}, \frac{\partial^3 f}{\partial x^3},$$

$$\frac{\partial}{\partial x}\left(\frac{\partial^2 z}{\partial y \partial x}\right) = \frac{\partial^3 z}{\partial y \partial x^2} = f_{yxx}(x,y), \text{ 或 } z_{yxx}, f'''_{yxx}, z'''_{yxx}, \frac{\partial^3 f}{\partial y \partial x^2}.$$

一般地, 对多元函数的 n 阶偏导数再求一次偏导数, 可得该函数的 $n+1$ 阶偏导数. 例如, 二元函数 $z=f(x,y)$ 的 n 阶偏导数 $\dfrac{\partial^n z}{\partial x^k \partial y^{n-k}}(k=0,1,\cdots,n)$ 分别对 x, y 再求一次偏导

数,可得两个 $n+1$ 阶偏导数

$$\frac{\partial}{\partial x}\left(\frac{\partial^n z}{\partial x^k \partial y^{n-k}}\right), \frac{\partial}{\partial y}\left(\frac{\partial^n z}{\partial x^k \partial y^{n-k}}\right) \quad (k=0,1,\cdots,n).$$

二阶及二阶以上的偏导数统称为**高阶偏导数**. 在个数方面,二元函数的二阶偏导数有 4 个,三阶偏导数有 8 个,以此类推,n 阶偏导数共有 2^n 个,三元函数 $u=f(x,y,z)$ 的 n 阶偏导数共有 3^n 个,等等.

例 6 求函数 $z=e^{xy^2}$ 的二阶偏导数及 $\dfrac{\partial^3 z}{\partial x^2 \partial y}$.

解 首先求出一阶偏导数为

$$\frac{\partial z}{\partial x}=y^2 e^{xy^2}, \frac{\partial z}{\partial y}=2xy e^{xy^2}.$$

在此基础上,二阶偏导数为

$$\frac{\partial^2 z}{\partial x^2}=\frac{\partial}{\partial x}\left(\frac{\partial z}{\partial x}\right)=\frac{\partial}{\partial x}\left(y^2 e^{xy^2}\right)=y^4 e^{xy^2},$$

$$\frac{\partial^2 z}{\partial x \partial y}=\frac{\partial}{\partial y}\left(\frac{\partial z}{\partial x}\right)=\frac{\partial}{\partial y}\left(y^2 e^{xy^2}\right)=2y(xy^2+1)e^{xy^2},$$

$$\frac{\partial^2 z}{\partial y \partial x}=\frac{\partial}{\partial x}\left(\frac{\partial z}{\partial y}\right)=\frac{\partial}{\partial x}\left(2xy e^{xy^2}\right)=2y(xy^2+1)e^{xy^2},$$

$$\frac{\partial^2 z}{\partial y^2}=\frac{\partial}{\partial y}\left(\frac{\partial z}{\partial y}\right)=\frac{\partial}{\partial y}\left(2xy e^{xy^2}\right)=2x(1+2xy^2)e^{xy^2}.$$

再次求偏导数,得

$$\frac{\partial^3 z}{\partial x^2 \partial y}=\frac{\partial}{\partial y}\left(\frac{\partial^2 z}{\partial x^2}\right)=\frac{\partial}{\partial y}\left(y^4 e^{xy^2}\right)=2y^3(2+xy^2)e^{xy^2}.$$

在上例中,注意到 $\dfrac{\partial^2 z}{\partial x \partial y}=\dfrac{\partial^2 z}{\partial y \partial x}$,即二阶混合偏导数的运算次序(即先对 x 后对 y 与先对 y 后对 x)可以交换. 然而,并不是所有多元函数的混合偏导数都具有这样的结论.

例 7 设函数

$$f(x,y)=\begin{cases}\dfrac{x^3 y}{x^2+y^2}, & (x,y)\neq(0,0),\\ 0, & (x,y)=(0,0).\end{cases}$$

求 $f_{xy}(0,0)$ 及 $f_{yx}(0,0)$.

解 由偏导数的定义及计算公式,可得

$$f_x(x,y)=\begin{cases}\dfrac{x^2 y(x^2+3y^2)}{(x^2+y^2)^2}, & (x,y)\neq(0,0),\\ 0, & (x,y)=(0,0),\end{cases}$$

$$f_y(x,y)=\begin{cases}\dfrac{x^3(x^2-y^2)}{(x^2+y^2)^2}, & (x,y)\neq(0,0),\\ 0, & (x,y)=(0,0).\end{cases}$$

根据二阶偏导数的定义,知

$$f_{xy}(0,0) = \lim_{\Delta y \to 0} \frac{f_x(0,\Delta y) - f_x(0,0)}{\Delta y} = \lim_{\Delta y \to 0} \frac{0-0}{\Delta y} = 0,$$

$$f_{yx}(0,0) = \lim_{\Delta x \to 0} \frac{f_y(\Delta x,0) - f_y(0,0)}{\Delta x} = \lim_{\Delta x \to 0} \frac{(\Delta x)^5}{(\Delta x)^5} = 1.$$

那么,混合偏导数何时与求导次序无关? 我们有下述结论.

定理 1 若函数 $z=f(x,y)$ 的两个二阶混合偏导数 $f_{xy}(x,y)$ 与 $f_{yx}(x,y)$ 在区域 D 内连续,则在 D 内这两个混合偏导数必相等,即

$$f_{xy}(x,y) = f_{yx}(x,y).$$

定理 1 可进一步推广到二元以上的函数,即高阶混合偏导数在偏导数连续的条件下与求导次序无关.

特别地,由于多元初等函数的各阶偏导数仍为初等函数,故多元初等函数的混合偏导数一定是相等的. 在求解这类函数的混合偏导数时,读者可选择便于计算的顺序进行求导.

例 8 求函数 $z = \mathrm{e}^{ax+by}$ 的 n 阶偏导数,其中 a,b 为非零常数.

解 先对 x 求 k 阶偏导数,得

$$\frac{\partial^k z}{\partial x^k} = a^k \mathrm{e}^{ax+by}, k=0,1,\cdots,n.$$

再将上式对 y 求 $n-k$ 阶偏导数,得 n 阶偏导数

$$\frac{\partial^n z}{\partial x^k \, \partial y^{n-k}} = a^k b^{n-k} \mathrm{e}^{ax+by}, k=0,1,\cdots,n.$$

由于这些偏导数显然是连续的,故这就是函数 $z = \mathrm{e}^{ax+by}$ 的所有 n 阶偏导数,共有 $n+1$ 个.

习题 10-2

1. 已知函数 $z=f(x,y)$ 在点 (x_0,y_0) 处存在对 x 以及对 y 的偏导数,求下列各极限:

(1) $\lim\limits_{\Delta x \to 0} \dfrac{f(x_0+3\Delta x,y_0) - f(x_0,y_0)}{\Delta x}$;

(2) $\lim\limits_{h \to \infty} h\left[f\left(x_0,y_0-\dfrac{1}{h}\right) - f(x_0,y_0) \right]$;

(3) $\lim\limits_{\Delta x \to 0} \dfrac{f(x_0+\Delta x,y_0) - f(x_0-\Delta x,y_0)}{\Delta x}$;

(4) $\lim\limits_{h \to 0} \dfrac{f(x_0+h,y_0) - f(x_0,y_0-h)}{h}$.

2. 求下列函数在指定点处的偏导数:

(1) 设 $z = \cos(x^2 y)$,求 $\left.\dfrac{\partial z}{\partial x}\right|_{\left(1,\frac{\pi}{2}\right)}$,$\left.\dfrac{\partial z}{\partial y}\right|_{\left(1,\frac{\pi}{2}\right)}$;

(2) 设 $z = \mathrm{e}^{x^2 y} + x^2 y^3$,求 $z_x(1,2)$,$z_y(1,2)$;

(3) 设 $z=x+y-\sqrt{x^2+y^2}$，求 $z_x(3,4)$，$z_y(3,4)$；

(4) 设 $z=\dfrac{x\cos y-y\cos x}{1+\sin x+\sin y}$，求 $\dfrac{\partial z}{\partial x}\Big|_{(0,0)}$，$\dfrac{\partial z}{\partial y}\Big|_{(0,0)}$；

(5) 设 $z=\left(\dfrac{x}{y}\right)^2\ln(3x-2y)$，求 $\dfrac{\partial z}{\partial x}\Big|_{(1,1)}$，$\dfrac{\partial z}{\partial y}\Big|_{(1,1)}$；

(6) 设 $z=\ln|xy|$，求 $z_x(1,1)$，$z_y(1,-1)$；

(7) 设 $z=\mathrm{e}^{xy}\sin\pi y+(x-1)\arctan\sqrt{\dfrac{x}{y}}$，求 $z_y(1,1)$；

(8) 设 $z=\sqrt{x^2+y^4}$，求 $\dfrac{\partial z}{\partial x}\Big|_{(0,0)}$，$\dfrac{\partial z}{\partial y}\Big|_{(0,0)}$．

3. 求下列函数的偏导数：

(1) $z=\arctan\dfrac{x+y}{x-y}$；

(2) $z=\ln(x+\ln y)$；

(3) $z=\arcsin(x\sqrt{y})$；

(4) $z=\mathrm{e}^{x\mathrm{e}^y}$；

(5) $z=(x^2+y^2)\mathrm{e}^{-\arctan\frac{y}{x}}$；

(6) $z=y^{\ln x}\cos\dfrac{x}{y}$；

(7) $z=x^{x^y}$；

(8) $z=(y-x)^{y-x}$；

(9) $u=\dfrac{1}{\sqrt{x^2+y^2+z^2}}$；

(10) $u=z^{\frac{x}{y}}$．

4. 求下列函数的二阶偏导数：

(1) $z=(\cos y+x\sin y)\mathrm{e}^x$；

(2) $z=x^y$；

(3) $z=\mathrm{e}^{-\left(\frac{1}{x}+\frac{1}{y}\right)}$；

(4) $z=(2x+y)\ln(2x+y)$．

5. 设 $f(x,y)=\begin{cases}(x^2+y^2)\sin\dfrac{1}{\sqrt{x^2+y^2}}, & x^2+y^2\neq0,\\[2mm] 0, & x^2+y^2=0.\end{cases}$

(1) 讨论 $f(x,y)$ 在点 $(0,0)$ 处的连续性；

(2) 讨论偏导数 $f_x(x,y)$，$f_y(x,y)$ 在点 $(0,0)$ 处的连续性．

6. 设 $f(x,y)=\displaystyle\int_0^{xy}\mathrm{e}^{-t^2}\mathrm{d}t$，求 $\dfrac{x}{y}\dfrac{\partial^2 f}{\partial x^2}-2\dfrac{\partial^2 f}{\partial x\partial y}+\dfrac{y}{x}\dfrac{\partial^2 f}{\partial y^2}$．

7. 设 $u=x\arctan\dfrac{z}{y}$，证明：$\dfrac{\partial^2 u}{\partial x^2}+\dfrac{\partial^2 u}{\partial y^2}+\dfrac{\partial^2 u}{\partial z^2}=0$．

8. 设 $f(x,y)=\begin{cases}xy\dfrac{x^2-y^2}{x^2+y^2}, & x^2+y^2\neq0,\\[2mm] 0, & x^2+y^2=0,\end{cases}$ 求 $f_{xy}(0,0)$ 与 $f_{yx}(0,0)$．

9. 设曲面 $z=\sqrt{1+x^2+y^2}$ 与平面 $x=1$ 相交，求所得交线在点 $M(1,1,\sqrt{3})$ 处的切线分别与 x 轴、y 轴正向之间的夹角．

§10.3 偏导数概念在经济学中的应用

在一元函数微分学中,我们利用边际和弹性的概念来分别描述经济函数在一点的变化率与相对变化率.这些概念可以推广到多元函数微分学中,以建立多元函数的边际分析与弹性分析,它们在经济学中有广泛的应用,并被赋予了更丰富的经济学含义.

一、偏边际

1. 边际需求

设有甲、乙两种商品,它们的价格分别为 p_1 和 p_2,需求量分别为 Q_1 和 Q_2,同时 Q_1 和 Q_2 由价格 p_1 和 p_2 决定,需求函数分别记为

$$Q_1 = Q_1(p_1, p_2), \quad Q_2 = Q_2(p_1, p_2),$$

则 Q_1 和 Q_2 关于 p_1 和 p_2 的偏导数称为这两种商品的**边际需求函数**:

$\dfrac{\partial Q_1}{\partial p_1}$ 是 Q_1 关于自身价格 p_1 的边际需求,表示甲商品价格 p_1 发生变化时甲商品需求量 Q_1 的变化率;

$\dfrac{\partial Q_1}{\partial p_2}$ 是 Q_1 关于相关价格 p_2 的边际需求,表示乙商品价格 p_2 发生变化时甲商品需求量 Q_1 的变化率.

对 $\dfrac{\partial Q_2}{\partial p_1}$ 和 $\dfrac{\partial Q_2}{\partial p_2}$ 可做类似的解释.

通常,关于自身价格的边际需求应有 $\dfrac{\partial Q_1}{\partial p_1} < 0, \dfrac{\partial Q_2}{\partial p_2} < 0$.

关于相关价格的边际需求,一般有如下两种情况:

(1) 若 $\dfrac{\partial Q_1}{\partial p_2} > 0, \dfrac{\partial Q_2}{\partial p_1} > 0$,这说明任何一种商品价格提高,都会引起另一种商品需求量增加,这两种商品间是互相竞争的关系,这时称这两种商品是**替代品**.例如,橙子和橘子、羊肉和牛肉等就是替代品.

(2) 若 $\dfrac{\partial Q_1}{\partial p_2} < 0, \dfrac{\partial Q_2}{\partial p_1} < 0$,这说明任何一种商品价格提高,都会引起另一种商品需求量减少,这两种商品间是互相补充的关系,这时称这两种商品是**互补品**.例如,汽车和汽油、网球拍和网球就是互补品.

例 1 设 A, B 两种商品是彼此相关的,它们的需求函数分别为

$$Q_A = 20 - 2p_A - p_B, \quad Q_B = 9 - p_A - 2p_B,$$

试确定 A, B 两种商品间的关系.

解 由于四个边际需求函数为

$$\frac{\partial Q_A}{\partial p_A} = -2 < 0, \frac{\partial Q_A}{\partial p_B} = -1 < 0,$$

$$\frac{\partial Q_B}{\partial p_A} = -1 < 0, \frac{\partial Q_B}{\partial p_B} = -2 < 0,$$

这说明 A, B 两种商品是互补品.

2. 边际产量

设生产函数 $Q = f(K, L)$, 其中 K, L 分别表示资本和劳动力这两种投入要素, Q 表示总产量. 如果资本 K 的投入保持不变, 总产量 Q 随着投入劳动力 L 的变化而变化, 那么偏导数 $\frac{\partial Q}{\partial L} = Q_L$ 就是 Q 关于**劳动力 L 的边际产量**; 如果资本 L 的投入保持不变, 总产量 Q 随着投入资本 K 的变化而变化, 那么偏导数 $\frac{\partial Q}{\partial K} = Q_K$ 就是 Q **关于资本 K 的边际产量**.

例 2 设生产函数为 $Q = 4K^{\frac{3}{4}}L^{\frac{1}{4}}$, 求 Q 的边际产量.

解 Q 关于资本 K 的边际产量为

$$Q_K = 3K^{-\frac{1}{4}}L^{\frac{1}{4}};$$

Q 关于劳动力 L 的边际产量为

$$Q_L = K^{\frac{3}{4}}L^{-\frac{3}{4}}.$$

二、偏弹性

1. 需求的价格偏弹性

对一元函数而言, 需求的价格弹性描述的是当价格变化时所引起的需求量变化的灵敏度, 即价格变动 1% 时需求量变动的百分比. 对多元函数的情形可类似讨论.

假设两种相关商品的需求函数分别为

$$Q_1 = Q_1(p_1, p_2), \quad Q_2 = Q_2(p_1, p_2).$$

对需求函数 $Q_1 = Q_1(p_1, p_2)$, 当价格 p_2 不变而价格 p_1 发生变化引起需求量 Q_1 变化时, 可定义需求量 Q_1 的**直接价格偏弹性**

$$E_{11} = \lim_{\Delta p_1 \to 0} \frac{\Delta_1 Q_1 / Q_1}{\Delta p_1 / p_1} = \frac{p_1}{Q_1} \cdot \frac{\partial Q_1}{\partial p_1} = \frac{\partial(\ln Q_1)}{\partial(\ln p_1)},$$

也可以表示成

$$E_{11} = \left(\frac{p_1}{Q_1} \cdot \frac{\mathrm{d} Q_1}{\mathrm{d} p_1} \right) \Bigg|_{p_2 \text{不变}} = \frac{\mathrm{d}(\ln Q_1)}{\mathrm{d}(\ln p_1)} \Bigg|_{p_2 \text{不变}} = \frac{\partial(\ln Q_1)}{\partial(\ln p_1)}.$$

当价格 p_1 不变而价格 p_2 发生变化引起需求量 Q_1 变化时, 可定义需求量 Q_1 的**交叉价格偏弹性**

$$E_{12} = \lim_{\Delta p_2 \to 0} \frac{\Delta_2 Q_1 / Q_1}{\Delta p_2 / p_2} = \frac{p_2}{Q_1} \cdot \frac{\partial Q_1}{\partial p_2} = \frac{\partial(\ln Q_1)}{\partial(\ln p_2)},$$

其中 $\Delta_1 Q_1 = Q_1(p_1 + \Delta p_1, p_2) - Q_1(p_1, p_2), \Delta_2 Q_1 = Q_1(p_1, p_2 + \Delta p_2) - Q_1(p_1, p_2).$

同样, 对于需求函数 $Q_2 = Q_2(p_1, p_2)$, 需求量 Q_2 的**直接价格偏弹性**和**交叉价格偏弹性**分别为

$$E_{22} = \lim_{\Delta p_2 \to 0} \frac{\Delta_2 Q_2 / Q_2}{\Delta p_2 / p_2} = \frac{p_2}{Q_2} \cdot \frac{\partial Q_2}{\partial p_2} = \frac{\partial(\ln Q_2)}{\partial(\ln p_2)},$$

$$E_{21} = \lim_{\Delta p_1 \to 0} \frac{\Delta_1 Q_2 / Q_2}{\Delta p_1 / p_1} = \frac{p_1}{Q_2} \cdot \frac{\partial Q_2}{\partial p_1} = \frac{\partial(\ln Q_2)}{\partial(\ln p_1)},$$

其中 $\Delta_2 Q_2 = Q_2(p_1, p_2 + \Delta p_2) - Q_2(p_1, p_2)$, $\Delta_1 Q_2 = Q_2(p_1 + \Delta p_1, p_2) - Q_2(p_1, p_2)$.

一般地, 因为 $\frac{\partial Q_1}{\partial p_1} < 0$, $\frac{\partial Q_2}{\partial p_2} < 0$, 所以 $E_{11} < 0$, $E_{22} < 0$. 需求的直接价格偏弹性度量的是一种商品的需求量对自身价格变化反应的灵敏度, 例如 E_{11} 描述了当第二种商品价格 p_2 不变, 第一种商品价格 p_1 变动 1% 时其需求量 Q_1 变动的百分比.

由于 $\frac{\partial Q_1}{\partial p_2}$, $\frac{\partial Q_2}{\partial p_1}$ 可取正值也可取负值, 因此, E_{12}, E_{21} 可取正值也可取负值. 交叉价格偏弹性反映了两种商品之间的相关性, 具有明确的经济学意义. 若两种商品是**竞争**的, 由 $\frac{\partial Q_1}{\partial p_2} > 0$, $\frac{\partial Q_2}{\partial p_1} > 0$, 则 $E_{12} > 0$, $E_{21} > 0$; 若两种商品是**互补**的, 由 $\frac{\partial Q_1}{\partial p_2} < 0$, $\frac{\partial Q_2}{\partial p_1} < 0$, 则 $E_{12} < 0$, $E_{21} < 0$; 若 $\frac{\partial Q_1}{\partial p_2} = 0$, $\frac{\partial Q_2}{\partial p_1} = 0$, 则说明两者是无关商品.

需求的交叉价格偏弹性度量的是一种商品的需求量对另一种相关商品价格变化反应的灵敏度. 例如 E_{12} 描述了当第一种商品价格 p_1 不变而第二种商品价格 p_2 变动 1% 时, 第一种商品需求量 Q_1 变动的百分比.

需要说明的是, 在实际经济生活中, 由于 $\Delta p \to 0$ 很难达到, 因而实际中更常用的是区间弹性 (弧弹性), 例如, 称 $\frac{\Delta_2 Q_1 / Q_1}{\Delta p_2 / p_2}$ 为 Q_1 由点 p_2 到 $p_2 + \Delta p_2$ 的**关于 p_2 区间的 (弧) 交叉价格弹性**, 称 $\frac{\Delta_1 Q_2 / Q_2}{\Delta p_1 / p_1}$ 为 Q_2 由点 p_1 到 $p_1 + \Delta p_1$ 的**关于 p_1 区间的 (弧) 交叉价格弹性**. 相应地, 区间弹性度量的是因变量对自变量在某区间上变化时反应的平均灵敏程度.

例 3 据市场调查, 网球拍和网球的需求量 Q_1, Q_2 与其价格 p_1, p_2 的关系如下:

$$Q_1 = 1\,600 - p_1 + \frac{1\,000}{p_2} - p_2^2, \quad Q_2 = 29 + \frac{1\,000}{p_1} - p_2.$$

当 $p_1 = 1\,000$, $p_2 = 20$ 时, 求需求的直接价格偏弹性和交叉价格偏弹性.

解 需求的直接价格偏弹性为

$$E_{11} = \frac{p_1}{Q_1} \frac{\partial Q_1}{\partial p_1} = -\frac{p_1}{Q_1}, \quad E_{22} = \frac{p_2}{Q_2} \frac{\partial Q_2}{\partial p_2} = -\frac{p_2}{Q_2}.$$

需求的交叉价格偏弹性为

$$E_{12} = \frac{p_2}{Q_1} \frac{\partial Q_1}{\partial p_2} = \frac{p_2}{Q_1} \left(-\frac{1\,000}{p_2^2} - 2p_2 \right),$$

$$E_{21} = \frac{p_1}{Q_2} \frac{\partial Q_2}{\partial p_1} = \frac{p_1}{Q_2} \left(-\frac{1\,000}{p_1^2} \right).$$

当 $p_1 = 1\,000$, $p_2 = 20$ 时, 因为 $Q_1 = 250$, $Q_2 = 10$, 所以

$$E_{11} = -4, \quad E_{22} = -2, \quad E_{12} = -3.4, \quad E_{21} = -0.1,$$

由于 $E_{12} < 0$, $E_{21} < 0$, 故这两种商品是互补的.

例 4 随着某国养鸡工厂化的迅速发展, 肉鸡价格不断下降. 现估计明年肉鸡价格将

下降 5%,已知牛肉需求量对肉鸡价格的交叉价格弹性为 0.85.问明年牛肉的需求量将如何变化?

解 由于

$$E_{XY} \approx \frac{\text{牛肉需求量的变化率}}{\text{肉鸡价格的变化率}},$$

所以,

$$\text{牛肉需求量的变化率} \approx E_{XY} \times \text{肉鸡价格的变化率}$$
$$= 0.85 \times 5\% = 4.25\%,$$

即明年牛肉的需求量将下降约 4.25%.

例 5 已知某种商品的需求量 Q 是该商品价格 p_1、另一相关商品价格 p_2 以及消费者收入 y 的函数:

$$Q = \frac{1}{200} p_1^{-\frac{3}{8}} p_2^{-\frac{2}{5}} y^{\frac{5}{2}}.$$

求需求的直接价格偏弹性 E_{11}、交叉价格偏弹性 E_{12} 以及需求的收入偏弹性 E_y.

解 由偏弹性的定义易知,对这种乘积形式的需求函数求偏弹性,通过将需求函数两边同时取对数会更方便,将所给需求函数取自然对数,得

$$\ln Q = -\ln 200 - \frac{3}{8} \ln p_1 - \frac{2}{5} \ln p_2 + \frac{5}{2} \ln y.$$

于是有

$$E_{11} = \frac{\partial(\ln Q)}{\partial(\ln p_1)} = -\frac{3}{8};$$

$$E_{12} = \frac{\partial(\ln Q)}{\partial(\ln p_2)} = -\frac{2}{5};$$

$$E_y = \frac{\partial(\ln Q)}{\partial(\ln y)} = \frac{5}{2}.$$

2. 产出的偏弹性

设柯布-道格拉斯生产函数为

$$Q = AK^{\alpha}L^{\beta},$$

其中 $A > 0, \alpha > 0, \beta > 0$.

将 $Q = AK^{\alpha}L^{\beta}$ 两边取自然对数,得

$$\ln Q = \ln A + \alpha \ln K + \beta \ln L.$$

若记 E_K, E_L 分别为产出对资本 K 的偏弹性、产出对劳动力 L 的偏弹性,则

$$E_K = \frac{\partial(\ln Q)}{\partial(\ln K)} = \alpha, \quad E_L = \frac{\partial(\ln Q)}{\partial(\ln L)} = \beta.$$

对于函数 $Q = AK^{\alpha}L^{\beta}$,当 K 和 L 的值给定后,A 值的大小将直接影响 Q 值的大小,因此,A 可看作技术状态的指标.

习题 10-3

1. 确定下列每对需求函数的四个边际需求,并说明两种商品间的关系(竞争、互补或

者无关)：

(1) $Q_1 = 20 - 2p_1 - p_2$，$Q_2 = 9 - p_1 - 2p_2$；

(2) $Q_1 = ae^{p_2 - p_1}$，$Q_2 = be^{p_1 - p_2}$（$a > 0, b > 0$）；

(3) $Q_1 = \dfrac{50\sqrt[3]{p_2}}{\sqrt{p_1}}$，$Q_2 = \dfrac{75p_1}{\sqrt[3]{p_2^2}}$.

2. 某产品的柯布-道格拉斯生产函数为

$$f(K, L) = 40K^{\frac{2}{3}}L^{\frac{1}{3}},$$

其中 K, L 分别表示资本和劳动力两种投入要素. 试求使得关于资本 K 的边际产量等于关于劳动力 L 的边际产量的点 (K, L).

3. 某商品的需求函数为 $Q_Y = 120 - 2p_Y + 15p_X$，求当 $p_X = 10$，$p_Y = 15$ 时，需求的直接价格偏弹性与交叉价格偏弹性.

4. X 公司和 Y 公司是机床行业的两个竞争者，这两家公司的需求曲线分别为

$$p_X = 1\,000 - 5Q_X, \quad p_Y = 1\,600 - 4Q_Y,$$

X, Y 公司现在的销售量分别是 100 个单位和 250 个单位.

(1) X 和 Y 当前的价格弹性是多少？

(2) 假定 Y 降价后，使销售量增加到 300 个单位，同时导致 X 的销售量下降到 75 个单位，试问 X 公司产品的交叉价格偏弹性是多少？

(3) 假定 Y 公司的目标是谋求销售收入极大，你认为它降价在经济学上是否合理？

5. 求下列生产函数的产出对各投入要素的偏弹性：

(1) $Q = 200K^{\frac{1}{2}}L^{\frac{2}{3}}$；

(2) $Q = 4K^{\frac{3}{4}}L^{\frac{1}{4}}$，当 $K = 16$，$L = 81$ 时.

§10.4 全 微 分

一、全微分的概念

1. 全微分的定义

多元函数的偏导数只描述了某一个自变量变化而其他自变量保持不变时函数的变化率. 而在对多元函数的研究与应用中，经常需要讨论所有自变量同时发生变化时多元函数的变化特征，此时需引入全微分的概念.

为更加直观，我们先考虑矩形面积随边长变化而变化的情况（如图 10-7）. 设有一个矩形，其边长为 x 和 y，则其面积 S 为 x, y 的二元函数

$$S = xy.$$

当矩形的两边长均发生变化时，对应边长的改变量为 $\Delta x, \Delta y$，面积的改变量为

$$\Delta S = (x + \Delta x)(y + \Delta y) - xy = y\Delta x + x\Delta y + \Delta x \cdot \Delta y.$$

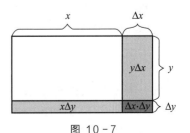

图 10-7

其中 $y\Delta x+x\Delta y$ 是自变量改变量 Δx，Δy 的线性表达式，称为 ΔS 的**线性主部**；余下部分 $\Delta x \cdot \Delta y$ 当 $\Delta x\to 0$，$\Delta y\to 0$ 时是比 $\rho=\sqrt{(\Delta x)^2+(\Delta y)^2}$ 高阶的无穷小量，即 $\Delta x \cdot \Delta y = o(\rho)$.

显然，当 Δx 与 Δy 很小时，面积的改变量 ΔS 可用其线性主部近似表示，即

$$\Delta S \approx y\Delta x+x\Delta y,$$

误差为 $o(\rho)$.

这个例子启发我们思考，对一般的多元函数，当其所有自变量发生变化时，可否用自变量改变量的线性主部近似表示函数的相应改变量（称为全增量）呢？这就是全微分的思想.

定义 1 设函数 $z=f(x,y)$ 在点 (x_0,y_0) 的某邻域内有定义. 若函数 $f(x,y)$ 在点 (x_0,y_0) 处的全增量

$$\Delta z=f(x_0+\Delta x,y_0+\Delta y)-f(x_0,y_0)$$

可表示为

$$\Delta z=A\Delta x+B\Delta y+o(\rho) \tag{1}$$

其中 A，B 仅与 x_0，y_0 有关，而与 Δx，Δy 无关，$\rho=\sqrt{(\Delta x)^2+(\Delta y)^2}$，则称函数 $z=f(x,y)$ 在点 (x_0,y_0) 处**可微**，并称表达式(1)中的线性主部 $A\Delta x+B\Delta y$ 为函数 $z=f(x,y)$ 在点 (x_0,y_0) 处的**全微分**，记作 $\mathrm{d}z\big|_{(x_0,y_0)}$，即

$$\mathrm{d}z\big|_{(x_0,y_0)}=A\Delta x+B\Delta y. \tag{2}$$

若令 $z=f(x,y)=x$，则 $\mathrm{d}z=\mathrm{d}x=\Delta x$. 同理可得 $\mathrm{d}y=\Delta y$. 于是，函数 $f(x,y)$ 在点 (x_0,y_0) 处的全微分又可记为

$$\mathrm{d}z\big|_{(x_0,y_0)}=A\mathrm{d}x+B\mathrm{d}y. \tag{3}$$

如果函数 $z=f(x,y)$ 在区域 D 内各点处都可微，此时将函数 $f(x,y)$ 在 D 内任一点处的全微分记作 $\mathrm{d}z$，并称 $z=f(x,y)$ 为区域 D 内的**可微函数**.

2. 全微分、偏导数与连续性的关系

关于多元函数的全微分、偏导数和连续性之间的关系，有以下三个基本定理.

定理 1（可微的必要条件 1） 若函数 $z=f(x,y)$ 在点 (x_0,y_0) 处可微，则该函数在点 (x_0,y_0) 处连续.

证 因 $z=f(x,y)$ 在点 (x_0,y_0) 处可微，故由定义可知

$$\lim_{(\Delta x,\Delta y)\to(0,0)}\Delta z=\lim_{(\Delta x,\Delta y)\to(0,0)}[A\Delta x+B\Delta y+o(\rho)]=0,$$

即有

$$\lim_{(\Delta x,\Delta y)\to(0,0)}f(x_0+\Delta x,y_0+\Delta y)=f(x_0+y_0).$$

故 $z=f(x,y)$ 在点 (x_0,y_0) 处连续. 定理得证.

定理 2（可微的必要条件 2） 若函数 $z=f(x,y)$ 在点 (x_0,y_0) 处可微，则该函数在点 (x_0,y_0) 处的偏导数存在，且有

$$A=\frac{\partial z}{\partial x}\bigg|_{(x_0,y_0)},B=\frac{\partial z}{\partial y}\bigg|_{(x_0,y_0)}.$$

证 当 $z=f(x,y)$ 在点 (x_0,y_0) 处可微时，由定义，

$$\Delta z=f(x_0+\Delta x,y_0+\Delta y)-f(x_0,y_0)=A\Delta x+B\Delta y+o(\rho).$$

当 $\Delta y=0$ 时，有

$$\Delta_x z = f(x_0 + \Delta x, y_0) - f(x_0, y_0) = A\Delta x + o(\mid \Delta x \mid),$$

上式两端同除以 Δx，再令 $\Delta x \to 0$，取极限，得

$$\lim_{\Delta x \to 0} \frac{\Delta_x z}{\Delta x} = \lim_{\Delta x \to 0} \frac{f(x_0 + \Delta x, y_0) - f(x_0, y_0)}{\Delta x} = A.$$

由偏导数的定义知，$\dfrac{\partial z}{\partial x}\bigg|_{(x_0, y_0)}$ 存在，且 $\dfrac{\partial z}{\partial x}\bigg|_{(x_0, y_0)} = A.$

同理，当 $\Delta x = 0$ 时，可证得 $\dfrac{\partial z}{\partial y}\bigg|_{(x_0, y_0)}$ 存在，且 $\dfrac{\partial z}{\partial y}\bigg|_{(x_0, y_0)} = B.$

综上，此时 $z = f(x, y)$ 在点 (x_0, y_0) 处可偏导.

由定理 2，当函数 $z = f(x, y)$ 可微时，其全微分可表示为

$$dz = \frac{\partial z}{\partial x}\Delta x + \frac{\partial z}{\partial y}\Delta y \tag{4}$$

或

$$dz = \frac{\partial z}{\partial x}dx + \frac{\partial z}{\partial y}dy. \tag{5}$$

然而，当多元函数的偏导数都存在时，即使我们可以形式地写出 $\dfrac{\partial z}{\partial x}\Delta x + \dfrac{\partial z}{\partial y}\Delta y$，也不能保证函数的可微性. 这与一元函数在某点处可导等价于在该点处可微的结果是截然不同的. 我们看下面的例子.

例 1 讨论函数

$$f(x, y) = \begin{cases} \dfrac{xy}{\sqrt{x^2 + y^2}}, & (x, y) \neq (0, 0), \\ 0, & (x, y) = (0, 0) \end{cases}$$

在点 $(0, 0)$ 处的可微性.

解 由偏导数的定义易算得 $f_x(0, 0) = 0$ 且 $f_y(0, 0) = 0$. 于是，

$$\Delta z - (A\Delta x + B\Delta y) = \Delta z - [f_x(0, 0)\Delta x + f_y(0, 0)\Delta y]$$

$$= \frac{\Delta x \Delta y}{\sqrt{(\Delta x)^2 + (\Delta y)^2}}.$$

若函数 $f(x, y)$ 在点 $(0, 0)$ 处可微，则当 $(\Delta x, \Delta y) \to (0, 0)$ 时，上式应为比 $\rho = \sqrt{(\Delta x)^2 + (\Delta y)^2}$ 高阶的无穷小量. 然而，当 $(\Delta x, \Delta y)$ 沿直线 $y = x$ 趋于 $(0, 0)$ 时，

$$\lim_{\substack{(\Delta x, \Delta y) \to (0, 0) \\ \Delta y = \Delta x}} \frac{\dfrac{\Delta x \Delta y}{\sqrt{(\Delta x)^2 + (\Delta y)^2}}}{\rho} = \lim_{\substack{(\Delta x, \Delta y) \to (0, 0) \\ \Delta y = \Delta x}} \frac{\Delta x \Delta y}{(\Delta x)^2 + (\Delta y)^2}$$

$$= \lim_{\Delta x \to 0} \frac{(\Delta x)^2}{2(\Delta x)^2} = \frac{1}{2}.$$

显然，当 $\rho \to 0$ 时，$\Delta z - [f_x(0, 0)\Delta x + f_y(0, 0)\Delta y]$ 不是比 ρ 高阶的无穷小量. 因此，函数 $f(x, y)$ 在点 $(0, 0)$ 处不可微.

例 1 反映出偏导数存在仅是多元函数可微分的必要却非充分条件. 但若在偏导数存

在的基础上要求所有偏导数都是连续的,则可以证明函数是可微分的.

定理 3(可微的充分条件) 若函数 $z=f(x,y)$ 在点 (x_0,y_0) 的某邻域内存在偏导数 $f_x(x,y)$,$f_y(x,y)$,且 $f_x(x,y)$ 与 $f_y(x,y)$ 在点 (x_0,y_0) 处连续,则函数 $f(x,y)$ 在该点处可微.

*证 设自变量的改变量(增量)分别为 $\Delta x,\Delta y$,函数的全增量 Δz 可表示为

$$\Delta z = f(x_0+\Delta x,y_0+\Delta y)-f(x_0,y_0)$$
$$= [f(x_0+\Delta x,y_0)-f(x_0,y_0)]+[f(x_0+\Delta x,y_0+\Delta y)-f(x_0+\Delta x,y_0)].$$

于是,由一元函数的微分中值定理可得

$$\Delta z = f_x(x_0+\theta_1\Delta x,y_0)\Delta x+f_y(x_0+\Delta x,y_0+\theta_2\Delta y)\Delta y,$$

其中 $0<\theta_1<1,0<\theta_2<1$,即有

$$\Delta z = f_x(x_0,y_0)\Delta x+f_y(x_0,y_0)\Delta y+[f_x(x_0+\theta_1\Delta x,y_0)-f_x(x_0,y_0)]\Delta x+$$
$$[f_y(x_0+\Delta x,y_0+\theta_2\Delta y)-f_y(x_0,y_0)]\Delta y$$
$$= f_x(x_0,y_0)\Delta x+f_y(x_0,y_0)\Delta y+\alpha\rho,$$

其中 $\alpha=\dfrac{1}{\rho}(\alpha_1\Delta x+\alpha_2\Delta y)$,而

$$\alpha_1 = f_x(x_0+\theta_1\Delta x,y_0)-f_x(x_0,y_0),$$
$$\alpha_2 = f_y(x_0+\Delta x,y_0+\theta_2\Delta y)-f_y(x_0,y_0).$$

由已知条件,偏导数 $f_x(x,y)$,$f_y(x,y)$ 在点 (x_0,y_0) 处连续,故当 $(\Delta x,\Delta y)\to(0,0)$(等价地,$\rho=\sqrt{(\Delta x)^2+(\Delta y)^2}\to 0$)时,有 $\alpha_1\to 0,\alpha_2\to 0$;又因

$$\frac{|\Delta x|}{\rho}\leqslant 1,\quad\frac{|\Delta y|}{\rho}\leqslant 1,$$

从而

$$\lim_{\rho\to 0}\frac{\alpha\rho}{\rho}=\lim_{\rho\to 0}\alpha=\lim_{\rho\to 0}\frac{\alpha_1\Delta x+\alpha_2\Delta x}{\rho}=0.$$

即说明,当 $\rho\to 0$ 时,$\alpha\rho=o(\rho)$.于是由定义可知,函数 $z=f(x,y)$ 在点 (x_0,y_0) 处可微. 定理得证.

需要注意的是,多元函数即使在一点连续且偏导数存在,也无法说明函数在这一点是可微的. 例如,函数 $f(x,y)=\sqrt{|xy|}$ 在点 $(0,0)$ 处连续且两个偏导数 $f_x(0,0),f_y(0,0)$ 都存在,但 $f(x,y)$ 在点 $(0,0)$ 处不可微. 请读者自己验证.

综合上述各例与各定理可知,多元函数的可微、偏导数存在与连续之间有如下关系:

其中"→"表示"可以推得","↛"表示"不可推得".

以上有关二元函数全微分的定义、可微的必要条件与充分条件等可以完全类似地推广到二元以上的多元函数. 例如,当三元函数 $u=f(x,y,z)$ 可微时,它的全微分为

$$du=\frac{\partial u}{\partial x}dx+\frac{\partial u}{\partial y}dy+\frac{\partial u}{\partial z}dz.$$

例 2 求函数 $z = \mathrm{e}^{x^2y}\arctan\dfrac{x}{y}$ 的全微分.

解 由

$$\frac{\partial z}{\partial x} = 2xy\mathrm{e}^{x^2y}\arctan\frac{x}{y} + \mathrm{e}^{x^2y}\frac{1}{1+\left(\dfrac{x}{y}\right)^2}\cdot\frac{1}{y} = \mathrm{e}^{x^2y}\left(2xy\arctan\frac{x}{y} + \frac{y}{x^2+y^2}\right),$$

$$\frac{\partial z}{\partial y} = x^2\mathrm{e}^{x^2y}\arctan\frac{x}{y} + \mathrm{e}^{x^2y}\frac{1}{1+\left(\dfrac{x}{y}\right)^2}\cdot\frac{-x}{y^2} = \mathrm{e}^{x^2y}\left(x^2\arctan\frac{x}{y} - \frac{x}{x^2+y^2}\right),$$

可得

$$\begin{aligned}
\mathrm{d}z &= \frac{\partial z}{\partial x}\mathrm{d}x + \frac{\partial z}{\partial y}\mathrm{d}y \\
&= \mathrm{e}^{x^2y}\left[\left(2xy\arctan\frac{x}{y} + \frac{y}{x^2+y^2}\right)\mathrm{d}x + \left(x^2\arctan\frac{x}{y} - \frac{x}{x^2+y^2}\right)\mathrm{d}y\right].
\end{aligned}$$

例 3 设函数 $z = x^{\sin y}$,求 $\mathrm{d}z\big|_{\left(1,\frac{\pi}{2}\right)}$.

解 由

$$\frac{\partial z}{\partial x} = x^{\sin y-1}\sin y,\ \frac{\partial z}{\partial y} = x^{\sin y}\cos y\ln x,$$

可得

$$\frac{\partial z}{\partial x}\bigg|_{\left(1,\frac{\pi}{2}\right)} = 1,\ \frac{\partial z}{\partial y}\bigg|_{\left(1,\frac{\pi}{2}\right)} = 0.$$

于是

$$\mathrm{d}z\big|_{\left(1,\frac{\pi}{2}\right)} = \frac{\partial z}{\partial x}\bigg|_{\left(1,\frac{\pi}{2}\right)}\mathrm{d}x + \frac{\partial z}{\partial y}\bigg|_{\left(1,\frac{\pi}{2}\right)}\mathrm{d}y = \mathrm{d}x.$$

例 4 求三元函数 $u = xyz + \mathrm{e}^{xyz}$ 的全微分.

解 由

$$\frac{\partial u}{\partial x} = yz + yz\mathrm{e}^{xyz} = yz(1+\mathrm{e}^{xyz}),$$

$$\frac{\partial u}{\partial y} = xz + xz\mathrm{e}^{xyz} = xz(1+\mathrm{e}^{xyz}),$$

$$\frac{\partial u}{\partial z} = xy + xy\mathrm{e}^{xyz} = xy(1+\mathrm{e}^{xyz}),$$

可得

$$\begin{aligned}
\mathrm{d}u &= \frac{\partial u}{\partial x}\mathrm{d}x + \frac{\partial u}{\partial y}\mathrm{d}y + \frac{\partial u}{\partial z}\mathrm{d}z \\
&= (1+\mathrm{e}^{xyz})(yz\mathrm{d}x + xz\mathrm{d}y + xy\mathrm{d}z).
\end{aligned}$$

---

 *二、全微分在近似计算中的应用

若函数 $z = f(x,y)$ 可微,且当自变量增量(改变量)的绝对值 $|\Delta x|$ 和 $|\Delta y|$ 都充分小

时,可利用全微分进行近似计算,即在公式(1)中舍去高阶无穷小项 $o(\rho)$,可得如下的近似计算公式:

$$\Delta z \approx f_x(x,y)\Delta x + f_y(x,y)\Delta y \tag{6}$$

或

$$f(x_0+\Delta x, y_0+\Delta y) \approx f(x_0,y_0) + f_x(x_0,y_0)\Delta x + f_y(x_0,y_0)\Delta y. \tag{7}$$

上两式说明,可以用 Δx 和 Δy 的线性函数近似计算点 (x_0,y_0) 处函数 $z=f(x,y)$ 的全增量或点 (x_0,y_0) 附近的函数值.

例 5 计算 $1.97^{2.98}$ 的近似值.

解 设 $f(x,y)=x^y$,则问题变为计算函数 $f(x,y)$ 在 $x=1.97$、$y=2.98$ 处的近似值. 为此,取 $x_0=2, \Delta x=-0.03; y_0=3, \Delta y=-0.02$. 由于

$$f_x(x,y)=yx^{y-1}, \quad f_y(x,y)=x^y\ln x,$$

则由(7)式可得

$$\begin{aligned}
1.97^{2.98} &\approx 2^3 - 3\times 2^2 \times 0.03 - \ln 2 \times 2^3 \times 0.02 \\
&\approx 8 - 0.36 - 0.11 \\
&= 7.53 \,(\text{取 } \ln 2 \approx 0.693\,1).
\end{aligned}$$

例 6 已知某工厂生产的产品产量 Q 为其投入的资本 K 和劳动力 L 的函数 $Q=f(K,L)$,但不知道函数 $f(K,L)$ 的具体形式,仅知道

$$Q(20,64)=2\,500 \quad (\text{产量}),$$
$$Q_K(20,64)=350 \quad (\text{关于资金的边际产量}),$$
$$Q_L(20,64)=270 \quad (\text{关于劳动力的边际产量}).$$

现在工厂准备扩大投入,使 $K=24, L=69$. 试计算扩大投入后,该工厂的产量及产量全增量的近似值.

解 由近似公式(6),得

$$\Delta Q \approx Q_K(K_0,L_0)\Delta K + Q_L(K_0,L_0)\Delta L.$$

依题设有

$$K_0=20, L_0=64,$$
$$\Delta K=24-20=4, \Delta L=69-64=5,$$
$$Q_K(K_0,L_0)=350, Q_L(K_0,L_0)=270.$$

于是,

$$\Delta Q \approx 350\times 4 + 270\times 5 = 2\,750,$$
$$Q(24,69) \approx Q(20,64) + \Delta Q = 5\,250.$$

即扩大投入后的产量的近似值为 5 250 个单位,产量全增量的近似值为 2 750 个单位.

习题 10-4

1. 下列选项中是二元函数 $z=f(x,y)$ 在点 $(0,0)$ 处可微的一个充分条件的是(   ).

A. $\lim\limits_{(x,y)\to(0,0)} [f(x,y)-f(0,0)]=0$

B. $\lim\limits_{x\to 0} \dfrac{f(x,0)-f(0,0)}{x}=0$ 且 $\lim\limits_{y\to 0} \dfrac{f(0,y)-f(0,0)}{y}=0$

C. $\lim\limits_{x\to 0}[f_x(x,0)-f_x(0,0)]=0$ 且 $\lim\limits_{y\to 0}[f_y(0,y)-f_y(0,0)]=0$

D. $\lim\limits_{(x,y)\to(0,0)}\dfrac{f(x,y)-f(0,0)}{\sqrt{x^2+y^2}}=0$

2. 对于二元函数 $z=f(x,y)$，下列说法中正确的是（   ）.

A. 若 $f_x(x_0,y_0)$ 与 $f_y(x_0,y_0)$ 存在，则 $f(x,y)$ 在点 (x_0,y_0) 处连续

B. 若 $f(x,y)$ 在点 (x_0,y_0) 间断，则 $f(x,y)$ 在该点不存在偏导数

C. 若 $f_x(x_0,y_0)$ 存在，则一元函数 $f(x,y_0)$ 在点 $x=x_0$ 处连续

D. 若 $f_x(x_0,y_0)$ 与 $f_y(x_0,y_0)$ 存在，则 $f(x,y)$ 在点 (x_0,y_0) 处可微.

3. 求下列函数的全微分：

（1）$z=\mathrm{e}^{-x}\cos y-\mathrm{e}^{-y}\cos x$；　　　（2）$z=\ln\tan\dfrac{x}{y}$；

（3）$z=\dfrac{xy}{x-y}$；　　　（4）$u=\dfrac{1}{(x^2+y^2+z^2)^2}$.

4. 求下列函数在指定点处的全微分：

（1）设 $z=\sqrt{x^2+y^2}-\sqrt{2}$，求 $\mathrm{d}z\big|_{(1,0)}$；

（2）设 $z=(1+xy)^y$，求 $\mathrm{d}z\big|_{(1,2)}$；

（3）设 $f(x,y,z)=y^{xz}$，求 $\mathrm{d}f(1,1,1)$；

（4）设 $u(x,y,z)=\left(\dfrac{x}{y}\right)^{\frac{1}{z}}$，求 $\mathrm{d}u\big|_{(1,1,1)}$.

5. 求下列函数在给定条件下的全微分之值：

（1）$z=\ln(x^2+y^2)$；$x=2$，$\Delta x=0.1$；$y=1$，$\Delta y=-0.1$；

（2）$z=x^2y^3$；$x=2$，$\Delta x=0.02$；$y=-1$，$\Delta y=-0.01$；

（3）$z=\mathrm{e}^{xy}$；$x=1$，$\Delta x=0.15$；$y=1$，$\Delta y=0.1$.

6. 设函数 $f(x,y)$ 有一阶连续偏导数，已知 $\mathrm{d}f(x,y)=y\mathrm{e}^y\mathrm{d}x+x(1+y)\mathrm{e}^y\mathrm{d}y$ 且 $f(0,0)=0$，求 $f(x,y)$ 的表达式.

7. 已知 $(axy^3-y^2\cos x)\mathrm{d}x+(1+by\sin x+3x^2y^2)\mathrm{d}y$ 为某一函数 $f(x,y)$ 的全微分，求常数 a 和 b 的值.

8. 设 $f(x,y)=ax^2+bxy+cy^2$，当动点 (x,y) 从 $(1,1)$ 变到 $(1+h,1+k)$ 时，求 $f(x,y)$ 的全增量与全微分.

*9. 利用全微分近似计算下列值：

（1）$\sqrt{1.97^3+1.02^3}$；　　　（2）$(1.03)^2(0.98)^{-\frac{1}{3}}(1.05)^{-\frac{3}{4}}$；

（3）$\ln\dfrac{1+\tan(-0.01)}{1-\sin(0.02)}$；　　　（4）$\sqrt{1.04^{1.99}+\ln 1.02}$.

§10.5　多元复合函数的微分法

在一元函数微分学中，我们利用链式法则这一重要的求导方法解决了多种一元复合

函数的求导问题.对于多元函数,我们会遇到结构更加复杂的复合函数求导数或偏导数的情况,现将链式法则推广到多元复合函数的情形.

一、 多元复合函数求导的链式法则

根据多元复合函数的不同复合情形,下面分三种情况进行讨论.首先考虑最简单的情形.

1. 多个中间变量,一个自变量

设 $z=f(u,v)$ 是以 u,v 为自变量的二元函数,而 $u=\varphi(x),v=\psi(x)$ 是以 x 为自变量的一元函数,则

$$z=f[\varphi(x),\psi(x)],$$

这是含有两个中间变量 u,v,一个自变量 x 的复合函数.函数 z 对 x 的变化率(即导数)称为**全导数**.

定理 1 若函数 $u=\varphi(x)$ 和 $v=\psi(x)$ 均在点 x 处可导,函数 $z=f(u,v)$ 在对应点 (u,v) 处可微,则复合函数 $z=f[\varphi(x),\psi(x)]$ 在点 x 处可导,且有

$$\frac{dz}{dx}=\frac{\partial z}{\partial u}\frac{du}{dx}+\frac{\partial z}{\partial v}\frac{dv}{dx}. \tag{1}$$

证 设自变量 x 有增量 Δx,相应地中间变量 $u=\varphi(x)$ 和 $v=\psi(x)$ 的增量分别为 Δu 和 Δv,进而函数 z 获得增量 Δz.因函数 $z=f(u,v)$ 在点 (u,v) 处可微,由定义有

$$\Delta z=\frac{\partial z}{\partial u}\Delta u+\frac{\partial z}{\partial v}\Delta v+o(\rho),$$

其中 $\rho=\sqrt{(\Delta u)^2+(\Delta v)^2}$.上式两端同时除以 Δx,得

$$
\begin{aligned}
\frac{\Delta z}{\Delta x}&=\frac{\partial z}{\partial u}\frac{\Delta u}{\Delta x}+\frac{\partial z}{\partial v}\frac{\Delta v}{\Delta x}+\frac{o(\rho)}{\Delta x}\\
&=\frac{\partial z}{\partial u}\frac{\Delta u}{\Delta x}+\frac{\partial z}{\partial v}\frac{\Delta v}{\Delta x}+\frac{o(\rho)}{\rho}\cdot\frac{|\Delta x|}{\Delta x}\cdot\sqrt{\left(\frac{\Delta u}{\Delta x}\right)^2+\left(\frac{\Delta v}{\Delta x}\right)^2}.
\end{aligned}
\tag{2}
$$

由于 $u=\varphi(x),v=\psi(x)$ 都在点 x 处可导,因此 u,v 都在点 x 处连续,故当 $\Delta x\to 0$ 时,$\Delta u\to 0,\Delta v\to 0$,从而 $\rho\to 0$ 且 $\frac{o(\rho)}{\rho}\to 0$.因为当 $\Delta x\to 0$ 时,$\frac{\Delta u}{\Delta x}\to\frac{du}{dx},\frac{\Delta v}{\Delta x}\to\frac{dv}{dx},\frac{|\Delta x|}{\Delta x}\cdot$

$\sqrt{\left(\frac{\Delta u}{\Delta x}\right)^2+\left(\frac{\Delta v}{\Delta x}\right)^2}$ 为有界量,于是,在(2)式中令 $\Delta x\to 0$,取极限,可得

$$\frac{dz}{dx}=\frac{\partial z}{\partial u}\frac{du}{dx}+\frac{\partial z}{\partial v}\frac{dv}{dx}.$$

定理得证.

我们可通过画出因变量 z、中间变量 u,v 与自变量 x 之间的链式关系图(如图 10-8)分析各变量间的依赖关系,以方便记忆全导数公式(1).

图 10-8

特别地,若 $z=f(x,v)$ 可微,$v=\psi(x)$ 可导,则 $z=f[x,\psi(x)]$ 仍可理解为具有两个中间变量 x,v,一个自变量 x 的复合函数,利用定理 1,z 对 x 的全导数

$$\frac{\mathrm{d}z}{\mathrm{d}x} = \frac{\partial z}{\partial x} + \frac{\partial z}{\partial v} \frac{\mathrm{d}v}{\mathrm{d}x}. \tag{3}$$

此外,公式(1)可推广到更一般的情形.设 n 元函数

$$z = f(u_1, u_2, \cdots, u_n)$$

可微,且一元函数

$$u_1 = \varphi_1(x), u_2 = \varphi_2(x), \cdots, u_n = \varphi_n(x)$$

在点 x 处可导,则复合函数

$$z = f[\varphi_1(x), \varphi_2(x), \cdots, \varphi_n(x)]$$

在点 x 处可导,且有全导数

$$\frac{\mathrm{d}z}{\mathrm{d}x} = \sum_{i=1}^{n} \frac{\partial z}{\partial u_i} \frac{\mathrm{d}u_i}{\mathrm{d}x}, \tag{4}$$

其变量间的链式关系图如图 10-9 所示.

2. 多个中间变量,多个自变量

设 $z = f(u,v), u = \varphi(x,y), v = \psi(x,y)$,则 $z = f[\varphi(x,y), \psi(x,y)]$.这是含有两个中间变量 u,v,两个自变量 x,y 的复合函数,其变量间的链式关系图如图 10-10 所示.

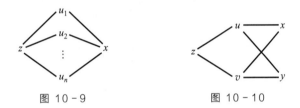

图 10-9　　　　　　　　图 10-10

定理 2　若函数 $u = \varphi(x,y)$ 与 $v = \psi(x,y)$ 在点 (x,y) 处的偏导数均存在,函数 $z = f(u,v)$ 在相应点 (u,v) 处可微,则复合函数 $z = f[\varphi(x,y), \psi(x,y)]$ 在点 (x,y) 处存在偏导数,且有计算公式

$$\frac{\partial z}{\partial x} = \frac{\partial z}{\partial u} \frac{\partial u}{\partial x} + \frac{\partial z}{\partial v} \frac{\partial v}{\partial x}, \tag{5}$$

$$\frac{\partial z}{\partial y} = \frac{\partial z}{\partial u} \frac{\partial u}{\partial y} + \frac{\partial z}{\partial v} \frac{\partial v}{\partial y}. \tag{6}$$

事实上,计算 $\frac{\partial z}{\partial x}$ 时,只需将 y 视为常量,则 $u = \varphi(x,y)$ 和 $v = \psi(x,y)$ 看成 x 的一元函数,从而 $z = f[\varphi(x,y), \psi(x,y)]$ 可看成有两个中间变量,一个自变量的复合函数.于是,利用定理 1,将公式(1)中的导数符号相应地换成偏导数符号,即得(5)式中的 $\frac{\partial z}{\partial x}$.类似地,可得(6)式中的 $\frac{\partial z}{\partial y}$.

对于中间变量或自变量多于两个的情形,类似可得相应的链式法则.例如,$z = f(u,v,w)$,$u = \varphi(x,y), v = \psi(x,y), w = \omega(x,y)$,则 $z = f[\varphi(x,y), \psi(x,y), \omega(x,y)]$ 是含有三个中间变量 u,v,w,两个自变量 x,y 的复合函数(如图 10-11),在与定理类似的条件下,有下列偏导数公式

$$\frac{\partial z}{\partial x}=\frac{\partial z}{\partial u}\frac{\partial u}{\partial x}+\frac{\partial z}{\partial v}\frac{\partial v}{\partial x}+\frac{\partial z}{\partial w}\frac{\partial w}{\partial x}, \tag{7}$$

$$\frac{\partial z}{\partial y}=\frac{\partial z}{\partial u}\frac{\partial u}{\partial y}+\frac{\partial z}{\partial v}\frac{\partial v}{\partial y}+\frac{\partial z}{\partial w}\frac{\partial w}{\partial y}. \tag{8}$$

再如,对于由 $z=f(u,x,y)$ 与 $u=\varphi(x,y)$ 构成的复合函数(如图 10-12)
$$z=f[\varphi(x,y),x,y],$$

图 10-11   图 10-12

在与定理类似的条件下,有如下偏导数公式:

$$\frac{\partial z}{\partial x}=\frac{\partial f}{\partial u}\frac{\partial u}{\partial x}+\frac{\partial f}{\partial x}, \tag{9}$$

$$\frac{\partial z}{\partial y}=\frac{\partial f}{\partial u}\frac{\partial u}{\partial y}+\frac{\partial f}{\partial y}. \tag{10}$$

注意 这里符号 $\dfrac{\partial z}{\partial x}$ 与 $\dfrac{\partial f}{\partial x}$ 的含义是不同的, $\dfrac{\partial z}{\partial x}$ 表示把复合函数 $z=f[\varphi(x,y),x,y]$ 中的 y 看作常数而对自变量 x 求偏导数,而 $\dfrac{\partial f}{\partial x}$ 表示把 $z=f(u,x,y)$ 中的 y 及 u 都看作常数而对中间变量 x 求偏导数. $\dfrac{\partial z}{\partial y}$ 与 $\dfrac{\partial f}{\partial y}$ 也有类似的区别.

3. 一个中间变量,多个自变量

设 $z=f(u)$, $u=\varphi(x,y)$,则 $z=f[\varphi(x,y)]$.这是含有一个中间变量 u,两个自变量 x,y 的复合函数,其变量间的链式关系图如图 10-13 所示.

图 10-13

定理 3 若函数 $u=\varphi(x,y)$ 在点 (x,y) 处的偏导数存在,函数 $z=f(u)$ 在相应点 u 处可导,则复合函数 $z=f[\varphi(x,y)]$ 在点 (x,y) 处具有偏导数,且

$$\frac{\partial z}{\partial x}=\frac{\mathrm{d}z}{\mathrm{d}u}\frac{\partial u}{\partial x}, \tag{11}$$

$$\frac{\partial z}{\partial y}=\frac{\mathrm{d}z}{\mathrm{d}u}\frac{\partial u}{\partial y}. \tag{12}$$

关于自变量多于两个的情形,读者可自行举例.

虽然多元复合函数的结构是复杂多样的,但是在掌握了上述几种基本形式的链式求导法则后,其他更为烦琐的多元复合函数求(偏)导数问题也就迎刃而解了.

例 1 设 $z=\mathrm{e}^{uv}$, $u=\sin x$, $v=\cos x$,求全导数 $\dfrac{\mathrm{d}z}{\mathrm{d}x}$.

解

$$\frac{\partial z}{\partial u} = v\mathrm{e}^{uv}, \frac{\partial z}{\partial v} = u\mathrm{e}^{uv}, \frac{\mathrm{d}u}{\mathrm{d}x} = \cos x, \frac{\mathrm{d}v}{\mathrm{d}x} = -\sin x,$$

代入(1)式,可得

$$\frac{\mathrm{d}z}{\mathrm{d}x} = \frac{\partial z}{\partial u}\frac{\mathrm{d}u}{\mathrm{d}x} + \frac{\partial z}{\partial v}\frac{\mathrm{d}v}{\mathrm{d}x}$$

$$= v\mathrm{e}^{uv}\cos x + u\mathrm{e}^{uv}(-\sin x)$$

$$= (\cos^2 x - \sin^2 x)\mathrm{e}^{\sin x\cos x}$$

$$= (\cos 2x)\mathrm{e}^{\frac{1}{2}\sin 2x}.$$

例 2　设 $z = \arctan(xy), y = \mathrm{e}^x$,求全导数 $\dfrac{\mathrm{d}z}{\mathrm{d}x}$.

解　因

$$\frac{\partial z}{\partial x} = \frac{y}{1+x^2y^2}, \frac{\partial z}{\partial y} = \frac{x}{1+x^2y^2}, \frac{\mathrm{d}y}{\mathrm{d}x} = \mathrm{e}^x,$$

代入(3)式,可得

$$\frac{\mathrm{d}z}{\mathrm{d}x} = \frac{\partial z}{\partial x} + \frac{\partial z}{\partial y}\frac{\mathrm{d}y}{\mathrm{d}x}$$

$$= \frac{y}{1+x^2y^2} + \frac{x}{1+x^2y^2}\mathrm{e}^x$$

$$= \frac{(1+x)\mathrm{e}^x}{1+x^2\mathrm{e}^{2x}}.$$

例 3　设 $f(x,y)$ 为 k 次齐次函数且可微,验证公式:

$$x\frac{\partial f}{\partial x} + y\frac{\partial f}{\partial y} = kf(x,y).$$

通常称此公式为齐次函数的**欧拉(Euler)**公式.

　　证　设 (x_0, y_0) 是 $f(x,y)$ 的定义域内任意取定的一点,由齐次函数的定义,有

$$f(\lambda x_0, \lambda y_0) = \lambda^k f(x_0, y_0).$$

将上式两端看作 λ 的函数,对 λ 求导,并利用(3)式,可得

$$x_0 f_x'(\lambda x_0, \lambda y_0) + y_0 f_y'(\lambda x_0, \lambda y_0) = k\lambda^{k-1}f(x_0, y_0),$$

其中 f_x' 表示 $f(x,y)$ 对第一个变量 x 求偏导数, f_y' 表示 $f(x,y)$ 对第二个变量 y 求偏导数.
上式对任意非零的 λ 皆成立. 特别地,取 $\lambda = 1$ 时,有

$$x_0 f_x'(x_0, y_0) + y_0 f_y'(x_0, y_0) = kf(x_0, y_0).$$

由 (x_0, y_0) 的任意性,可知

$$x\frac{\partial f}{\partial x} + y\frac{\partial f}{\partial y} = kf(x,y).$$

　　例如,函数 $z = x^n\varphi\left(\dfrac{y}{x}\right)$ 为 n 次齐次函数,故由欧拉公式有

$$x\frac{\partial z}{\partial x} + y\frac{\partial z}{\partial y} = nz.$$

此例不难用直接求 $\dfrac{\partial z}{\partial x}$ 和 $\dfrac{\partial z}{\partial y}$ 的方法验证.

例 4 设 $z=\left[\sin(x-y)\right]\mathrm{e}^{x+y}$，求 $\dfrac{\partial z}{\partial x},\dfrac{\partial z}{\partial y}$.

解 令 $u=x+y,v=x-y$，则 $z=\mathrm{e}^u\sin v$. 因

$$\frac{\partial z}{\partial u}=\mathrm{e}^u\sin v,\frac{\partial z}{\partial v}=\mathrm{e}^u\cos v;$$

$$\frac{\partial u}{\partial x}=1,\frac{\partial u}{\partial y}=1,\frac{\partial v}{\partial x}=1,\frac{\partial v}{\partial y}=-1.$$

故由链式法则，可得

$$\frac{\partial z}{\partial x}=\frac{\partial z}{\partial u}\frac{\partial u}{\partial x}+\frac{\partial z}{\partial v}\frac{\partial v}{\partial x}=\mathrm{e}^u\sin v\cdot 1+\mathrm{e}^u\cos v\cdot 1$$

$$=\left[\sin(x-y)+\cos(x-y)\right]\mathrm{e}^{x+y};$$

$$\frac{\partial z}{\partial y}=\frac{\partial z}{\partial u}\frac{\partial u}{\partial y}+\frac{\partial z}{\partial v}\frac{\partial v}{\partial y}=\mathrm{e}^u\sin v\cdot 1+\mathrm{e}^u\cos v\cdot(-1)$$

$$=\left[\sin(x-y)-\cos(x-y)\right]\mathrm{e}^{x+y}.$$

当然，该题还可以采用其他计算方法，请自行练习.

例 5 设 $z=xy+xF\left(\dfrac{y}{x}\right)$，其中 F 可微，证明：

$$x\frac{\partial z}{\partial x}+y\frac{\partial z}{\partial y}=xy+z.$$

证 令 $u=\dfrac{y}{x}$，则 $z=xy+xF(u)$，链式关系图如图 $10-14$ 所示.
于是，

图 10-14

$$\frac{\partial z}{\partial x}=y+F(u)+xF'(u)\cdot\left(-\frac{y}{x^2}\right)$$

$$=y+F\left(\frac{y}{x}\right)-\frac{y}{x}F'\left(\frac{y}{x}\right);$$

$$\frac{\partial z}{\partial y}=x+xF'(u)\cdot\frac{1}{x}=x+F'\left(\frac{y}{x}\right).$$

因此，

$$x\frac{\partial z}{\partial x}+y\frac{\partial z}{\partial y}=xy+xF\left(\frac{y}{x}\right)+xy=xy+z.$$

例 6 设 $Q=f(x,xy,xyz)$，且 f 存在一阶连续偏导数，求 $\dfrac{\partial Q}{\partial x},\dfrac{\partial Q}{\partial y},\dfrac{\partial Q}{\partial z}$.

解 为使用链式法则，引入中间变量

$$u=x,v=xy,w=xyz,$$

则 $Q=f(x,xy,xyz)$ 可看作是由 $Q=f(u,v,w),u=x,v=xy,w=xyz$ 复合而成的函数. 因此，

$$\frac{\partial Q}{\partial x}=\frac{\partial f}{\partial u}\frac{\partial u}{\partial x}+\frac{\partial f}{\partial v}\frac{\partial v}{\partial x}+\frac{\partial f}{\partial w}\frac{\partial w}{\partial x}$$

$$=f_1'+yf_2'+yzf_3';$$

$$\frac{\partial Q}{\partial y} = \frac{\partial f}{\partial u}\frac{\partial u}{\partial y} + \frac{\partial f}{\partial v}\frac{\partial v}{\partial y} + \frac{\partial f}{\partial w}\frac{\partial w}{\partial y}$$

$$= xf_2' + xzf_3';$$

$$\frac{\partial Q}{\partial z} = \frac{\partial f}{\partial u}\frac{\partial u}{\partial z} + \frac{\partial f}{\partial v}\frac{\partial v}{\partial z} + \frac{\partial f}{\partial w}\frac{\partial w}{\partial z}$$

$$= xyf_3'.$$

其中，f_1' 表示函数 $f(u,v,w)$ 对第一个变量 u 求偏导数，即 $f_1' = \dfrac{\partial f}{\partial u}$；类似地，记 $f_2' = \dfrac{\partial f}{\partial v}$，$f_3' = \dfrac{\partial f}{\partial w}$.

注意，符号 f_1'、f_2' 等与例 3 证明过程中出现的 f_x'、f_y' 具有相似的含义，但下标为 1、2 的符号记法不依赖于中间变量具体用什么符号表示，简洁而又含义清楚，是抽象函数偏导数运算中常用的一种表示法. 如，对一般的 n 元函数 $z = f(x_1, x_2, \cdots, x_n)$，记

$$f_i' = \frac{\partial f}{\partial x_i}, \quad i = 1, 2, \cdots, n,$$

显然更方便. 另外，需要清楚的是，$f_i' = f_i'(x_1, x_2, \cdots, x_n)$ 仍是复合函数，其结构与 f 是相同的，在求高阶偏导数时需注意这些符号的偏导数运算.

例 7 设 $u = f(x+y+z, xyz)$，其中 f 具有二阶连续偏导数，求 $\dfrac{\partial u}{\partial x}, \dfrac{\partial^2 u}{\partial x \partial z}$.

解 令 $s = x+y+z, t = xyz$，则 $u = f(s,t)$. 于是，

$$\frac{\partial u}{\partial x} = f_1' + yzf_2',$$

这里，f_1', f_2' 仍是以 s, t 为中间变量，x, y, z 为自变量的复合函数. 因此，

$$\frac{\partial^2 u}{\partial x \partial z} = \frac{\partial}{\partial z}(f_1' + yzf_2') = \frac{\partial f_1'}{\partial z} + yf_2' + yz\frac{\partial f_2'}{\partial z},$$

其中

$$\frac{\partial f_1'}{\partial z} = f_{11}''\frac{\partial s}{\partial z} + f_{12}''\frac{\partial t}{\partial z} = f_{11}'' + xyf_{12}'',$$

$$\frac{\partial f_2'}{\partial z} = f_{21}''\frac{\partial s}{\partial z} + f_{22}''\frac{\partial t}{\partial z} = f_{21}'' + xyf_{22}''.$$

上式中，符号 f_{11}'' 表示 f_1' 对第一个变量求偏导数，f_{12}'' 表示 f_1' 对第二个变量求偏导数，即

$$f_{11}'' = \frac{\partial f_1(s,t)}{\partial s} = \frac{\partial^2 f(s,t)}{\partial s^2},$$

$$f_{12}'' = \frac{\partial f_1(s,t)}{\partial t} = \frac{\partial^2 f(s,t)}{\partial s \partial t}.$$

类似地可理解 f_{21}'', f_{22}''. 又由于 $f_{12}'' = f_{21}''$，故

$$\frac{\partial^2 u}{\partial x \partial z} = f_{11}'' + y(x+z)f_{12}'' + xy^2zf_{22}'' + yf_2'.$$

多元函数的复合关系是多种多样的，我们不可能也没有必要将所有情形的求导公式

都写出来. 但通过前面的讨论和例题,可归纳出如下几点原则:

（1）首先应分清自变量与中间变量,并了解它们之间的关系（根据是一元函数还是多元函数,采用不同的导数或偏导数记号）.

（2）求多元函数对某个自变量的偏导数时,应经过一切相关的中间变量,最后归结到自变量.

（3）一般来说,一个自变量与几个中间变量相关,求导公式右端就应含有几项之和;有几次复合,每一项就有几个因子相乘.

（4）在求抽象函数的二阶偏导数时,因变量对中间变量的一阶偏导数仍然是复合函数,对其仍要采用链式法则（或复合函数求导公式的其他形式）计算偏导数（如例 7）.

总之,多元复合函数的求导是灵活多样的,不应生搬硬套公式.

二、 全微分形式的不变性

一元函数具有微分形式的不变性,与之类似地,多元函数也有全微分形式的不变性. 以下以二元函数为例说明.

定理 4 设函数 $z = f(u, v)$ 可微,当 u, v 为自变量时,有全微分公式

$$dz = \frac{\partial z}{\partial u} du + \frac{\partial z}{\partial v} dv;$$

当 $u = \varphi(x, y), v = \psi(x, y)$ 为可微函数时,对复合函数

$$z = f[\varphi(x, y), \psi(x, y)]$$

仍有全微分公式

$$dz = \frac{\partial z}{\partial u} du + \frac{\partial z}{\partial v} dv.$$

证 当 $u = \varphi(x, y), v = \psi(x, y)$ 时,由定义,复合函数 $z = f[\varphi(x, y), \psi(x, y)]$ 的全微分

$$dz = \frac{\partial z}{\partial x} dx + \frac{\partial z}{\partial y} dy.$$

由链式法则,

$$\frac{\partial z}{\partial x} = \frac{\partial z}{\partial u} \frac{\partial u}{\partial x} + \frac{\partial z}{\partial v} \frac{\partial v}{\partial x};$$

$$\frac{\partial z}{\partial y} = \frac{\partial z}{\partial u} \frac{\partial u}{\partial y} + \frac{\partial z}{\partial v} \frac{\partial v}{\partial y}.$$

于是,

$$dz = \frac{\partial z}{\partial x} dx + \frac{\partial z}{\partial y} dy$$

$$= \left(\frac{\partial z}{\partial u} \frac{\partial u}{\partial x} + \frac{\partial z}{\partial v} \frac{\partial v}{\partial x} \right) dx + \left(\frac{\partial z}{\partial u} \frac{\partial u}{\partial y} + \frac{\partial z}{\partial v} \frac{\partial v}{\partial y} \right) dy$$

$$= \frac{\partial z}{\partial u} \left(\frac{\partial u}{\partial x} dx + \frac{\partial u}{\partial y} dy \right) + \frac{\partial z}{\partial v} \left(\frac{\partial v}{\partial x} dx + \frac{\partial v}{\partial y} dy \right)$$

$$= \frac{\partial z}{\partial u} du + \frac{\partial z}{\partial v} dv.$$

定理 4 表明, 对于函数 $z = f(u, v)$, 无论 u, v 是中间变量还是自变量, 全微分公式 $dz = \dfrac{\partial z}{\partial u} du + \dfrac{\partial z}{\partial v} dv$ 总是成立的, 此性质称为**全微分形式的不变性**.

通过这一性质, 可以得到与一元函数微分相同的运算性质:

(1) $d(u \pm v) = du \pm dv$;

(2) $d(uv) = v du + u dv$;

(3) $d\left(\dfrac{u}{v}\right) = \dfrac{v du - u dv}{v^2} (v \neq 0)$.

利用全微分形式的不变性不仅可以求解全微分, 还可以计算复合函数的全微分和偏导数, 且运算时不必找出中间变量.

例 8 利用全微分形式的不变性解本节的例 6.

解 对于函数 $Q = f(x, xy, xyz)$, 由全微分形式的不变性有

$$
\begin{aligned}
dQ &= f_1' dx + f_2' d(xy) + f_3' d(xyz) \\
&= f_1' dx + f_2'(y dx + x dy) + f_3'(yz dx + xz dy + xy dz) \\
&= (f_1' + y f_2' + yz f_3') dx + (x f_2' + xz f_3') dy + xy f_3' dz.
\end{aligned}
$$

与公式 $dQ = \dfrac{\partial Q}{\partial x} dx + \dfrac{\partial Q}{\partial y} dy + \dfrac{\partial Q}{\partial z} dz$ 比较, 可得

$$
\frac{\partial Q}{\partial x} = f_1' + y f_2' + yz f_3';
$$

$$
\frac{\partial Q}{\partial y} = x f_2' + xz f_3';
$$

$$
\frac{\partial Q}{\partial z} = xy f_3'.
$$

这与例 6 的结果是一样的.

💻 **习题 10–5**

1. 求下列复合函数的导数或偏导数:

(1) $z = u^2 \ln v, u = \dfrac{y}{x}, v = x^2 + y^2$, 求 $\dfrac{\partial z}{\partial x}, \dfrac{\partial z}{\partial y}$;

(2) $z = e^{uv}, u = \ln \sqrt{x^2 + y^2}, v = \arctan \dfrac{y}{x}$, 求 $\dfrac{\partial z}{\partial x}, \dfrac{\partial z}{\partial y}$;

(3) $u = \dfrac{y - z}{1 + a^2} e^{ax}, y = a \sin x, z = \cos x$, 求 $\dfrac{du}{dx}$;

(4) $u = \arctan \dfrac{xy}{z}, y = e^{ax}, z = (ax + 1)^2$, 求 $\dfrac{du}{dx}$.

2. $z = f[x + g(y)]$, 其中 f 二阶可导, g 可导, 证明: $\dfrac{\partial z}{\partial x} \cdot \dfrac{\partial^2 z}{\partial x \partial y} = \dfrac{\partial z}{\partial y} \cdot \dfrac{\partial^2 z}{\partial x^2}$.

3. $z = f(x, y), x = u \cos \alpha - v \sin \alpha, y = u \sin \alpha + v \cos \alpha$, 其中 f 可微, 证明:

(1) $\left(\dfrac{\partial z}{\partial x}\right)^2 + \left(\dfrac{\partial z}{\partial y}\right)^2 = \left(\dfrac{\partial z}{\partial u}\right)^2 + \left(\dfrac{\partial z}{\partial v}\right)^2$;

$(2)\ \dfrac{\partial^2 z}{\partial x^2}+\dfrac{\partial^2 z}{\partial y^2}=\dfrac{\partial^2 z}{\partial u^2}+\dfrac{\partial^2 z}{\partial v^2}.$

4. 设 $u=f(x,y,z)$，$y=g(x,t)$，$t=h(x,z)$，其中 f,g,h 都是可微函数，求 $\dfrac{\partial u}{\partial x}$.

5. 设 $z=f[x\varphi(y),x-y]$，其中 f 具有二阶连续偏导数，φ 具有二阶导数，求 $\dfrac{\partial^2 z}{\partial x\,\partial y}$.

§10.6　隐函数的微分法

在一元函数微分学部分，我们介绍过如何利用链式法则对由二元方程 $F(x,y)=0$ 确定的一元隐函数 $y=f(x)$ 进行求导，运算的前提是假设隐函数存在且可导，但并未列出应满足的条件.另外，针对多元函数，也存在二元隐函数求偏导数的问题.本节利用多元复合函数的求导法则建立一元与二元隐函数存在且可导的条件，并给出相应的导数或偏导数的计算公式.

定理 1（隐函数存在定理 1）　设函数 $F(x,y)$ 在点 $P(x_0,y_0)$ 的某邻域内具有连续偏导数，且 $F(x_0,y_0)=0$，$F_y(x_0,y_0)\neq 0$，则在点 (x_0,y_0) 的某邻域内，方程 $F(x,y)=0$ 可以唯一确定一个具有连续导数的函数 $y=f(x)$，它满足条件 $y_0=f(x_0)$，且有导数公式

$$\dfrac{\mathrm{d}y}{\mathrm{d}x}=-\dfrac{F_x}{F_y}.\tag{1}$$

定理 1 中隐函数的存在性略去不证.现推导公式（1）.

因 $y=f(x)$ 是由方程 $F(x,y)=0$ 确定的隐函数，故有恒等式

$$F[x,f(x)]\equiv 0.$$

易知，$F[x,f(x)]$ 是含有两个中间变量，一个自变量的复合函数.上式两端同时对 x 求导，并利用 §10.5 中定理 1，可得

$$F_x+F_y\dfrac{\mathrm{d}y}{\mathrm{d}x}=0.$$

由于 F_y 连续，且有 $F_y(x_0,y_0)\neq 0$，故存在 (x_0,y_0) 的一个邻域，在此邻域内 $F_y\neq 0$，于是可得

$$\dfrac{\mathrm{d}y}{\mathrm{d}x}=-\dfrac{F_x}{F_y}.$$

例 1　验证方程 $x^2-2xy+y^5=0$ 在点 $(1,1)$ 的某邻域内能唯一确定一个具有连续导数的隐函数 $y=f(x)$，并求 $\dfrac{\mathrm{d}y}{\mathrm{d}x}\Big|_{x=1}$.

解　设 $F(x,y)=x^2-2xy+y^5$，则 $F_x=2x-2y$，$F_y=-2x+5y^4$.

显然，F_x,F_y 在点 $(1,1)$ 的邻域内连续，且 $F(1,1)=0$，$F_y(1,1)=3\neq 0$.因此由定理 1 可知，方程 $x^2-2xy+y^5=0$ 在点 $(1,1)$ 的某邻域内能唯一确定一个具有连续导数的隐函数 $y=f(x)$，且 $f(1)=1$，其一阶导数

$$\frac{\mathrm{d}y}{\mathrm{d}x}=-\frac{F_x}{F_y}=\frac{2x-2y}{2x-5y^4},$$

又因当 $x=1$ 时 $y=1$, 故 $\dfrac{\mathrm{d}y}{\mathrm{d}x}\bigg|_{x=1}=0.$

例 2 设函数 $y=f(x)$ 由方程 $y=2x\arctan\dfrac{y}{x}$ 所确定, 求 $\dfrac{\mathrm{d}y}{\mathrm{d}x}$ 与 $\dfrac{\mathrm{d}^2y}{\mathrm{d}x^2}$.

解 设 $F(x,y)=y-2x\arctan\dfrac{y}{x}$, 则

$$F_x=\frac{y(x^2-y^2)}{x(x^2+y^2)}, \quad F_y=\frac{y^2-x^2}{x^2+y^2}.$$

于是, 由(1)式可得

$$\frac{\mathrm{d}y}{\mathrm{d}x}=-\frac{F_x}{F_y}=\frac{y}{x}.$$

上式再对 x 求导, 得

$$\frac{\mathrm{d}^2y}{\mathrm{d}x^2}=\frac{x\dfrac{\mathrm{d}y}{\mathrm{d}x}-y}{x^2}=0.$$

定理 1 可以推广到二元及二元以上隐函数的情况. 比如, 可根据三元函数 $F(x,y,z)$ 所满足的条件来判断三元方程 $F(x,y,z)=0$ 是否能够确定一个二元隐函数 $z=f(x,y)$. 对应定理内容如下:

定理 2(隐函数存在定理 2) 设函数 $F(x,y,z)$ 在点 $P(x_0,y_0,z_0)$ 的某邻域内具有一阶连续偏导数, 且 $F(x_0,y_0,z_0)=0, F_z(x_0,y_0,z_0)\neq 0$, 则在点 (x_0,y_0,z_0) 的某邻域内, 方程 $F(x,y,z)=0$ 可以唯一确定一个具有连续偏导数的函数 $z=f(x,y)$, 它满足条件 $z_0=f(x_0,y_0)$, 且有偏导数公式

$$\frac{\partial z}{\partial x}=-\frac{F_x}{F_z}, \quad \frac{\partial z}{\partial y}=-\frac{F_y}{F_z}. \tag{2}$$

仅就公式(2)加以推导.

方程 $F(x,y,z)=0$ 确定函数 $z=f(x,y)$ 时, 由于

$$F[x,y,f(x,y)]\equiv 0,$$

按照复合函数的求导法则, 上式两端分别对 x 和 y 求偏导数, 得

$$F_x+F_z\frac{\partial z}{\partial x}=0, \quad F_y+F_z\frac{\partial z}{\partial y}=0.$$

在定理 2 的条件下, 存在点 (x_0,y_0,z_0) 的某邻域, 在此邻域内 $F_z\neq 0$. 因此,

$$\frac{\partial z}{\partial x}=-\frac{F_x}{F_z}, \quad \frac{\partial z}{\partial y}=-\frac{F_y}{F_z}.$$

除用公式(2)计算二元隐函数的一阶偏导数外, 也可以使用复合函数的链式法则进行运算. 对于隐函数的高阶偏导数, 则可对一阶偏导数继续使用复合函数的链式法则.

例 3 设函数 $z=f(x,y)$ 由方程 $\sin z=xyz$ 所确定, 求 $\dfrac{\partial z}{\partial x}, \dfrac{\partial z}{\partial y}$.

解法 1 设 $F(x,y,z) = \sin z - xyz$，则有
$$F_x = -yz, F_y = -xz, F_z = \cos z - xy.$$
由（2）式，可得
$$\frac{\partial z}{\partial x} = -\frac{F_x}{F_z} = \frac{yz}{\cos z - xy},$$
$$\frac{\partial z}{\partial y} = -\frac{F_y}{F_z} = \frac{xz}{\cos z - xy}.$$

解法 2 在方程 $\sin z = xyz$ 两边直接对 x 求偏导数，有
$$\cos z \cdot \frac{\partial z}{\partial x} = yz + xy\frac{\partial z}{\partial x}.$$
解出 $\frac{\partial z}{\partial x}$，得
$$\frac{\partial z}{\partial x} = \frac{yz}{\cos z - xy}.$$
同理，方程两边同时对 y 求偏导数，可得
$$\frac{\partial z}{\partial y} = \frac{xz}{\cos z - xy}.$$

例 4 设函数 $z = f(x,y)$ 由方程 $xy + yz + zx = 1$ 所确定，求 $\frac{\partial^2 z}{\partial x \partial y}$.

解 令 $F(x,y,z) = xy + yz + zx - 1$，则
$$F_x = y + z, F_y = x + z, F_z = x + y.$$
由公式（2），可得
$$\frac{\partial z}{\partial x} = -\frac{F_x}{F_z} = -\frac{y+z}{x+y};$$
$$\frac{\partial z}{\partial y} = -\frac{F_y}{F_z} = -\frac{x+z}{x+y}.$$
于是
$$\frac{\partial^2 z}{\partial x \partial y} = \frac{\partial}{\partial y}\left(-\frac{y+z}{x+y}\right) = -\frac{\left(1 + \dfrac{\partial z}{\partial y}\right)(x+y) - (y+z)}{(x+y)^2}.$$
将 $\frac{\partial z}{\partial y}$ 代入上式，可得
$$\frac{\partial^2 z}{\partial x \partial y} = \frac{2z}{(x+y)^2}.$$

例 5 设 $f(x-y, y-z, z-x) = 0$，其中 f 具有连续偏导数，且 $f_3' - f_2' \neq 0$，求 $\frac{\partial z}{\partial x}$ 与 $\frac{\partial z}{\partial y}$.

解 令 $F(x,y,z) = f(x-y, y-z, z-x)$，则
$$F_x = f_1' \cdot 1 + f_3' \cdot (-1) = f_1' - f_3',$$
$$F_y = f_1' \cdot (-1) + f_2' \cdot 1 = f_2' - f_1',$$

$$F_z = f_2'(-1) + f_3' \cdot 1 = f_3' - f_2'.$$

因 $f_3' - f_2' \neq 0$，故

$$\frac{\partial z}{\partial x} = -\frac{F_x}{F_z} = \frac{f_3' - f_1'}{f_3' - f_2'},$$

$$\frac{\partial z}{\partial y} = -\frac{F_y}{F_z} = \frac{f_1' - f_2'}{f_3' - f_2'}.$$

例 6　设 $F(x^2, 2y, z-x) = 0$，其中 F 具有二阶连续偏导数，且 $F_3' \neq 0$，求 $\dfrac{\partial^2 z}{\partial x \partial y}$.

解　利用复合函数的求导法则，方程两端对 x 求偏导数，有

$$F_1' \cdot 2x + F_2' \cdot 0 + F_3'\left(\frac{\partial z}{\partial x} - 1\right) = 0,$$

解得

$$\frac{\partial z}{\partial x} = -\frac{2xF_1'}{F_3'} + 1.$$

同理，方程两端对 y 求偏导数，有

$$F_1' \cdot 0 + F_2' \cdot 2 + F_3' \frac{\partial z}{\partial y} = 0,$$

解得

$$\frac{\partial z}{\partial y} = -\frac{2F_2'}{F_3'}.$$

故

$$\frac{\partial^2 z}{\partial x \partial y} = \frac{\partial}{\partial y}\left(\frac{\partial z}{\partial x}\right) = -2x \frac{F_3'\dfrac{\partial F_1'}{\partial y} - F_1'\dfrac{\partial F_3'}{\partial y}}{(F_3')^2},$$

其中

$$\frac{\partial F_1'}{\partial y} = F_{11}'' \cdot 0 + F_{12}'' \cdot 2 + F_{13}'' \cdot \frac{\partial z}{\partial y} = 2F_{12}'' - 2\frac{F_2' F_{13}''}{F_3'},$$

$$\frac{\partial F_3'}{\partial y} = F_{31}'' \cdot 0 + F_{32}'' \cdot 2 + F_{33}'' \cdot \frac{\partial z}{\partial y} = 2F_{32}'' - 2\frac{F_2' F_{33}''}{F_3'},$$

于是

$$\frac{\partial^2 z}{\partial x \partial y} = -4x\frac{(F_3')^2 F_{12}'' - F_2' F_3' F_{13}'' - F_1' F_3' F_{32}'' + F_1' F_2' F_{33}''}{(F_3')^3}.$$

隐函数的情况是多种多样的，例如对由方程组确定的一元或多元隐函数求导，可按上面讨论的基本思想类似地进行.

💻 习题 10-6

1. 求下列方程所确定的函数 $y = f(x)$ 的导数 $\dfrac{\mathrm{d}y}{\mathrm{d}x}$：

（1）$\dfrac{x^2}{a^2}+\dfrac{y^2}{b^2}=1$；　　　　　（2）$y=\tan(x+y)$；

（3）$y^x=x^y$；　　　　　（4）$\sin(xy)=x^2y^2+e^{xy}$.

2. 已知 $e^y+xy-e=0$，求 $\dfrac{d^2y}{dx^2}\bigg|_{x=0}$.

3. 求下列方程所确定的隐函数 $z=z(x,y)$ 的全微分 dz：

（1）$yz=\arctan(xz)$；

（2）$xyz=e^x$；

（3）$2\sin(x+2y-3z)=x+2y-3z$；

（4）$x+z=yf(x^2-z^2)$，其中 f 具有连续导数.

4. 设 $z=\cos u$，其中 $u=u(x,y)$ 由方程 $y=u+x^2u^3$ 确定，求 $\dfrac{\partial z}{\partial x}+\dfrac{\partial z}{\partial y}$.

5. 设 $z=z(x,y)$ 由方程 $\dfrac{x}{z}=\ln\dfrac{z}{y}$ 确定，求 $\dfrac{\partial^2z}{\partial x^2},\dfrac{\partial^2z}{\partial x\,\partial y}$.

6. 设 $z=z(x,y)$ 由方程 $\sin z=xyz$ 确定，求 $\dfrac{\partial^2z}{\partial x^2},\dfrac{\partial^2z}{\partial x\,\partial y}$.

7. 设 $u=f(x,y,z)=xy^2z^3$，其中 f 可微，且方程 $x^2+y^2+z^2-3xyz=0$ 确定了 $z=z(x,y)$，求 $\dfrac{\partial u}{\partial x}\bigg|_{(1,1,1)}$.

8. 设 $F(x+z,y+z)=0$ 确定了 z 是 x,y 的函数，其中 F 可微，求 dz.

9. 设 $u=f(x,y,z)$，已知 $\varphi(x^2,e^y,z)=0$ 确定了 z 是 x,y 的函数，且 $y=\sin x$，其中 f,φ 都具有一阶连续偏导数，且 $\varphi_z'\neq0$，求 $\dfrac{du}{dx}$.

10. 设 $F\left(\dfrac{y}{x},\dfrac{z}{x}\right)=0$，其中 F 可微，证明：$x\dfrac{\partial z}{\partial x}+y\dfrac{\partial z}{\partial y}=z$.

11. 设函数 $z=f(u)$，而方程 $u=\varphi(u)+\displaystyle\int_y^x g(t)dt$ 确定了 u 是 x,y 的函数，其中 f,φ 可微，g,φ' 连续，且 $\varphi'(u)\neq1$，求 $g(y)\dfrac{\partial z}{\partial x}+g(x)\dfrac{\partial z}{\partial y}$.

§10.7　多元函数的极值及其在经济学中的应用

在管理科学、经济学和工程、科技问题中，常常需要求一个多元函数的最大值和最小值（统称为最值）.通常称实际问题中出现的需要求其最值的函数为**目标函数**，该函数的自变量称为**决策变量**.相应的问题在数学上被称为**优化问题**.本节只讨论与多元函数的最值有关的最简单的优化问题.与一元函数类似，多元函数的最值也与其极值有密切的关系，所以我们首先研究最简单的多元函数——二元函数的极值问题，其结论可类似推广到三元及三元以上的多元函数上.

一、 二元函数的极值与最值

1. 二元函数极值的定义

定义 1 设函数 $z=f(x,y)$ 在点 (x_0,y_0) 的某邻域内有定义. 若对该邻域内异于 (x_0,y_0) 的点 (x,y), 恒有不等式

$$f(x_0,y_0)>f(x,y)\ (或 f(x_0,y_0)<f(x,y))$$

成立, 则称函数 $f(x,y)$ 在点 (x_0,y_0) 处取得**极大值**(或**极小值**) $f(x_0,y_0)$, 并称 (x_0,y_0) 为 $f(x,y)$ 的**极大值点**(或**极小值点**). 函数 $f(x,y)$ 的极大值与极小值统称为**极值**, 极大值点与极小值点统称为**极值点**.

注意 与一元函数的极值类似, 二元函数的极值也是一个局部性的概念.

例 1 函数 $z=f(x,y)=4-4x^2-y^2$ 在点 $(0,0)$ 处取得极大值 $z=4$, 这是因为对于点 $(0,0)$ 的任一邻域内异于 $(0,0)$ 的点 (x,y), 恒有

$$f(0,0)=4>4-4x^2-y^2=f(x,y)$$

成立(如图 10-15). 从几何上看这是显然的, 因为点 $(0,0,4)$ 是开口向下的椭圆抛物面 $z=4-4x^2-y^2$ 的顶点.

例 2 函数 $z=f(x,y)=\sqrt{x^2+y^2}$ 在点 $(0,0)$ 处取得极小值, 这是因为对于点 $(0,0)$ 的任一邻域内异于 $(0,0)$ 的点 (x,y), 恒有

$$f(0,0)=0<\sqrt{x^2+y^2}=f(x,y)$$

成立(如图 10-16), 点 $(0,0,0)$ 是上半圆锥面 $z=\sqrt{x^2+y^2}$ 的顶点.

例 3 函数 $z=y^2-x^2$ 在点 $(0,0)$ 处既不取得极大值也不取得极小值, 这是因为 $f(0,0)=0$, 但在点 $(0,0)$ 的任一邻域内, $z=y^2-x^2$ 既可取正值也可取负值(如图 10-17).

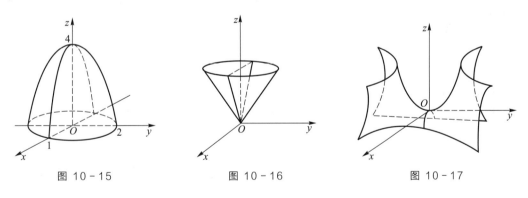

图 10-15　　　　　　　　图 10-16　　　　　　　　图 10-17

2. 极值的求法

定理 1(极值存在的必要条件) 设函数 $z=f(x,y)$ 在点 (x_0,y_0) 处偏导数存在, 且 (x_0,y_0) 为该函数的极值点, 则必有

$$f_x(x_0,y_0)=0,\ f_y(x_0,y_0)=0.$$

证 不妨设 $z=f(x,y)$ 在点 (x_0,y_0) 处取得极大值, 依定义, 对点 (x_0,y_0) 的某邻域内异于 (x_0,y_0) 的任何点 (x,y), 恒有

$$f(x,y)<f(x_0,y_0).$$

特别对该邻域内的点 $(x,y_0) \neq (x_0,y_0)$（如图 $10-18$ 所示），有

$$f(x,y_0) < f(x_0,y_0).$$

这表明，一元函数 $f(x,y_0)$ 在点 $x=x_0$ 处取得极大值，由一元函数取极值的必要条件，可知

$$f_x(x_0,y_0) = 0.$$

类似地可证

$$f_y(x_0,y_0) = 0.$$

定理得证.

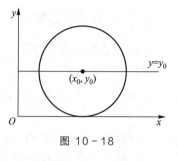

图 $10-18$

注意 极值点有可能是偏导数等于零的点，也可能是偏导数不存在的点.例如，函数 $z = -\sqrt{x^2+y^2}$ 在点 $(0,0)$ 处取得极大值，但该函数在点 $(0,0)$ 处的偏导数不存在.另一方面，偏导数等于零的点也有可能不是极值点.例如，对于函数 $z=xy$，点 $(0,0)$ 不是极值点，但显然有 $z_x \big|_{(0,0)} = z_y \big|_{(0,0)} = 0$.

通常，使偏导数同时等于零的点称为二元函数 $z=f(x,y)$ 的**驻点**.由定理 1 和上面的讨论可知，函数 $z=f(x,y)$ 的极值点可在驻点和一阶偏导数不存在的点中取到.

那么，如何判定一个驻点是否为极值点？我们有如下的充分性定理.

定理 2（判定极值的第一充分条件） 设函数 $z=f(x,y)$ 在点 (x_0,y_0) 的某邻域内连续，存在二阶连续偏导数，且

$$f_x(x_0,y_0) = f_y(x_0,y_0) = 0.$$

记

$$A = f_{xx}(x_0,y_0), B = f_{xy}(x_0,y_0), C = f_{yy}(x_0,y_0).$$

（1）若 $B^2-AC<0$ 且 $A>0$（或 $C>0$），则 $f(x_0,y_0)$ 为极小值；若 $B^2-AC<0$ 且 $A<0$（或 $C<0$），则 $f(x_0,y_0)$ 为极大值.

（2）若 $B^2-AC>0$，则 $f(x_0,y_0)$ 不是极值.

（3）若 $B^2-AC=0$，则 $f(x_0,y_0)$ 是否为极值需进一步讨论才能确定.

证明略.

例 4 求函数 $f(x,y) = y^3 - x^2 + 6x - 12y + 5$ 的极值.

解 由 $f_x(x,y) = -2x+6 = 0$，$f_y(x,y) = 3y^2-12 = 0$ 得驻点 $(3,2)$ 和 $(3,-2)$，再求出

$$f_{xx}(x,y) = -2, f_{xy}(x,y) = 0, f_{yy}(x,y) = 6y.$$

对于驻点 $(3,2)$，有

$$A = -2, B = 0, C = 12, B^2-AC = 24 > 0,$$

故 $(3,2)$ 不是极值点；

对于驻点 $(3,-2)$，有

$$A = -2 < 0, B = 0, C = -12, B^2-AC = -24 < 0.$$

故点 $(3,-2)$ 是极大值点，函数在该点取得极大值 $f(3,-2) = 30$.

例 5 求函数 $z = (2ax-x^2)(2by-y^2)$ 的极值，其中 a,b 为非零常数.

解 由极值的必要条件，有

$$\begin{cases} z_x = 2(a-x)(2by-y^2) = 0, \\ z_y = 2(2ax-x^2)(b-y) = 0, \end{cases}$$

可解得驻点为 $(a,b),(0,0),(0,2b),(2a,0),(2a,2b)$. 因为

$$z_{xx}=-2(2by-y^2),z_{xy}=4(a-x)(b-y),z_{yy}=-2(2ax-x^2).$$

对驻点 (a,b), 有

$$A=-2b^2<0,B=0,C=-2a^2<0,$$
$$B^2-AC=-4a^2b^2<0.$$

故由定理 2 知, 点 (a,b) 为极大值点, 极大值为 $z(a,b)=a^2b^2$.

对驻点 $(0,0)$ 有

$$A=C=0,B=4ab,B^2-AC=16a^2b^2>0,$$

故点 $(0,0)$ 不是极值点.

类似地可以验证, 点 $(0,2b),(2a,0),(2a,2b)$ 都不是极值点.

定理 3 (判定极值的第二充分条件) 设 $U_\delta(x_0,y_0)$ 表示以 δ 为半径、以点 (x_0,y_0) 为中心的邻域, 又已知二元函数 $z=f(x,y)$ 在 $U_\delta(x_0,y_0)$ 内连续, 在 $\overset{\circ}{U}_\delta(x_0,y_0)$ 内可微 (实际上只有当点 (x_0,y_0) 是驻点或偏导数不存在的点时才需考虑), 则有

(1) 若任意给定点 $(x,y)\in\overset{\circ}{U}_\delta(x_0,y_0)$, 都有

$$(x-x_0)f_x+(y-y_0)f_y<0,$$

则函数 $z=f(x,y)$ 在点 (x_0,y_0) 处取得极大值;

(2) 若任意给定点 $(x,y)\in\overset{\circ}{U}_\delta(x_0,y_0)$, 都有

$$(x-x_0)f_x+(y-y_0)f_y>0,$$

则函数 $z=f(x,y)$ 在点 (x_0,y_0) 处取得极小值.

其中, f_x 和 f_y 分别表示函数 $z=f(x,y)$ 在点 (x,y) 处对 x 和对 y 的偏导数.

证明略.

我们知道, 一元函数极值的判别法 (充分条件) 有两个, 然而, 长久以来, 多元函数极值的判别法只有定理 2 (它是一元函数极值第二判别法的自然推广), 直到 1986 年才由博特斯科 (Botsko) 给出定理 3 作为多元函数极值的又一个判别法, 而定理 3 显然是一元函数极值第一判别法的自然推广. 事实上, 可以证明能用定理 2 判别的也一定能用定理 3 判别, 反过来不一定, 这一点与一元函数的情形类似. 定理 2 和定理 3 都可以推广到三元以上的函数上. 一般说来, 应先用定理 2 来判别多元函数的极值, 如果失效, 再考虑定理 3.

例 6 求函数 $f(x,y)=1-x^{\frac{2}{3}}-y^{\frac{4}{5}}$ 的极值.

解 $f(x,y)$ 的定义域 $D_f=\mathbf{R}^2$, 函数 $f(x,y)$ 无驻点, 而在点 $(0,0)$ 处偏导数不存在. 因此, 不能应用定理 2. 但对于任意的 $(x,y)\neq(0,0)$, 有

$$xf_x+yf_y=-\frac{2}{3}x^{\frac{2}{3}}-\frac{4}{5}x^{\frac{4}{5}}<0.$$

根据定理 3, 点 $(0,0)$ 为函数 $f(x,y)$ 的极大值点.

例 7 求函数 $f(x,y)=x^4-4x^3+7x^2+y^2-2xy-4x+11$ 的极值.

解 由极值的必要条件有

$$\begin{cases} f_x=4x^3-12x^2+14x-2y-4=0, \\ f_y=2y-2x=0, \end{cases}$$

借助因式分解的方法,可解得点$(1,1)$是该函数的唯一驻点.接下来易验证 $A=2, B=-2$, $C=2$,也就有 $B^2-AC=0$,故定理 2 失效,但可应用定理 3.

对于任意$(x,y)\neq(1,1)$,作变换 $u=x-1, v=y-1$,则有
$$(x-1)f_x+(y-1)f_y=u[4(u+1)^3-12(u+1)^2+14(u+1)-2(v+1)-4]+v2(v-u)$$
$$=4u^4+2(u-v)^2>0, \forall(u,v)\neq(0,0).$$

由定理 3 知,点$(1,1)$是函数 $f(x,y)$ 的极小值点.

3. 多元函数的最值

定义 2 设函数 $z=f(x,y)$ 是定义在区域 D 上的二元函数,点$(x_0,y_0)\in D$.若对任意的$(x,y)\in D$,恒有不等式
$$f(x_0,y_0)\geqslant f(x,y)(或f(x_0,y_0)\leqslant f(x,y))$$
成立,则称 $f(x_0,y_0)$ 为函数 $f(x,y)$ 在区域 D 上的**最大值**(或**最小值**),(x_0,y_0) 为 $f(x,y)$ 在 D 上的**最大值点**(或**最小值点**).最大值与最小值统称为**最值**,最大值点与最小值点统称为**最值点**.

由于在有界闭区域 D 上的连续函数必能在该区域上取得最大值和最小值,而若最值在 D 的内点取得则必为极值.故由前面的结论可知,欲求连续函数 $f(x,y)$ 在有界闭区域 D 上的最值,应先求驻点和偏导数不存在的点的函数值,再求边界上的最值,然后加以比较,其中最大者为最大值 M,最小者为最小值 m.

一般来说,求多元函数的最值是一个相当复杂的问题.但在求解实际问题的最值时,如果从问题的实际意义知道所求函数的最值存在,且只有一个驻点,则该驻点就是所求函数的最值点,可以不再判别.不过,与一元函数类似情况下的结论有所不同:当多元函数在某个区域上只有一个极大值点(或极小值点)时,该点并不一定就是最大值点(或最小值点).

例 8 求函数 $z=x^2y(4-x-y)$ 在由直线 $x+y=6$,x 轴和 y 轴所围成区域 D 上的最大值和最小值.

解 区域 D(如图 10-19)是有界闭区域,$z=x^2y(4-x-y)$ 在 D 上连续,所以在 D 上一定有最大值和最小值.最值点或在 D 内的驻点取到,或在 D 的边界取到.为此,先求解方程组

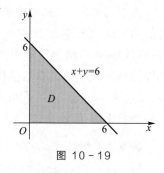

图 10-19

$$\begin{cases} \dfrac{\partial z}{\partial x}=2xy(4-x-y)-x^2y=xy(8-3x-2y)=0, \\ \dfrac{\partial z}{\partial y}=x^2(4-x-y)-x^2y=x^2(4-x-2y)=0, \end{cases}$$

即
$$\begin{cases} 3x+2y=8, \\ x+2y=4. \end{cases}$$

解得 $z=z(x,y)$ 在 D 内的唯一驻点是$(2,1)$,且 $z(2,1)=4$.

在 D 的边界 $y=0, 0\leqslant x\leqslant 6$ 或 $x=0, 0\leqslant y\leqslant 6$ 上,$z(x,y)=0$.

在边界 $x+y=6(0\leqslant x\leqslant 6)$ 上,将 $y=6-x$ 代入得
$$z=x^2(6-x)(-2)=2(x^3-6x^2), 0\leqslant x\leqslant 6.$$

令 $h(x)=2(x^3-6x^2)$,则 $h'(x)=6(x^2-4x)$,有

$$h'(4)=0,h'(0)=0,h(4)=-64,h(6)=0.$$

因此 $z=x^2y(4-x-y)$ 在边界 $x+y=6(0\leqslant x\leqslant 6)$ 上的最大值为 0,最小值为-64.

从而

$$\max_{(x,y)\in D}z(x,y)=z(2,1)=4,\quad \min_{(x,y)\in D}z(x,y)=z(4,2)=-64.$$

二、 条件极值、拉格朗日乘数法

在上面讨论的极值问题中,函数的自变量在定义域内可以任意取值,未受任何限制,称为**无条件极值问题**,在实际问题中,求极值或最值时,对自变量的取值往往要附加一定的约束条件,这类附有约束条件的极值问题称为**条件极值问题**.条件极值问题的约束条件分为等式约束条件和不等式约束条件两类.我们这里仅讨论等式约束条件下的条件极值问题.

先通过一个几何例子直观理解无条件极值与条件极值的不同.

例 9 (1) 求函数 $z=1-x^2-y^2,(x,y)\in D$ 的极大值,其中 $D=\{(x,y)\mid x^2+y^2\leqslant 1\}$;

(2) 在条件 $g(x,y)=x+y-1=0$ 下,求函数 $z=1-x^2-y^2,(x,y)\in D$ 的极大值.

解 (1)是无条件极值问题.根据极值的必要条件与充分条件很容易验证在点$(0,0)$处取到极大值 $z\mid_{(0,0)}=1$,它也是最大值.

(2)中的自变量(x,y)须同时满足 $x^2+y^2\leqslant 1$ 和 $x+y-1=0$.因此,(2)实质上是求自变量在 xOy 平面上的直线 $x+y-1=0$ 上取值时,函数 $z=1-x^2-y^2,(x,y)\in D$ 的极值,直观上可见实际是求旋转抛物面 $z=1-x^2-y^2$ 与平面 $x+y-1=0$ 的空间交线

$$\begin{cases} z=1-x^2-y^2, \\ x+y-1=0, \end{cases} \text{即 } z=-2\left(x-\frac{1}{2}\right)^2+\frac{1}{2}$$

的极大值(如图 10-20),即自变量 x,y 不仅在定义域 $D=\{(x,y)\mid x^2+y^2\leqslant 1\}$ 内,还必须满足 $x+y-1=0$,这就是条件极值.

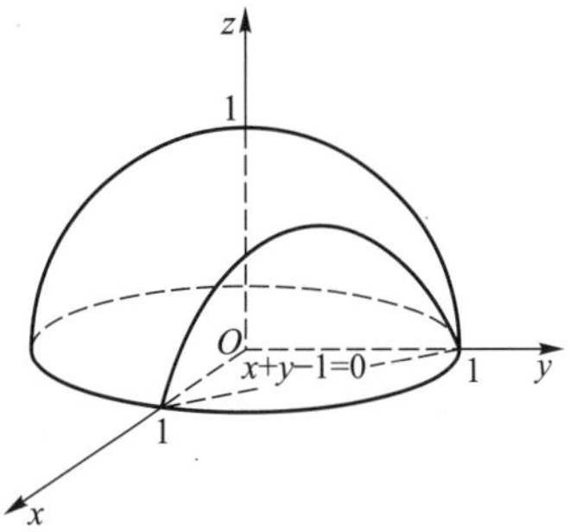

由约束条件 $x+y-1=0$ 解出 $y=1-x$,代入目标函数 $z=1-x^2-y^2$ 得

$$z=-2\left(x-\frac{1}{2}\right)^2+\frac{1}{2}.$$

此时 x 满足 $x^2+(1-x^2)\leqslant 1$,即 $0\leqslant x\leqslant 1$.

由一元函数的极值理论,容易求得 z 在点 $\left(\frac{1}{2},\frac{1}{2}\right)$ 处取到极大值 $\frac{1}{2}$.

图 10-20

一般地,考虑函数 $z=f(x,y)$ 在满足约束条件 $\varphi(x,y)=0$ 时的条件极值问题,一种解法如上例所示,从约束条件出发解出 y,然后代入目标函数转化成无条件极值问题求解.但在很多情形下,这种转化并非易事.为此,接下来我们介绍另一种更常见的求解条件极值问题的方法——**拉格朗日乘数法**,其基本思想也是设法将条件极值问题化为无条件极值问题.

设在约束条件 $\varphi(x,y)=0$ 下求函数 $z=f(x,y)$ 的极值.当满足约束条件的点 (x_0,y_0)

是函数 $f(x,y)$ 的条件极值点,且在该点处函数 $\varphi(x,y)$ 满足隐函数存在的条件时,由方程 $\varphi(x,y)=0$ 确定了隐函数 $y=g(x)$,于是点 x_0 就是一元函数 $z=f[x,g(x)]$ 的极值点,有

$$\left.\frac{\mathrm{d}z}{\mathrm{d}x}\right|_{x=x_0}=f_x(x_0,y_0)+f_y(x_0,y_0)g'(x_0)=0.\text{代入 }g'(x_0)=-\frac{\varphi_x(x_0,y_0)}{\varphi_y(x_0,y_0)},\text{就有}$$

$$f_x(x_0,y_0)-f_y(x_0,y_0)\frac{\varphi_x(x_0,y_0)}{\varphi_y(x_0,y_0)}=0,$$

即

$$\frac{f_x(x_0,y_0)}{\varphi_x(x_0,y_0)}=\frac{f_y(x_0,y_0)}{\varphi_y(x_0,y_0)},$$

令

$$\frac{f_x(x_0,y_0)}{\varphi_x(x_0,y_0)}=\frac{f_y(x_0,y_0)}{\varphi_y(x_0,y_0)}=-\lambda.$$

即存在实数 λ,使得

$$\begin{cases}f_x(x_0,y_0)+\lambda\varphi_x(x_0,y_0)=0,\\f_y(x_0,y_0)+\lambda\varphi_y(x_0,y_0)=0.\end{cases}$$

由上述讨论可见,函数 $z=f(x,y)$ 在约束条件 $\varphi(x,y)=0$ 下的条件极值点应是方程组

$$\begin{cases}f_x(x,y)+\lambda\varphi_x(x,y)=0,\\f_y(x,y)+\lambda\varphi_y(x,y)=0,\\\varphi(x,y)=0\end{cases}$$

的解.

这就是**拉格朗日乘数法**求解条件极值的思想,其具体步骤如下:

(1) 构造辅助函数(称为**拉格朗日函数**)

$$F=F(x,y,\lambda)=f(x,y)+\lambda\varphi(x,y),$$

其中待定常数 λ 称为**拉格朗日乘数**,将原条件极值问题化为求三元函数 $F=F(x,y,\lambda)$ 的无条件极值问题.

(2) 对这个无条件极值问题,由极值的必要条件,有

$$\begin{cases}F_x=f_x+\lambda\varphi_x=0,\\F_y=f_y+\lambda\varphi_y=0,\\F_\lambda=\varphi(x,y)=0.\end{cases}$$

求解这个方程组,解出可能的极值点 (x,y) 和乘数 λ.

(3) 判别求出的 (x,y) 是否为极值点,通常由实际问题的意义判定.

拉格朗日乘数法实质上是将求解在约束条件 $\varphi(x,y)=0$ 下函数 $z=f(x,y)$ 的条件极值问题转化成求解拉格朗日函数 $F(x,y,\lambda)=f(x,y)+\lambda\varphi(x,y)$ 的无条件极值问题.事实上,若拉格朗日函数 $F(x,y,\lambda)=f(x,y)+\lambda\varphi(x,y)$ 在 (x_0,y_0,λ_0) 取到无条件极值,不妨设为极大值,即在 (x_0,y_0,λ_0) 的某一邻域内,对于任一异于 (x_0,y_0,λ_0) 的点 (x,y,λ),有

$$F(x,y,\lambda)=f(x,y)+\lambda\varphi(x,y)<f(x_0,y_0)+\lambda_0\varphi(x_0,y_0)=F(x_0,y_0,\lambda_0).$$

由约束条件 $\varphi(x,y)=0$ 可得 $f(x,y)<f(x_0,y_0)$,即 $f(x_0,y_0)$ 是 $f(x,y)$ 满足约束条件 $\varphi(x,y)=0$ 的极大值.

例 10 求定点 $(\bar{x},\bar{y})$ 到直线 $ax+by+c=0$ 的最短距离,其中 a,b 为不同时为零的常数.

解 设 (x,y) 为直线 $ax+by+c=0$ 上的任意一点,则点 $(\bar{x},\bar{y})$ 与点 (x,y) 的距离为

$$r=\sqrt{(x-\bar{x})^2+(y-\bar{y})^2}.$$

欲求 r 的最小值,等价于求 r^2 的最小值,可设 $F(x,y,\lambda)=r^2+\lambda(ax+by+c).$ 令

$$\begin{cases} F_x=2(x-\bar{x})+a\lambda=0, \\ F_y=2(y-\bar{y})+b\lambda=0, \\ F_\lambda=ax+by+c=0. \end{cases}$$

由 $aF_x+bF_y=0$,可得

$$2a(x-\bar{x})+2b(y-\bar{y})+\lambda(a^2+b^2)=0.$$

由上式和 $F_\lambda=0$,可得

$$\lambda=\frac{2(a\bar{x}+b\bar{y}+c)}{a^2+b^2}.$$

又由 $(x-\bar{x})F_x+(y-\bar{y})F_y=0$,有

$$2[(x-\bar{x})^2+(y-\bar{y})^2]+\lambda[a(x-\bar{x})+b(y-\bar{y})]=0.$$

于是,由求得的 λ 和上式,可得

$$\begin{aligned} r^2 &= (x-\bar{x})^2+(y-\bar{y})^2 \\ &= \frac{1}{2}\lambda(a\bar{x}+b\bar{y}+c) \\ &= \frac{(a\bar{x}+b\bar{y}+c)^2}{a^2+b^2}. \end{aligned}$$

故点 $(\bar{x},\bar{y})$ 到直线 $ax+by+c=0$ 的最短距离为 $r=\dfrac{|a\bar{x}+b\bar{y}+c|}{\sqrt{a^2+b^2}}.$

推广 上述拉格朗日乘数法可推广到求解含有 n 个自变量和 m 个约束条件($m<n$)的条件极值问题:

求 n 元函数 $u=f(x_1,x_2,\cdots,x_n)$ 在约束条件

$$\varphi_j(x_1,x_2,\cdots,x_n)=b_j, j=1,2,\cdots,m$$

下的条件极值,其中 $b_1,b_2,\cdots,b_m$ 为常数,设拉格朗日函数为

$$\begin{aligned} F &= F(x_1,x_2,\cdots,x_n;\lambda_1,\lambda_2,\cdots,\lambda_m) \\ &= f(x_1,x_2,\cdots,x_n)+\sum_{i=1}^{m}\lambda_j[\varphi_j(x_1,x_2,\cdots,x_n)-b_j], \end{aligned}$$

其中 $\lambda_1,\lambda_2,\cdots,\lambda_m$ 为 m 个拉格朗日乘数,则问题化为求函数 F 的无条件极值问题.由极值的必要条件有

$$\begin{cases} \dfrac{\partial F}{\partial x_i}=f'_i(x_1,x_2,\cdots,x_n)+\sum_{j=1}^{m}\lambda_j\varphi'_{ji}(x_1,x_2,\cdots,x_n)=0, i=1,2,\cdots,n, \\ \dfrac{\partial F}{\partial \lambda_i}=\varphi_j(x_1,x_2,\cdots,x_n)-b_j=0, j=1,2,\cdots,m, \end{cases}$$

其中 $f'_i=\dfrac{\partial f}{\partial x_i},\varphi'_{ji}=\dfrac{\partial \varphi_j}{\partial x_i},i=1,2,\cdots,n.$

由这 $n+m$ 个方程可解出函数 $f(x_1,x_2,\cdots,x_n)$ 的可能极值点 $(x_1,x_2,\cdots,x_n)$ 以及乘数

$$\lambda_1, \lambda_2, \cdots, \lambda_m.$$

三、 多元函数的极值与最值理论在经济优化中的应用

在科学技术、经济问题中的关键变量通常都是受多个因素影响的,在数量关系上呈现出多元函数的形式.同一元函数一样,我们可以借助多元函数的极值理论处理这些经济学中的优化问题.

1. 无条件优化问题

例 11(最大利润) 某企业生产两种商品的产量分别为 x 单位和 y 单位,利润函数为
$$L = 64x - 2x^2 + 4xy - 4y^2 + 32y - 14,$$
求最大利润.

解 由极值的必要条件,有
$$\begin{cases} L_x = 64 - 4x + 4y = 0, \\ L_y = 32 - 8y + 4x = 0, \end{cases}$$
解得唯一驻点 $x_0 = 40, y_0 = 24$.再由
$$A = L_{xx} = -4 < 0, B = L_{xy} = 4, C = L_{yy} = -8 < 0,$$
$$B^2 - AC = -16 < 0,$$
可知,点 $(40, 24)$ 为极大值点,亦即最大值点,最大值为 $L(40, 24) = 1\ 650$,即当该企业生产的两种产品的产量分别为 40 单位和 24 单位时,利润最大,最大利润为 1 650 单位.

例 12(最佳投入) 设生产函数 $Q = 6K^{\frac{1}{3}} L^{\frac{1}{2}}$,其投入的投资 K 和劳动力 L 这两种要素的价格分别为 $P_K = 4, P_L = 3$,产品的价格为 $P = 2$,问使利润最大化的两种要素的投入水平和最大利润是多少?

解 依题意,利润函数
$$z(K, L) = R - C = PQ - (P_K K + P_L L) = 12K^{\frac{1}{3}} L^{\frac{1}{2}} - 4K - 3L.$$
由极值存在的必要条件有
$$\begin{cases} z_K = 4K^{-\frac{2}{3}} L^{\frac{1}{2}} - 4 = 0, \\ z_L = 6K^{\frac{1}{3}} L^{-\frac{1}{2}} - 3 = 0. \end{cases}$$
解方程组得 $K = 8, L = 16$.又
$$z_{KK} = -\frac{8}{3} K^{-\frac{5}{3}} L^{\frac{1}{2}}, z_{KL} = 2K^{-\frac{2}{3}} L^{-\frac{1}{2}}, z_{LL} = -3K^{\frac{1}{3}} L^{-\frac{3}{2}},$$
当 $K = 8, L = 16$ 时,
$$A = z_{KK} \big|_{(8,16)} = -\frac{1}{3}, B = z_{KL} \big|_{(8,16)} = \frac{1}{8}, C = z_{LL} \big|_{(8,16)} = -\frac{3}{32},$$
由于 $B^2 - AC = -\frac{1}{64} < 0$,且 $A < 0$,故当两种要素投入水平分别为 $K = 8, L = 16$ 时,利润函数取得极大值,也是最大值.此时,最大利润为 16.

2. 条件优化问题

例 13(最佳产量) 设某工厂生产 A 和 B 两种产品,产量(单位:千件)分别为 x 和 y,

利润(单位:万元)可表示为

$$L(x,y)=6x-x^2+16y-4y^2-2.$$

已知生产这两种产品时,每千件产品均需消耗某种原料 2 000 kg,现有该原料 5 000 kg,问两种产品各生产多少千件时,总利润最大? 最大总利润为多少?

解 考虑约束条件

$$2\ 000x+2\ 000y=5\ 000,$$

即 $x+y=2.5$.因此,问题是在 $x+y=2.5$ 的条件下求利润函数 $L(x,y)$ 的最大值.为此,设拉格朗日函数为

$$F(x,y,\lambda)=6x-x^2+16y-4y^2-2+\lambda(x+y-2.5),$$

有

$$\begin{cases} F_x=6-2x+\lambda=0, \\ F_y=16-8y+\lambda=0, \\ F_\lambda=x+y-2.5=0, \end{cases}$$

消去 λ 后,得等价方程组

$$\begin{cases} -x+4y=5, \\ x+y=2.5. \end{cases}$$

由此解得 $x_0=1$(千件),$y_0=1.5$(千件).依题意,最大总利润为 $L(1,1.5)=18$(万元).

例 14(最优广告投入) 某公司可通过电视及网络两种方式做销售某商品的广告.根据统计资料,销售收入(单位:万元)R 与电视广告费用 x_1(单位:万元)及网络广告费用(单位:万元)x_2 之间的关系有如下的经验公式:

$$R=15+14x_1+32x_2-8x_1x_2-2x_1^2-10x_2^2.$$

(1)在广告费用不限的情况下求最优广告策略;

(2)若提供的广告费用为 1.5 万元,求相应的最优广告策略.

解 (1)利润函数

$$\begin{aligned} L &=R-(x_1+x_2) \\ &=15+13x_1+31x_2-8x_1x_2-2x_1^2-10x_2^2. \end{aligned}$$

由

$$\begin{cases} \dfrac{\partial L}{\partial x_1}=-4x_1-8x_2+13=0, \\[2mm] \dfrac{\partial L}{\partial x_2}=-8x_1-20x_2+31=0, \end{cases}$$

解得 $x_1=0.75$(万元),$x_2=1.25$(万元).

又

$$A=\frac{\partial^2 L}{\partial x_1^2}=-4,B=\frac{\partial^2 L}{\partial x_1 \partial x_2}=-8,C=\frac{\partial^2 L}{\partial x_2^2}=-20,$$

$$B^2-AC=-16<0,\text{且 }A<0,$$

故点 $(0.75,1.25)$ 为极大值点,由问题的实际意义可知,它亦为最大值点,则此时最优广告策略是用 0.75 万元做电视广告,用 1.25 万元做网络广告.

（2）作拉格朗日函数
$$F(x_1, x_2, \lambda) = L(x_1, x_2) + \lambda(x_1 + x_2 - 1.5)$$
$$= 15 + 13x_1 + 31x_2 - 8x_1x_2 - 2x_1^2 - 10x_2^2 + \lambda(x_1 + x_2 - 1.5).$$

由

$$\begin{cases} \dfrac{\partial F}{\partial x_1} = 13 - 8x_2 - 4x_1 + \lambda = 0, \\[2mm] \dfrac{\partial F}{\partial x_2} = 31 - 8x_1 - 20x_2 + \lambda = 0, \\[2mm] x_1 + x_2 = 1.5, \end{cases}$$

解得 $x_1 = 0, x_2 = 1.5$，即将 1.5 万元广告费全部用于网络广告可使利润最大.

例 15（最高产量问题） 设生产函数和成本函数分别为

$$Q = f(K, L) = 8K^{\frac{1}{4}}L^{\frac{1}{2}}, \quad C = P_K K + P_L L = 2K + 4L.$$

求当预算成本 $C_0 = 72$ 时产量最高的投入组合及最高产量.

解 作拉格朗日函数

$$F(K, L) = 8K^{\frac{1}{4}}L^{\frac{1}{2}} + \lambda(72 - 2K - 4L),$$

解方程组

$$\begin{cases} F_K = 2K^{-\frac{3}{4}}L^{\frac{1}{2}} - 2\lambda = 0, \\[2mm] F_L = 4K^{\frac{1}{4}}L^{-\frac{1}{2}} - 4\lambda = 0, \\[2mm] 72 - 2K - 4L = 0, \end{cases}$$

可得 $K = 12, L = 12$，因为可能的极值点唯一，且实际问题存在最大值，故当 $K = 12, L = 12$ 时产量最高，最高产量

$$Q = 8(12)^{\frac{1}{4}} \times 12^{\frac{1}{2}} \approx 51.58.$$

例 16（最优批量问题） 甲、乙两种产品的年需要量分别为 6 000 件和 9 000 件，分批生产，每批生产准备费分别为 400 元和 600 元，每年每件产品的库存费为 0.15 元，设两种产品的销售都满足"一致需求、成批到货、不许缺货"的原则（此时平均库存量是批量的一半），若每批两种产品的总生产能力为 3 000 件，试确定最佳批量 Q_1 和 Q_2，以使生产准备费和库存费之和最小.

分析 这是以总费用函数（生产准备费和库存费之和）为目标函数，以每批两种产品的总生产能力 $Q_1 + Q_2 = 3\ 000$ 为约束条件的条件极值问题.

解 依题意，总费用函数为

$$E = \frac{400 \times 6\ 000}{Q_1} + \frac{0.15Q_1}{2} + \frac{600 \times 9\ 000}{Q_2} + \frac{0.15Q_2}{2}.$$

作拉格朗日函数

$$F(Q_1, Q_2, \lambda) = \frac{400 \times 6\ 000}{Q_1} + \frac{0.15Q_1}{2} + \frac{600 \times 9\ 000}{Q_2} + \frac{0.15Q_2}{2} + \lambda(3\ 000 - Q_1 - Q_2).$$

由方程组

$$\begin{cases} F_{Q_1} = -\dfrac{400 \times 6\,000}{Q_1^2} + \dfrac{0.15}{2} - \lambda = 0, \\[3mm] F_{Q_2} = -\dfrac{600 \times 9\,000}{Q_2^2} + \dfrac{0.15}{2} - \lambda = 0, \\[3mm] 3\,000 - Q_1 - Q_2 = 0, \end{cases}$$

解得 $Q_1 = 1\,200$，$Q_2 = 1\,800$ 为可能的极值点且唯一.

由实际意义可知，当批量 $Q_1 = 1\,200$ 件，$Q_2 = 1\,800$ 件时，总费用最小.

例 17（最大效用问题） 某同学计划用 50 元购买文件袋和铅笔两种商品，假设购买 x 个文件袋和 y 支铅笔的效用函数为

$$U(x,y) = 3\ln x + \ln y.$$

已知文件袋的单价是 6 元，铅笔的单价是 4 元，请你为这位同学做一种安排，如何购买才能使这两种商品的效用最大？

解 这是一个条件优化问题：在预算的约束条件 $6x + 4y = 50$ 下，求效用函数 $U(x,y) = 3\ln x + \ln y$ 的最大值.

作拉格朗日函数 $L(x,y) = 3\ln x + \ln y + \lambda(6x + 4y - 50)$，解方程组

$$\begin{cases} L_x = \dfrac{3}{x} + 6\lambda = 0, \\[3mm] L_y = \dfrac{1}{y} + 4\lambda = 0, \\[3mm] 6x + 4y - 50 = 0, \end{cases}$$

得 $x = \dfrac{25}{4} = 6.25$，$y = \dfrac{25}{8} = 3.125$.

根据实际意义，这位同学只要购买 6 个文件袋，3 支铅笔，所需费用不超过 50 元，就可使效用最大.

*四、最小二乘法

对经济问题进行定量分析时，常常要探讨一些经济变量之间的定量关系，并将这种定量关系用于经济预测和决策.通常，经济变量之间的定量关系是在大量调查研究或掌握充分历史数据的基础上总结出来的经验公式，如线性经验公式.最小二乘法是利用多元函数极值理论构造线性经验公式的一种有效方法.下面对因变量线性依赖于一个自变量的简单情形介绍用最小二乘法构造线性经验公式的基本思想.

假设变量 x, y 之间存在一定关系，对它们进行 n 次测量（统计或调查），得到 n 组数据：

$$(x_1, y_1), (x_2, y_2), \cdots, (x_n, y_n).$$

将这 n 组数据看作直角坐标系 xOy 中的 n 个点

$$A_i(x_i, y_i), \quad i = 1, 2, \cdots, n,$$

并将它们画在坐标平面上，如图 10-21 所示，并称为**散点图**.若这些散点大致呈直线分布，则认为 x 与 y 之间存在线性关系.设 x 与 y 之间的方程为

$$y = ax + b,$$

其中 a, b 为待定参数.

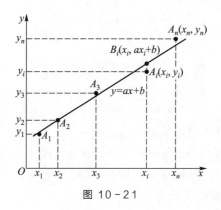

图 10-21

设在直线 $y=ax+b$ 上与点 $A_i(i=1,2,\cdots,n)$ 横坐标 x_i 相同的点为 B_i，即

$$B_i(x_i,ax_i+b),i=1,2,\cdots,n,$$

则 A_i 与 B_i 的距离为

$$d_i=\left|ax_i+b-y_i\right|,i=1,2,\cdots,n,$$

称 d_i 为实测值与估计值间的**误差**.现在要求一组参数 a 和 b，使误差平方和

$$S=\sum_{i=1}^{n}\left(ax_i+b-y_i\right)^2$$

最小.这种方法称为**最小二乘法**.

因 S 是 a 与 b 的二元函数，故由极值的必要条件有

$$\frac{\partial S}{\partial a}=2\sum_{i=1}^{n}\left(ax_i+b-y_i\right)x_i=0,$$

$$\frac{\partial S}{\partial b}=2\sum_{i=1}^{n}\left(ax_i+b-y_i\right)=0.$$

由此得关于 a 和 b 的线性方程组

$$\begin{cases}\left(\sum_{i=1}^{n}x_i^2\right)a+\left(\sum_{i=1}^{n}x_i\right)b=\sum_{i=1}^{n}x_iy_i,\\[2mm]\left(\sum_{i=1}^{n}x_i\right)a+nb=\sum_{i=1}^{n}y_i,\end{cases}$$

称为**最小二乘法标准方程组**，记此方程组的解为 $\hat{a}$ 和 $\hat{b}$，则有

$$\hat{a}=\frac{\sum\limits_{i=1}^{n}x_iy_i-n\bar{x}\bar{y}}{\sum\limits_{i=1}^{n}x_i^2-n\bar{x}^2},\quad\hat{b}=\bar{y}-\hat{a}\bar{x},$$

其中

$$\bar{x}=\frac{1}{n}\sum_{i=1}^{n}x_i,\bar{y}=\frac{1}{n}\sum_{i=1}^{n}y_i.$$

于是，变量 x 和 y 之间的经验公式为

$$y=\hat{a}x+\hat{b}.$$

例 18 某地区通过抽样调查,收集到人均收入 x(单位:千元)和平均每百户拥有某种电器的台数 y 的统计资料,如表 10-1 所示.试利用表 10-1 中的数据,建立 x 与 y 之间的线性关系式.

表 10-1

x_i/千元	y_i/台	x_i^2	y_i^2	$x_i y_i$
1.5	4.8	2.25	23.04	7.20
1.8	5.7	3.24	32.49	10.26
2.4	7.0	5.76	49.00	16.80
3.0	8.3	9.00	68.89	24.90
3.5	10.9	12.25	118.81	38.15
3.9	12.4	15.21	153.76	48.36
4.4	13.1	19.36	171.61	57.64
4.8	13.6	23.04	184.96	65.28
5.0	15.3	25.00	234.09	76.50

解 $x_i^2, y_i^2, x_i y_i (i = 1, 2, \cdots, 9)$ 的计算结果列于表中后三列,由表 10-1 可直接计算得

$$\bar{x} = \frac{1}{9} \sum_{i=1}^{9} x_i \approx 3.366\ 7, \quad \bar{y} = \frac{1}{9} \sum_{i=1}^{9} y_i \approx 10.122\ 2,$$

$$\sum_{i=1}^{9} x_i^2 = 115.11, \quad \sum_{i=1}^{9} x_i y_i = 345.09.$$

于是由 $\hat{a}$ 和 $\hat{b}$ 的公式,有

$$\hat{a} = \frac{9 \times 345.09 - 30.3 \times 91.1}{9 \times 115.11 - 30.3 \times 30.3} \approx 2.930\ 3,$$

$$\hat{b} = 10.122\ 2 - 2.930\ 3 \times 3.366\ 7 \approx 0.256\ 8.$$

于是,求得 x 与 y 之间的线性关系式为

$$y = 2.930\ 3x + 0.256\ 8.$$

💻 **习题 10-7**

1. 求下列函数的极值:

(1) $f(x, y) = x^3 + y^3 - 3xy$; (2) $f(x, y) = x^3 - y^3 + 3x^2 + 3y^2 - 9x$;

(3) $f(x, y) = 4(x - y) - x^2 - y^2$; (4) $f(x, y) = (x^2 + y^2) \mathrm{e}^{-(x^2 + y^2)}$.

2. 求函数 $z = x^2 + y^2 - x - y$ 在 $\{(x, y) \mid x^2 + y^2 \leqslant 1\}$ 内的最值.

3. 求目标函数 $u = x - 2y + 2z$ 在约束条件 $x^2 + y^2 + z^2 = 1$ 下的极值.

4. 在曲线 $L: \begin{cases} x^2 + y^2 + z^2 = 4, \\ x + y + z = 3 \end{cases}$ 上求点 (x, y, z),使得三元函数 $w = xyz$ 取得最值.

5. 设某工厂生产 A 和 B 两种产品,产量(单位:千件)分别为 x 和 y,利润(单位:万元)可表示为函数 $L(x, y) = 6x - x^2 + 16y - 4y^2 - 2$.已知生产这两种产品时,每千件产品均需消耗某种原料 2 000 kg,现有该原料 12 000 kg,问两种产品各生产多少时,总利润最大?最大总利润为多少?

6. 假设某企业在两个相互分割的市场上出售同一种产品,两个市场的需求函数分别是 $p_1=18-2q_1,p_2=12-q_2$,其中 p_1 和 p_2 分别表示该产品在两个市场的价格(单位:万元/t),q_1 和 q_2 分别表示该产品在两个市场的销售量(即需求量,单位:10^4t),并且该企业生产这种产品的总成本函数是 $C=2q+5$,其中 q 表示该产品在两个市场的销售总量,即 $q=q_1+q_2$.

(1)如果该企业实行价格差别策略,试确定两个市场上该产品的销售量和价格,使该企业获得最大利润;

(2)如果该企业实行价格无差别策略,试确定两个市场上该产品的销售量及其统一的价格,使该企业的总利润最大化;并比较两种价格策略下的总利润大小.

7. 设生产某种产品需要投入两种要素,x_1 和 x_2 分别为两要素的投入量,Q 为产出量;若生产函数为 $Q=2x_1^\alpha x_2^\beta$,其中 α,β 为正常数,且 $\alpha+\beta=1$,假设两种要素的价格分别为 p_1 和 p_2.试问:当产出量为 12 时,两要素各投入多少可以使得投入总费用最小.

8. 设某公司销售两种商品,两种商品的需求量 x 与 y 是由商品的价格 P_1 与 P_2 确定的,需求函数为

$$x=40-2p_1+p_2,y=25+p_1-p_2.$$

假设公司生产两种商品 x 单位与 y 单位的成本为

$$C(x,y)=x^2+xy+y^2.$$

(1)写出 p_1,p_2 关于 x,y 的需求函数;

(2)求关于 x,y 的收益函数 $R(x,y)=xp_1+yp_2$;

(3)求关于 x,y 的利润函数 $L(x,y)$;

(4)求利润最大时的产量水平及最大利润.

9. 某消费者有 600 元用于购买两种商品,商品 I 的单价为 20 元,商品 II 的单价为 30 元,假设消费者购买商品 I x 单位、商品 II y 单位的效用是由柯布-道格拉斯效用函数 $U(x,y)=10x^{0.6}y^{0.4}$ 确定的,试问购买两种商品各多少时消费者可获最大效用?

10. 设生产函数与成本函数分别为

$$Q=K^{\frac{1}{2}}L,C=0.5K+9L.$$

若产量 $Q_0=24$,试确定最低成本的投入组合及最低成本.

11. 设某工厂生产甲产品数量(单位:t)S 与所用两种原料 A、B 的数量(单位:t)x,y 间的关系式为 $S(x,y)=0.005x^2y$,现准备向银行贷款 150 万元购买原料,已知原料 A、B 每吨单价分别为 1 万元和 2 万元,问怎样购进两种原料,才能使生产的数量最多?

总习题十

1. 选择题:

(1)下列极限<u>不存在</u>的是(   ).

A. $\displaystyle\lim_{(x,y)\to(0,0)}\frac{xy}{x^2+y^2}$ B. $\displaystyle\lim_{(x,y)\to(0,0)}\frac{xy^2}{x^2+y^2}$

C. $\lim\limits_{(x,y)\to(0,0)}\dfrac{x^2y}{x^2+y^2}$ D. $\lim\limits_{(x,y)\to(0,0)}xy\cdot\sin\dfrac{1}{x^2+y^2}$

（2）设函数 $f(x,y)=\begin{cases}\dfrac{2xy}{x^2+y^2}, & (x,y)\neq(0,0),\\ 0, & (x,y)=(0,0),\end{cases}$ 则 $f(x,y)$ 在 $(0,0)$ 点处（   ）.

A. 连续且可微

B. 不连续且不可微

C. 不连续但可微

D. 不可微但连续

（3）设函数 $f(x,y)=|xy|$，则 $f(x,y)$ 在点 $(0,0)$ 处的两个偏导数（   ）.

A. 都存在   B. 都不存在   C. 不都存在   D. 无法判定

（4）设函数 $z=f(x,y)$ 由方程 $F(x,y,z)=0$ 确定，且 $F_x=1,F_y=2,\dfrac{\partial z}{\partial x}=3$，则 $\dfrac{\partial z}{\partial y}=$

（   ）.

A. $\dfrac{2}{3}$ B. $-\dfrac{2}{3}$ C. 6   D. -6

（5）"函数 $f(x,y)$ 在点 $P_0(x_0,y_0)$ 处的两个偏导数存在且连续"是"函数 $f(x,y)$ 在点 $P_0(x_0,y_0)$ 处可微"的（   ）条件.

A. 既非充分又非必要

B. 必要但非充分

C. 充分必要

D. 充分但非必要

（6）函数 $z=f(x,y)$ 在点 $M(x_0,y_0)$ 处偏导数存在，则在该点处一定（   ）.

A. 有定义

B. 极限存在

C. 连续

D. 可微

（7）设函数 $f(x,y)=xy$，则点 $(0,0)$（   ）.

A. 不是驻点

B. 是驻点但不是极值点

C. 是驻点且是极大值点

D. 是驻点且是极小值点

（8）设某商品的需求函数为 $Q_1=\dfrac{1}{200}p_1^{-\frac{3}{8}}p_2^{-\frac{2}{5}}y^{\frac{5}{2}}$，其中 p_1 是该商品的价格，p_2 是相关商品的价格，Y 是收入，则需求量 Q_1 的收入偏弹性为（   ）.

A. 0.5   B. 1.5   C. 2.5   D. 5

2. 填空题：

（1）函数 $z=\arcsin\sqrt{x^2+y^2}$ 的定义域为_____；

函数 $z=\ln(1-|x|-|y|)$ 的定义域为_____；

函数 $z = \dfrac{1}{(x^2+y^2)\sqrt{1-(x^2+y^2)}}$ 的定义域为_____.

（2）设函数 $f(x,y)$ 在点 (a,b) 处的偏导数存在，则极限 $\lim\limits_{x \to 0} \dfrac{f(a+x,b)-f(a-x,b)}{x}$ =_____.

（3）设函数 $f(x,y)$ 有一阶连续偏导数，现已知 $f(0,0)=0$ 且 $\mathrm{d}f(x,y)=y\mathrm{e}^y\mathrm{d}x + x(1+y)\mathrm{e}^y\mathrm{d}y$，则 $f(x,y)=$_____.

（4）设函数 $f(x,y)=2x^2+ax+xy^2+2y$ 在点 $(1,-1)$ 取得极值，则常数 $a=$_____.

（5）设函数 $z=\ln\sqrt{x^2+y^2}$，则 $\left(\dfrac{\partial z}{\partial x}\right)^2+\left(\dfrac{\partial z}{\partial y}\right)^2=$_____.

（6）设函数 $z=(x^2-2x)(y^2-2y)$，则 $\mathrm{d}z\big|_{(3,3)}=$_____.

3. 设 $z=(y-x)^{y-x}$，求 $\dfrac{\partial z}{\partial x}$ 及 $\dfrac{\partial z}{\partial y}$.

4. 设 $f(x,y)=\begin{cases} y\sin\dfrac{1}{x^2+y^2}, & x^2+y^2 \neq 0, \\ 0, & x^2+y^2=0, \end{cases}$ 求偏导数 $\dfrac{\partial f}{\partial x}$.

5. 设函数 $z=xyf(xy,xy)$，其中 f 具有二阶连续偏导数，求 $\dfrac{\partial z}{\partial x}$ 及 $\dfrac{\partial^2 z}{\partial x^2}$.

6. 设 $z=\dfrac{1}{x}f(xy,y)+\varphi(x^2+y^2)$，$f$ 具有二阶连续偏导数，$\varphi(u)$ 二阶可导，求 $\dfrac{\partial^2 z}{\partial x\partial y}$.

7. 设可微函数 $f(u,v)$ 满足 $f(\mathrm{e}^{xy},x+y)=x^3+y^3$，求 $\dfrac{\partial f(u,v)}{\partial u}$ 和 $\dfrac{\partial^2 f(u,v)}{\partial u^2}$.

8. 设函数 $z=f(x,y)$ 由方程 $x+y-z=x\mathrm{e}^{z-y-x}$ 确定，求 $\dfrac{\partial z}{\partial x}$，$\dfrac{\partial^2 z}{\partial x\partial y}$.

9. 设函数 $u=x^2+y^2+z^2$，其中 $z=f(x,y)$ 是由方程 $x^3+y^3+z^3=3xyz$ 确定的隐函数，求 $\dfrac{\partial u}{\partial x}$ 及 $\dfrac{\partial u}{\partial x}\bigg|_{\substack{x=1 \\ y=0}}$.

10. 已知由方程 $\sin^2 x+\sin^2 y+\sin^2 z=1$ 确定了函数 $z=f(x,y)$，求 $\mathrm{d}z$.

11. 求函数 $f(x,y)=x\mathrm{e}^{-\frac{x^2+y^2}{2}}$ 的极值.

12. 已知点 $(1,1)$ 是函数 $f(x,y)=x^k+y^k-x^2-2xy-y^2$ 的一个驻点，其中 k 为常数.

（1）确定常数 k；

（2）求该函数的极值点与极值.

13. 求原点到椭圆 $5x^2+6xy+5y^2-8=0$ 的最短距离与最长距离.

14. 生产两种机床，数量分别为 Q_1 和 Q_2，总成本函数为 $C=Q_1^2+2Q_2^2-Q_1Q_2$，若两种机床的总产量为 8 台，要使成本最低，两种机床各生产多少台？

15. 设某工厂生产 A、B 两种产品，产量（单位：千件）分别是 x 和 y，利润（单位：万元）可表示为函数

$$L(x,y)=6x-x^2+16y-4y^2-2.$$

已知生产这两种产品时,每千件产品均需消耗某种原料 2 000 kg.

（1）若该种原料是充足的,问两种产品各生产多少时,总利润最大?

（2）现有该原料 6 000 kg,此时两种产品各生产多少时,总利润最大?

16. 厂家生产的一种产品同时在两个市场销售,售价分别为 p_1 和 p_2,销售量分别为 Q_1 和 Q_2,需求函数分别为 $Q_1 = 24 - 0.2p_1$ 和 $Q_2 = 10 - 0.05p_2$,总成本函数为 $C = 35 + 40(Q_1 + Q_2)$,试问:

（1）厂家如何确定市场的售价,才能使其获得的利润最大? 最大利润为多少?

（2）当成本预算为 315 时,厂家应如何确定市场的售价,才能使其获得的利润最大? 此时的最大利润为多少?

第十章
习题参考
答案与提示

第十一章　二重积分及其应用

一元函数的定积分是从解决某些量的累加问题中抽象出来的数学概念,其本质为某种确定形式的和式的极限,在几何、经济、物理等领域中定积分都有着广泛的应用.现在我们要将这种特定和式的极限进行两方面的推广:一、将被积函数由一元函数推广到二元或二元以上的多元函数;二、将积分变量的变化范围由数轴上的区间推广为平面或空间中的区域,由此便可得到多元函数的重积分.

本章主要研究二重积分(即二元函数的积分)的概念、性质、在不同坐标系下的计算方法及二重积分在经济学中的应用.相关定义方式、性质与计算的思路可进一步推广到对三元函数的积分上.

§11.1　二重积分的概念与性质

一、二重积分的概念

类似于一元函数的定积分,我们从一个几何问题直观地抽象出二重积分的概念.

引例　求曲顶柱体的体积

设函数 $z=f(x,y)$ 在有界闭区域 D 上非负且连续.所谓**曲顶柱体**是指以区域 D 为底,以曲面 $z=f(x,y)$ 为顶,以 D 的边界曲线为准线而母线平行于 z 轴的柱面所围成的柱体,如图 11-1 所示.

若曲顶柱体的顶是一张平行于 xOy 平面的平面,则此立体为平顶柱体.对于此类柱体,我们已知其体积公式为

平顶柱体体积=底面积×高.

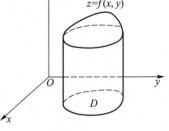

图 11-1

但对于一般的曲顶柱体,由于其高度 $f(x,y)$ 是随着点 (x,y) 在区域 D 中的不同位置而发生变化的,所以不能直接利用上述平顶柱体的体积公式计算其体积.不难发现,这与我们计算曲边梯形面积时遇到的问题类似.因此,可仿照曲边梯形面积的求解方法计算曲顶柱体的体积.过程如下:

第一步:分割.用任意一组网状曲线将有界闭区域 D 分割为 n 个小闭区域 $\Delta\sigma_1$,$\Delta\sigma_2,\cdots,\Delta\sigma_n$,并以 $\Delta\sigma_i$ 表示第 i 个小闭区域的面积($i=1,2,\cdots,n$),如图 11-2 所示.以这些小闭区域的边界曲线为准线,作母线平行于 z 轴的柱面,相应地将原曲顶柱体分割成 n 个小曲顶柱体.用 d_i 表示第 i 个小闭区域上任意两点间距离的最大值,称 d_i 为第 i 个小闭

区域的**直径**$(i=1,2,\cdots,n)$,并记
$$d=\max\{d_1,d_2,\cdots,d_n\}.$$

第二步:局部近似.当分割很细密,使每个小闭区域的直径 d_i 均充分小时,因函数 $f(x,y)$ 连续,在同一小闭区域内,柱体高度 $f(x,y)$ 变化很小,故可将每个小曲顶柱体近似地看成小平顶柱体.这时,在第 i 个小闭区域内任取一点 (ξ_i,η_i)(如图 11-2),并以 $f(\xi_i,\eta_i)$ 表示第 i 个小平顶柱体的高,则第 i 个小曲顶柱体的体积 ΔV_i 可近似地表示为

图 11-2

$$\Delta V_i\approx f(\xi_i,\eta_i)\Delta\sigma_i,\quad i=1,2,\cdots,n.$$

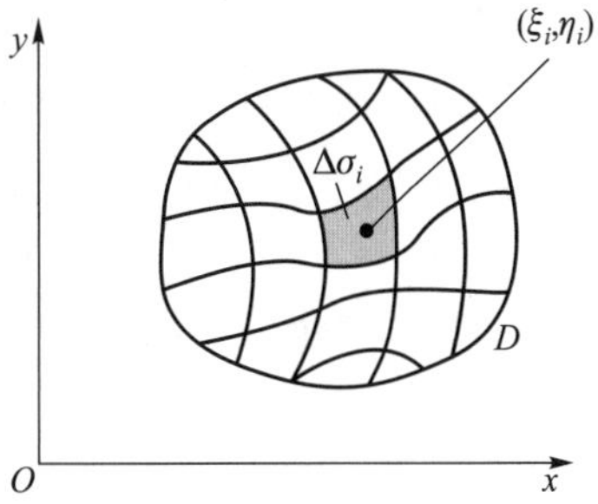

第三步:整体近似.将所有小曲顶柱体体积的近似值相加,得到整个曲顶柱体体积 V 的近似值:

$$V=\sum_{i=1}^{n}\Delta V_i\approx\sum_{i=1}^{n}f(\xi_i,\eta_i)\Delta\sigma_i$$

第四步:取极限.当区域 D 的分割充分细密,即 $d\to0$ 时,上述和式将无限接近于曲顶柱体的体积 V,即有

$$V=\lim_{d\to0}\sum_{i=1}^{n}f(\xi_i,\eta_i)\Delta\sigma_i.$$

上述求曲顶柱体体积的方法,通过分割→局部近似→整体近似→取极限,将问题化为求和式的极限

$$\lim_{d\to0}\sum_{i=1}^{n}f(\xi_i,\eta_i)\Delta\sigma_i.$$

将这一思想加以抽象推广,可引入二重积分的概念.

定义 1 设 $f(x,y)$ 是定义在有界闭区域 D 上的二元函数.将 D 任意分割为 n 个小闭区域 $\Delta\sigma_1,\Delta\sigma_2,\cdots,\Delta\sigma_n$,并以 $\Delta\sigma_i$ 和 d_i 分别表示第 i 个小闭区域的面积和直径,记 $d=\max\{d_1,d_2,\cdots,d_n\}$.在每个小闭区域 $\Delta\sigma_i$ 上任取一点 $(\xi_i,\eta_i)(i=1,2,\cdots,n)$,构造和式 $\sum_{i=1}^{n}f(\xi_i,\eta_i)\Delta\sigma_i.$ 当 $d\to0$ 时,若极限

$$\lim_{d\to0}\sum_{i=1}^{n}f(\xi_i,\eta_i)\Delta\sigma_i$$

存在,且与闭区域 D 的分法及点 (ξ_i,η_i) 的取法无关,则称函数 $f(x,y)$ 在有界闭区域 D 上**可积**,并称上述极限为函数 $f(x,y)$ 在区域 D 上的**二重积分**,记为 $\iint\limits_{D}f(x,y)\mathrm{d}\sigma$,即

$$\iint\limits_{D}f(x,y)\mathrm{d}\sigma=\lim_{d\to0}\sum_{i=1}^{n}f(\xi_i,\eta_i)\Delta\sigma_i.$$

其中 $f(x,y)$ 称为**被积函数**,x,y 称为**积分变量**,$\mathrm{d}\sigma$ 称为**面积元素**,D 称为**积分区域**,$\sum_{i=1}^{n}f(\xi_i,\eta_i)\Delta\sigma_i$ 称为**积分和**.

二元函数 $f(x,y)$ 的可积性质有着与一元函数类似的结论.

定理 1 若函数 $f(x,y)$ 在有界闭区域 D 上可积,则 $f(x,y)$ 在 D 上有界.

定理 2 若函数 $f(x,y)$ 在有界闭区域 D 上连续,则 $f(x,y)$ 在 D 上可积.

在几何上,当 $f(x,y) \geqslant 0$ 时,如前面引例所述,二重积分 $\iint\limits_{D} f(x,y) \mathrm{d}\sigma$ 的几何意义是以区域 D 为底、曲面 $z=f(x,y)$ 为顶的曲顶柱体的体积;当 $f(x,y)<0$ 时,所围成的曲顶柱体位于 xOy 平面下方,此时二重积分 $\iint\limits_{D} f(x,y) \mathrm{d}\sigma$ 是曲顶柱体体积的负值;当 $f(x,y)$ 在区域 D 的某些部分为正,其余部分为负时,二重积分 $\iint\limits_{D} f(x,y) \mathrm{d}\sigma$ 等于位于 xOy 平面上方的曲顶柱体体积减去 xOy 平面下方的曲顶柱体体积,即曲顶柱体体积的代数和.

二、二重积分的性质

由于二重积分与定积分的本质相同,故二重积分具有与定积分类似的性质.

以下假设二元函数 $f(x,y)$ 与 $g(x,y)$ 在有界闭区域 D 上均可积,则二重积分有下列性质.

性质 1(线性性质) 设 α,β 为常数,则
$$\iint\limits_{D} [\alpha f(x,y) + \beta g(x,y)] \mathrm{d}\sigma = \alpha \iint\limits_{D} f(x,y) \mathrm{d}\sigma + \beta \iint\limits_{D} f(x,y) \mathrm{d}\sigma.$$

性质 2(对积分区域的可加性) 若积分区域 D 被一条连续曲线分成 D_1 和 D_2 两个闭区域,则
$$\iint\limits_{D} f(x,y) \mathrm{d}\sigma = \iint\limits_{D_1} f(x,y) \mathrm{d}\sigma + \iint\limits_{D_2} f(x,y) \mathrm{d}\sigma.$$

该性质可推广到积分区域 D 被分成有限个闭区域的情形.

性质 3(比较性质) 若在区域 D 上,$f(x,y) \leqslant g(x,y)$ 恒成立,则
$$\iint\limits_{D} f(x,y) \mathrm{d}\sigma \leqslant \iint\limits_{D} g(x,y) \mathrm{d}\sigma.$$

特别地,若在区域 D 上,$f(x,y) \leqslant 0$(或 $f(x,y) \geqslant 0$)恒成立,则
$$\iint\limits_{D} f(x,y) \mathrm{d}\sigma \leqslant 0 \quad \left(或 \iint\limits_{D} f(x,y) \mathrm{d}\sigma \geqslant 0\right).$$

另外,由于 $-|f(x,y)| \leqslant f(x,y) \leqslant |f(x,y)|$,又有
$$\left| \iint\limits_{D} f(x,y) \mathrm{d}\sigma \right| \leqslant \iint\limits_{D} |f(x,y)| \mathrm{d}\sigma.$$

性质 4 若区域 D 的面积为 σ,且在 D 上 $f(x,y) \equiv 1$,则
$$\iint\limits_{D} 1 \mathrm{d}\sigma = \iint\limits_{D} \mathrm{d}\sigma = \sigma.$$

该性质的几何意义是很明显的,因为高为 1 的平顶柱体的体积在数值上就等于它的底面积.

性质 5(估值性质) 设 M 和 m 分别是函数 $f(x,y)$ 在闭区域 D 上的最大值和最小值,σ 为 D 的面积,则
$$m\sigma \leqslant \iint\limits_{D} f(x,y) \mathrm{d}\sigma \leqslant M\sigma.$$

证 在区域 D 上,因 $m \leq f(x, y) \leq M$,故由性质 3 知,

$$\iint\limits_{D} m \mathrm{d}\sigma \leq \iint\limits_{D} f(x, y) \mathrm{d}\sigma \leq \iint\limits_{D} M \mathrm{d}\sigma.$$

由于 M, m 均为常数,由性质 1 与性质 4 知,

$$\iint\limits_{D} m \mathrm{d}\sigma = m \iint\limits_{D} \mathrm{d}\sigma = m\sigma,$$

$$\iint\limits_{D} M \mathrm{d}\sigma = M \iint\limits_{D} \mathrm{d}\sigma = M\sigma.$$

于是,得估值不等式

$$m\sigma \leq \iint\limits_{D} f(x, y) \mathrm{d}\sigma \leq M\sigma.$$

性质 6(二重积分的中值定理)　若函数 $f(x, y)$ 在有界闭区域 D 上连续,则至少存在一点 $(\xi, \eta) \in D$,使得

$$\iint\limits_{D} f(x, y) \mathrm{d}\sigma = f(\xi, \eta) \cdot \sigma,$$

其中 σ 为区域 D 的面积.

证　因 $f(x, y)$ 在有界闭区域 D 上连续,故 $f(x, y)$ 在 D 上可取到最大值 M 和最小值 m.于是,对任意的 $(x, y) \in D$,有

$$m \leq f(x, y) \leq M.$$

由性质 5,

$$m\sigma \leq \iint\limits_{D} f(x, y) \mathrm{d}\sigma \leq M\sigma,$$

即有

$$m \leq \frac{1}{\sigma} \iint\limits_{D} f(x, y) \mathrm{d}\sigma \leq M.$$

由多元连续函数的介值定理可知,$f(x, y)$ 在 D 上必然可取得介于最大值 M 与最小值 m 之间的确定数值 $\dfrac{1}{\sigma} \iint\limits_{D} f(x, y) \mathrm{d}\sigma$,即至少存在一点 $(\xi, \eta) \in D$,使得

$$f(\xi, \eta) = \frac{1}{\sigma} \iint\limits_{D} f(x, y) \mathrm{d}\sigma.$$

于是,

$$\iint\limits_{D} f(x, y) \mathrm{d}\sigma = f(\xi, \eta) \cdot \sigma.$$

性质 6 中的数值 $\dfrac{1}{\sigma} \iint\limits_{D} f(x, y) \mathrm{d}\sigma$ 称为二元连续函数 $f(x, y)$ 在平面区域 D 上的**平均值**.

此中值定理的几何意义为:以曲面 $z = f(x, y)$ 为顶,区域 D 为底的曲顶柱体的体积等于以区域 D 上某一点 (ξ, η) 的函数值 $f(\xi, \eta)$ 为高的同底平顶柱体的体积.

例 1　比较积分 $\iint\limits_{D} \ln(x + 2y) \mathrm{d}\sigma$ 与 $\iint\limits_{D} [\ln(x + 2y)]^3 \mathrm{d}\sigma$ 的大小,其中区域 $D = \{(x, y) \mid 3 \leq x \leq 4, 0 \leq y \leq 1\}$.

解 在区域 D 上，$3 \leqslant x+2y \leqslant 6$，故 $\ln(x+2y)>1$. 于是
$$\ln(x+2y) \leqslant [\ln(x+2y)]^3.$$
由比较性质知，此时
$$\iint\limits_{D} \ln(x+2y) \mathrm{d}\sigma \leqslant \iint\limits_{D} [\ln(x+2y)]^3 \mathrm{d}\sigma.$$

例 2 估计积分 $I = \iint\limits_{D} \dfrac{1}{10+\sin^2 x+\sin^2 y} \mathrm{d}\sigma$ 的值，其中 $D = \{(x,y) \mid x^2+y^2 \leqslant 25\}$.

解 在区域 D 上，
$$\frac{1}{12} \leqslant \frac{1}{10+\sin^2 x+\sin^2 y} \leqslant \frac{1}{10},$$
且区域 D 的面积 $\sigma = 25\pi$. 由估值性质，有
$$\frac{25\pi}{12} \leqslant I \leqslant \frac{25\pi}{10} = \frac{5}{2}\pi.$$

🖥 习题 11-1

1. 利用二重积分的几何意义计算下列积分值：

(1) $\iint\limits_{D} 6\mathrm{d}\sigma, D = \{(x,y) \mid 4 \leqslant x^2+y^2 \leqslant 9\}$；

(2) $\iint\limits_{D} \mathrm{d}\sigma, D$ 由直线 $x+y=1, x-y=1$ 和 $x=0$ 所围成；

(3) $\iint\limits_{D} \sqrt{2x-x^2-y^2} \mathrm{d}\sigma, D = \{(x,y) \mid (x-1)^2+y^2 \leqslant 1\}$.

2. 比较下列积分的大小：

(1) $I_1 = \iint\limits_{D} (x+y)^3 \mathrm{d}\sigma, I_2 = \iint\limits_{D} [\ln(x+y)]^3 \mathrm{d}\sigma, D$ 由直线 $x=0, y=0, x+y=\dfrac{1}{4}$ 和 $x+y=1$ 所围成；

(2) $I_1 = \iint\limits_{x^2+y^2 \leqslant 1} \cos\sqrt{x^2+y^2} \mathrm{d}\sigma, I_2 = \iint\limits_{x^2+y^2 \leqslant 1} \cos(x^2+y^2) \mathrm{d}\sigma, I_3 = \iint\limits_{x^2+y^2 \leqslant 1} \cos(x^2+y^2)^2 \mathrm{d}\sigma$；

(3) $I_1 = \iint\limits_{|x|+|y| \leqslant 1} (x^2+y^2) \mathrm{d}\sigma, I_2 = \iint\limits_{|x|+|y| \leqslant 1} 2|xy| \mathrm{d}\sigma, I_3 = \iint\limits_{x^2+y^2 \leqslant 1} (x^2+y^2) \mathrm{d}\sigma$.

3. 估计下列积分的值：

(1) $I = \iint\limits_{D} \mathrm{e}^{\sqrt{1+x+y}} \mathrm{d}\sigma, D$ 为由直线 $x=0, y=0$ 与 $x+y=1$ 所围成的闭区域；

(2) $I = \iint\limits_{D} (x^2+4y^2+9) \mathrm{d}\sigma, D = \{(x,y) \mid x^2+y^2 \leqslant 4\}$；

(3) $I = \iint\limits_{D} (x+y) \mathrm{d}\sigma, D = \{(x,y) \mid (x-2)^2+(y-1)^2 \leqslant 2\}$.

4. 判断下列积分的符号：

(1) $\iint\limits_{|x| \leqslant 1, |y| \leqslant 1} (x+1) \mathrm{d}\sigma$；

$(2)\ \iint\limits_{x^2+y^2 \leqslant 1} (-x^2 - y^2)\,\mathrm{d}\sigma;$

$(3)\ \iint\limits_{D} \ln(x + y)\,\mathrm{d}\sigma,D$ 是由点 $(1,0),(1,1),(2,0)$ 围成的三角形闭区域.

5. 求函数 $z=\sqrt{R^2-x^2-y^2}$ 在区域 $D=\{(x,y)\mid x^2+y^2 \leqslant R^2\}$ 上的平均值.

§11.2　二重积分的计算

与定积分类似,采用定义的方式仅能计算出极少数简单二元函数在简单平面区域上的二重积分,而对于一般函数在普通区域上的二重积分,使用定义的方法进行运算是不可行的.本节我们介绍在两种不同坐标系下,将二重积分转化为两次定积分的计算方法.

一、 在直角坐标系下计算二重积分

根据定义,若二重积分 $\iint\limits_{D} f(x,y)\,\mathrm{d}\sigma$ 存在,则其数值仅与积分区域 D 的范围和被积函数 $f(x,y)$ 有关,而与对区域 D 的划分方法以及点 (ξ_i,η_i) 的取法无关.因此,当实际计算二重积分时,为了方便,常采用特殊的分割和选点方法.

在直角坐标系下,通常由两组分别平行于 x 轴与 y 轴的直线族划分积分区域 D,如图 11-3 所示.当此分割充分细密时,除包含 D 边界点的一些小区域外,其余小闭区域都是矩形,其面积为 $\Delta\sigma = \Delta x \cdot \Delta y$.因此,在直角坐标系下,面积元素通常被写成 $\mathrm{d}\sigma = \mathrm{d}x\mathrm{d}y$,称 $\mathrm{d}x\mathrm{d}y$ 为直角坐标系下的面积元素,且二重积分可被记作

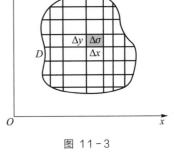

图 11-3

$$\iint\limits_{D} f(x,y)\,\mathrm{d}\sigma = \iint\limits_{D} f(x,y)\,\mathrm{d}x\mathrm{d}y.$$

下面借助几何方法讨论二重积分 $\iint\limits_{D} f(x,y)\,\mathrm{d}x\mathrm{d}y$ 的计算问题. 为了方便起见,不妨假设被积函数 $f(x,y)$ 在积分区域 D 上连续且 $f(x,y) \geqslant 0$.若有界闭区域 D 在 xOy 面上满足条件

$$D=\{(x,y)\ \big|\ a \leqslant x \leqslant b, \varphi_1(x) \leqslant y \leqslant \varphi_2(x)\},\tag{1}$$

其中 $\varphi_1(x),\varphi_2(x)$ 在区间 $[a,b]$ 上连续,则称 D 为 **X-型区域**（如图 11-4）.

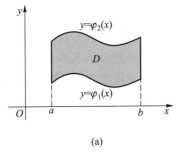

(a)

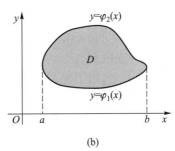

(b)

图 11-4

X-型区域 D 的特点如下：

（1）穿过区域 D 内部，任意垂直于 x 轴的直线与 D 的边界至多有两个交点；

（2）D 的上下边界曲线方程均为关于 x 的函数.

在 X-型区域 D 上，当二重积分 $\iint\limits_{D} f(x,y)\mathrm{d}x\mathrm{d}y$ 存在时，由二重积分的几何意义可知，

$\iint\limits_{D} f(x,y)\mathrm{d}x\mathrm{d}y$ 表示以 D 为底、以曲面 $z=f(x,y)$ 为顶的曲顶柱体的体积 V，如图 11-5 所示.该体积可通过"平行截面面积已知的立体体积"的计算方法，按下述过程进行求解.

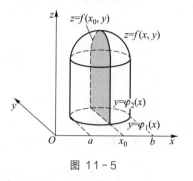

图 11-5

在区间 $[a,b]$ 上任取点 x_0，过点 $(x_0,0,0)$ 作垂直于 x 轴的平面 $x=x_0$，该平面与曲顶柱体相交，所得的截面是以区间 $[\varphi_1(x_0),\varphi_2(x_0)]$ 为底，曲线 $z=f(x_0,y)$ 为曲边的曲边梯形（图 11-5 中阴影部分）.根据定积分的几何意义可知，此曲边梯形的面积为

$$A(x_0) = \int_{\varphi_1(x_0)}^{\varphi_2(x_0)} f(x_0,y)\,\mathrm{d}y.$$

由 x_0 的任意性可知，对区间 $[a,b]$ 上的任一点 x，过点 $(x,0,0)$ 作垂直于 x 轴的平面，该平面与曲顶柱体相交所得截面的面积为

$$A(x) = \int_{\varphi_1(x)}^{\varphi_2(x)} f(x,y)\,\mathrm{d}y,$$

其中 y 为积分变量，x 在积分过程中视为常数.所得截面面积 $A(x)$ 是关于 x 的函数.

当平行截面面积 $A(x)$ 为 x 的已知函数时，由定积分的几何应用可知，所求曲顶柱体的体积为

$$V = \int_a^b A(x)\,\mathrm{d}x = \int_a^b \left[\int_{\varphi_1(x)}^{\varphi_2(x)} f(x,y)\,\mathrm{d}y \right]\mathrm{d}x,$$

这一结果便是所求二重积分的值.

抛开几何意义，即得 X-型区域上二重积分的计算公式：

$$\iint\limits_{D} f(x,y)\mathrm{d}x\mathrm{d}y = \int_a^b \left[\int_{\varphi_1(x)}^{\varphi_2(x)} f(x,y)\,\mathrm{d}y \right]\mathrm{d}x, \tag{2}$$

其中积分区域 $D = \{(x,y) \mid a \leqslant x \leqslant b, \varphi_1(x) \leqslant y \leqslant \varphi_2(x)\}$.通常将（2）式写成

$$\iint\limits_{D} f(x,y)\mathrm{d}x\mathrm{d}y = \int_a^b \mathrm{d}x \int_{\varphi_1(x)}^{\varphi_2(x)} f(x,y)\,\mathrm{d}y, \tag{3}$$

（3）式右端的积分称为先对 y 后对 x 的**二次积分**或**累次积分**.（3）式将计算二重积分的问题化为连续两次求定积分的问题.第一次积分把 x 看作常量，将函数 $f(x,y)$ 视为以 y 为变量的一元函数，并在区间 $[\varphi_1(x),\varphi_2(x)]$ 上对 y 求定积分（积分上下限是 x 的函数），首次积分的结果与 x 有关；第二次积分是在区间 $[a,b]$ 上对 x 求定积分（积分上下限均为常数），最终得到二重积分对应的数值.

类似地，若有界闭区域 D 满足条件

$$D = \left\{(x,y) \,\middle|\, \psi_1(y) \leqslant x \leqslant \psi_2(y), c \leqslant y \leqslant d \right\}, \tag{4}$$

其中 $\psi_1(y), \psi_2(y)$ 在区间 $[c, d]$ 上连续, 则称 D 为 Y-型区域 (如图 11-6).

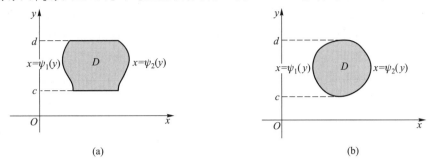

图 11-6

Y-型区域 D 的特点如下:

（1）穿过区域 D 内部, 任意垂直于 y 轴的直线与 D 的边界至多有两个交点;

（2）D 的左右边界曲线方程均为关于 y 的函数.

当积分区域 D 为 Y-型区域时, 仿照（2）式的推导, 可将二重积分化为二次积分:

$$\iint\limits_{D} f(x, y) \mathrm{d}x\mathrm{d}y = \int_{c}^{d} \Big[\int_{\psi_1(y)}^{\psi_2(y)} f(x, y) \mathrm{d}x \Big] \mathrm{d}y$$
$$= \int_{c}^{d} \mathrm{d}y \int_{\psi_1(y)}^{\psi_2(y)} f(x, y) \mathrm{d}x, \tag{5}$$

其中 $D = \{(x, y) \mid \psi_1(y) \leqslant x \leqslant \psi_2(y), c \leqslant y \leqslant d\}$, 称（5）式右端的积分为**先对 x 后对 y 的二次积分**.

（3）式与（5）式是我们在直角坐标系下计算二重积分的公式. 在推导时, 虽假定 $f(x, y) \geqslant 0$, 但可以证明, 对于一般的可积函数 $f(x, y)$, 这两个公式仍然成立.

在计算过程中, 化二重积分为二次积分的关键是确定积分限, 而积分限是由积分区域 D 的几何形状决定的, 因此, 解题时应先画出 D 的简图. 如果区域 D 是 X-型区域或 Y-型区域, 那么可用"投影穿线法"来确定积分限: 先将区域 D 的图形向 x 轴（或 y 轴）上作投影, 得区间 $[a, b]$（或 $[c, d]$）; 再过区间 $[a, b]$（或 $[c, d]$）内任一点 x（或 y）作 x 轴（或 y 轴）的垂线与区域 D 的边界相交, 由下至上（或由左至右）的交点分别为 $\varphi_1(x), \varphi_2(x)$（或 $\psi_1(y), \psi_2(y)$）. 这样就得到了（3）式或（5）式中所对应的积分限.

如果积分区域 D 既是 X-型区域, 又是 Y-型区域, 那么可由两种不同次序的二次积分计算二重积分, 即

$$\iint\limits_{D} f(x, y) \mathrm{d}x\mathrm{d}y = \int_{a}^{b} \mathrm{d}x \int_{\varphi_1(x)}^{\varphi_2(x)} f(x, y) \mathrm{d}y$$
$$= \int_{c}^{d} \mathrm{d}y \int_{\psi_1(y)}^{\psi_2(y)} f(x, y) \mathrm{d}x.$$

比如当 $D = \{(x, y) \mid a \leqslant x \leqslant b, c \leqslant y \leqslant d\}$ 为矩形区域时, 二重积分可化为先对 y 后对 x 的二次积分, 或者先对 x 后对 y 的二次积分

$$\iint\limits_{D} f(x, y) \mathrm{d}x\mathrm{d}y = \int_{a}^{b} \mathrm{d}x \int_{c}^{d} f(x, y) \mathrm{d}y$$
$$= \int_{c}^{d} \mathrm{d}y \int_{a}^{b} f(x, y) \mathrm{d}x.$$

理论上,将二重积分化为两种不同次序的二次积分,积分结果是一样的.但实际计算时,积分次序的不同可能影响计算的繁简,甚至影响是否能积出结果.因此,化二重积分为二次积分时,应根据积分区域 D 的形状与被积函数 $f(x,y)$ 的特点,恰当地选择积分的先后次序,必要时可交换积分次序.注意,交换积分次序时,积分限也应相应地变化.

若积分区域 D 既不是 X-型区域,又不是 Y-型区域(如图 11-7),则应先将 D 分成若干个无公共内点的小区域之并集,且保证每个小区域都是标准的 X-型区域或 Y-型区域,然后利用二重积分对积分区域的可加性进行计算.例如,可将图 11-7 中的区域 D 分解成三个 X-型区域 D_1、D_2、D_3,在 D_i 上由公式(3)计算二重积分($i=1,2,3$),再将三部分积分结果相加即得 D 上的二重积分.

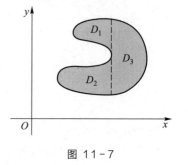

图 11-7

例 1 计算二重积分 $\iint\limits_{D} xy \mathrm{d}x\mathrm{d}y$,其中 D 是由抛物线 $y^2=8x$ 与 $x^2=y$ 所围成的闭区域.

解 积分区域 D 如图 11-8 所示,它既是 X-型区域,又是 Y-型区域.下面利用两种不同次序的二次积分进行计算.

方法 1 将 D 看成 X-型区域时,D 可表示为
$$D=\{(x,y)\mid 0\leqslant x\leqslant 2,x^2\leqslant y\leqslant\sqrt{8x}\}.$$
由(3)式,先对 y 积分,后对 x 积分,得

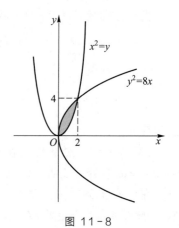

图 11-8

$$\iint\limits_{D} xy \mathrm{d}x\mathrm{d}y=\int_0^2\mathrm{d}x\int_{x^2}^{\sqrt{8x}} xy\mathrm{d}y=\int_0^2\left(x\cdot\frac{y^2}{2}\right)\Bigg|_{x^2}^{\sqrt{8x}}\mathrm{d}x$$
$$=\int_0^2\left(4x^2-\frac{x^5}{2}\right)\mathrm{d}x$$
$$=\left(\frac{4}{3}x^3-\frac{1}{12}x^6\right)\Bigg|_0^2=\frac{16}{3}.$$

方法 2 将 D 看成 Y-型区域时,D 可表示为
$$D=\left\{(x,y)\,\Big|\,0\leqslant y\leqslant 4,\frac{1}{8}y^2\leqslant x\leqslant\sqrt{y}\right\}.$$
由(5)式,先对 x 积分,后对 y 积分,得

$$\iint\limits_{D} xy\mathrm{d}x\mathrm{d}y=\int_0^4\mathrm{d}y\int_{\frac{1}{8}y^2}^{\sqrt{y}} xy\mathrm{d}x=\int_0^4\left(\frac{x^2}{2}\cdot y\right)\Bigg|_{\frac{1}{8}y^2}^{\sqrt{y}}\mathrm{d}y$$
$$=\int_0^4\left(\frac{y^2}{2}-\frac{1}{128}y^5\right)\mathrm{d}y$$
$$=\left(\frac{1}{6}y^3-\frac{1}{768}y^6\right)\Bigg|_0^4=\frac{16}{3}.$$

例 2 计算二重积分 $I=\iint\limits_{D}\dfrac{y}{(1+x^2+y^2)^{\frac{3}{2}}}\mathrm{d}x\mathrm{d}y$,其中积分区域为 $D=\{(x,y)\mid 0\leqslant x\leqslant 1,$ $0\leqslant y\leqslant 1\}$.

解 积分区域为正方形,两种积分次序均可行,但考虑到被积函数的特殊性,宜采用先对 y 后对 x 的二次积分.对 y 积分时,可利用第一类换元积分法的思想,将 $1+x^2+y^2$ 凑入微分,则有

$$
\begin{aligned}
I &= \int_0^1 dx \int_0^1 \frac{y dy}{(1+x^2+y^2)^{\frac{3}{2}}} = \frac{1}{2} \int_0^1 dx \int_0^1 \frac{d(1+x^2+y^2)}{(1+x^2+y^2)^{\frac{3}{2}}} \\
&= \int_0^1 \left(-\frac{1}{\sqrt{1+x^2+y^2}} \right) \Bigg|_{y=0}^{y=1} dx = \int_0^1 \left(\frac{1}{\sqrt{1+x^2}} - \frac{1}{\sqrt{2+x^2}} \right) dx \\
&= \left[\ln(x+\sqrt{1+x^2}) - \ln(x+\sqrt{2+x^2}) \right]_0^1 \\
&= \ln \frac{2+\sqrt{2}}{1+\sqrt{3}}.
\end{aligned}
$$

此例若改为先对 x 后对 y 的积分,则会烦琐得多.

例 3 计算二重积分 $I = \iint\limits_D \frac{\sin y}{y} dx dy$,其中 D 是由 $y^2 = \frac{\pi}{2} x$ 与 $y=x$ 所围成的区域.

解 积分区域 D 如图 11-9 所示.

如果先对 y 后对 x 积分,则有

$$
I = \int_0^{\frac{\pi}{2}} dx \int_x^{\sqrt{\frac{\pi}{2}x}} \frac{\sin y}{y} dy,
$$

这时会遇到的困难是 $\frac{\sin y}{y}$ 的原函数不能用初等函数表示.因此,应改为先对 x 后对 y 积分,有

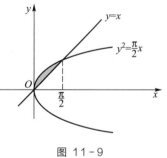

图 11-9

$$
\begin{aligned}
I &= \int_0^{\frac{\pi}{2}} dy \int_{\frac{2}{\pi}y^2}^y \frac{\sin y}{y} dx \\
&= \int_0^{\frac{\pi}{2}} \frac{\sin y}{y} \cdot x \Bigg|_{\frac{2}{\pi}y^2}^y dy \\
&= \int_0^{\frac{\pi}{2}} \frac{\sin y}{y} \left(y - \frac{2}{\pi} y^2 \right) dy \\
&= \int_0^{\frac{\pi}{2}} \left(\sin y - \frac{2}{\pi} y \sin y \right) dy \\
&= \left[-\cos y + \frac{2}{\pi} (y \cos y - \sin y) \right]_0^{\frac{\pi}{2}} = 1 - \frac{2}{\pi}.
\end{aligned}
$$

例 4 将二重积分 $\iint\limits_D f(x,y) dx dy$ 按两种次序化为二次积分,其中区域 D 由抛物线 $y = \sqrt{2ax}$,上半圆 $y = \sqrt{2ax-x^2}$ 及直线 $x=2a$ 所围成$(a>0)$.

解 积分区域 D 如图 11-10 所示.先对 y 后对 x 积分时,积分区域直接表示为

$$
D = \{(x,y) \mid 0 \leqslant x \leqslant 2a, \sqrt{2ax-x^2} \leqslant y \leqslant \sqrt{2ax}\},
$$

于是,

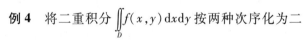

图 11-10

$$\iint_D f(x,y)\mathrm{d}x\mathrm{d}y = \int_0^{2a} \mathrm{d}x \int_{\sqrt{2ax-x^2}}^{\sqrt{2ax}} f(x,y)\mathrm{d}y.$$

先对 x 后对 y 积分时,积分区域 D 需分割成三个区域,即有

$$D_1 = \left\{ (x,y) \,\middle|\, 0 \leqslant y \leqslant a, \frac{y^2}{2a} \leqslant x \leqslant a - \sqrt{a^2-y^2} \right\},$$

$$D_2 = \left\{ (x,y) \,\middle|\, 0 \leqslant y \leqslant a, a + \sqrt{a^2-y^2} \leqslant x \leqslant 2a \right\},$$

$$D_3 = \left\{ (x,y) \,\middle|\, a \leqslant y \leqslant 2a, \frac{y^2}{2a} \leqslant x \leqslant 2a \right\}.$$

因此,

$$\iint_D f(x,y)\mathrm{d}x\mathrm{d}y = \int_0^a \mathrm{d}y \int_{y^2/2a}^{a-\sqrt{a^2-y^2}} f(x,y)\mathrm{d}x + \int_0^a \mathrm{d}y \int_{a+\sqrt{a^2-y^2}}^{2a} f(x,y)\mathrm{d}x +$$

$$\int_a^{2a} \mathrm{d}y \int_{y^2/2a}^{2a} f(x,y)\mathrm{d}x.$$

例 5 交换二次积分 $I = \int_1^2 \mathrm{d}x \int_{\sqrt{x}}^x f(x,y)\mathrm{d}y + \int_2^4 \mathrm{d}x \int_{\sqrt{x}}^2 f(x,y)\mathrm{d}y$ 的积分次序,即化成先对 x 后对 y 的二次积分.

解 由给定的两个二次积分,分别写出对应的积分区域.

第一个积分的积分区域为

$$D_1 = \left\{ (x,y) \mid 1 \leqslant x \leqslant 2, \sqrt{x} \leqslant y \leqslant x \right\}.$$

第二个积分的积分区域为

$$D_2 = \left\{ (x,y) \mid 2 \leqslant x \leqslant 4, \sqrt{x} \leqslant y \leqslant 2 \right\}.$$

因此,原积分的全部积分区域为 $D = D_1 \cup D_2$,如图 11-11 所示.

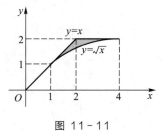

图 11-11

将区域 D 按另一种积分区域类型的不等式表示出来:

$$D = \left\{ (x,y) \mid 1 \leqslant y \leqslant 2, y \leqslant x \leqslant y^2 \right\}.$$

交换积分次序,则有

$$I = \int_1^2 \mathrm{d}y \int_y^{y^2} f(x,y)\mathrm{d}x.$$

二、 在极坐标系下计算二重积分

当积分区域为圆域、环域、扇形域等图形,被积函数为 $f(x^2+y^2)$,$f\left(\dfrac{x}{y}\right)$ 等形式时,利用极坐标表示区域的边界曲线或被积函数的表达式,往往比直角坐标更加方便简单.这时我们选择在极坐标系下计算二重积分.

由平面解析几何可知,平面上任意一点的直角坐标 (x,y) 与该点的极坐标 (r,θ) 之间有如下的变换公式:

$$x = r\cos\theta, \quad y = r\sin\theta; \tag{6}$$

$$r = \sqrt{x^2+y^2}, \quad \tan\theta = \frac{y}{x}(x \neq 0), \tag{7}$$

两种坐标之间的关系如图 11-12 所示.例如,当点 M 的极坐标为 $\left(2,\dfrac{\pi}{6}\right)$ 时,它的直角坐标为 $(\sqrt{3},1)$;当点 M 的直角坐标为 $(1,-1)$ 时,它的极坐标为 $\left(\sqrt{2},\dfrac{7}{4}\pi\right)$.

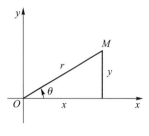

图 11-12

利用(6)式,可将曲线的直角坐标方程(即含有 x 和 y 的方程)表示为极坐标方程(即含有 r 和 θ 的方程).例如,对于圆的方程 $x^2+y^2=a^2\,(a>0)$,设 $x=r\cos\,\theta,y=r\sin\,\theta$,可得它的极坐标方程为 $r=a$;同理,圆 $(x-a)^2+y^2=a^2$ 的极坐标方程为 $r=2a\cos\,\theta$.

当二重积分 $\displaystyle\iint\limits_{D}f(x,y)\mathrm{d}\sigma$ 存在时,在极坐标系下,由圆心在极点 O,半径 r 为常数的同心圆族以及自极点 O 出发的极角 θ 为常数的射线族划分积分区域 D,得到 n 个小闭区域,如图 11-13 所示.当此分割充分细密时,每个小区域都可近似地看成小矩形.任取小区域 $\Delta\sigma$,围成它的两段圆弧的半径分别为 r、$r+\Delta r$,两条射线的极角分别为 θ、$\theta+\Delta\theta$.当 Δr 与 $\Delta\theta$ 充分小时,小区域 $\Delta\sigma$ 可以近似地看成以 $r\Delta\theta$ 为长,Δr 为宽的小矩形,其面积 $\Delta\sigma=r\cdot\Delta r\cdot\Delta\theta$.因此,在极坐标系下,面积元素为

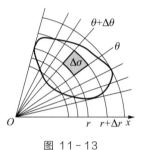

图 11-13

$$\mathrm{d}\sigma=r\mathrm{d}r\mathrm{d}\theta.$$

由(6)式,被积函数 $f(x,y)$ 在极坐标系下可表示为 $f(r\cos\,\theta,r\sin\,\theta)$,于是得到二重积分由直角坐标转换为极坐标的变换公式

$$\iint\limits_{D}f(x,y)\mathrm{d}x\mathrm{d}y=\iint\limits_{D}f(r\cos\,\theta,r\sin\,\theta)r\mathrm{d}r\mathrm{d}\theta. \tag{8}$$

要计算(8)式右端在极坐标系下的二重积分,同样也需要将其化成二次积分.通常我们选择先对 r 后对 θ 的积分次序.下面分三种情形讨论:

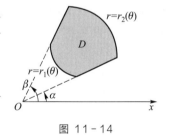

图 11-14

(1) 若极点 O 在积分区域 D 的外部,且 D 由射线 $\theta=\alpha,\theta=\beta$ 与连续曲线 $r=r_1(\theta),r=r_2(\theta)$ 所围成(如图 11-14),即有

$$D=\{(r,\theta)\,|\,r_1(\theta)\leqslant r\leqslant r_2(\theta),\alpha\leqslant\theta\leqslant\beta\},$$

则

$$\iint\limits_{D}f(r\cos\,\theta,r\sin\,\theta)r\mathrm{d}r\mathrm{d}\theta=\int_{\alpha}^{\beta}\mathrm{d}\theta\int_{r_1(\theta)}^{r_2(\theta)}f(r\cos\,\theta,r\sin\,\theta)r\mathrm{d}r.$$

(2) 若极点 O 在积分区域 D 的边界上,且 D 由射线 $\theta=\alpha,\theta=\beta$ 与连续曲线 $r=r(\theta)$ 所围成(如图 11-15(a)),即有

$$D=\{(r,\theta)\,|\,0\leqslant r\leqslant r(\theta),\alpha\leqslant\theta\leqslant\beta\},$$

则

$$\iint\limits_{D}f(r\cos\,\theta,r\sin\,\theta)r\mathrm{d}r\mathrm{d}\theta=\int_{\alpha}^{\beta}\mathrm{d}\theta\int_{0}^{r(\theta)}f(r\cos\,\theta,r\sin\,\theta)r\mathrm{d}r.$$

当极点在区域 D 的边界上时,还可能出现图 11-15(b)的情形,此时,

$$D = \{(r,\theta) \mid r_1(\theta) \leqslant r \leqslant r_2(\theta), \alpha \leqslant \theta \leqslant \beta\},$$

即有

$$\iint\limits_{D} f(r\cos\theta, r\sin\theta) r\mathrm{d}r\mathrm{d}\theta = \int_{\alpha}^{\beta} \mathrm{d}\theta \int_{r_1(\theta)}^{r_2(\theta)} f(r\cos\theta, r\sin\theta) r\mathrm{d}r.$$

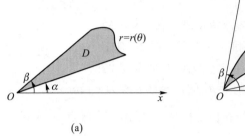

(a)   (b)

图 11-15

（3）若极点 O 在积分区域 D 的内部，且 D 由连续曲线 $r = r(\theta)$ 所围成（如图 11-16），即有

$$D = \{(r,\theta) \mid 0 \leqslant r \leqslant r(\theta), 0 \leqslant \theta \leqslant 2\pi\},$$

则

$$\iint\limits_{D} f(r\cos\theta, r\sin\theta) r\mathrm{d}r\mathrm{d}\theta = \int_{0}^{2\pi} \mathrm{d}\theta \int_{0}^{r(\theta)} f(r\cos\theta, r\sin\theta) r\mathrm{d}r.$$

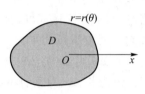

图 11-16

例 6 计算二重积分 $I = \iint\limits_{D} \mathrm{e}^{x^2+y^2} \mathrm{d}x\mathrm{d}y$，其中 $D = \{(x,y) \mid 1 \leqslant x^2 + y^2 \leqslant 4\}$.

解 此题若在直角坐标系下计算，将遇到原函数不能用初等函数表示的困难. 由积分区域和被积函数的特点可知，用极坐标计算将非常简单. 易知积分区域 D 为中心在原点的圆环（如图 11-17），极点在区域 D 的外部.

在极坐标系下，圆 $x^2 + y^2 = 1$ 的方程为 $r = 1$，圆 $x^2 + y^2 = 4$ 的方程为 $r = 2$. 于是积分区域 D 可表示为

$$D = \{(r,\theta) \mid 0 \leqslant r \leqslant 2, 0 \leqslant \theta \leqslant 2\pi\}.$$

因此，

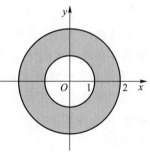

$$\begin{aligned} I &= \iint\limits_{D} \mathrm{e}^{r^2} r\mathrm{d}r\mathrm{d}\theta = \int_{0}^{2\pi} \mathrm{d}\theta \int_{1}^{2} \mathrm{e}^{r^2} r\mathrm{d}r \\ &= 2\pi \left(\frac{1}{2}\mathrm{e}^{r^2}\right)\bigg|_{1}^{2} = \pi(\mathrm{e}^4 - \mathrm{e}). \end{aligned}$$

图 11-17

例 7 计算二重积分 $I = \iint\limits_{D} xy\mathrm{d}x\mathrm{d}y$，其中 $D = \{(x,y) \mid 1 \leqslant x^2 + y^2 \leqslant 2x, y \geqslant 0\}$.

解 积分区域 D 如图 11-18 所示，极点在区域 D 的外部.

在极坐标系下，圆 $x^2 + y^2 = 2x$ 的方程为 $r = 2\cos\theta$. 积分区域 D 可表示为

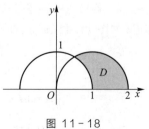

图 11-18

$$D = \left\{ (r,\theta) \ \middle| \ 1 \leqslant r \leqslant 2\cos\theta, 0 \leqslant \theta \leqslant \frac{\pi}{3} \right\}.$$

因此,

$$I = \iint\limits_{D} r^2 \cos\theta \sin\theta \cdot r\mathrm{d}r\mathrm{d}\theta = \int_0^{\frac{\pi}{3}} \mathrm{d}\theta \int_1^{2\cos\theta} \cos\theta\sin\theta\, r^3 \mathrm{d}r$$

$$= \int_0^{\frac{\pi}{3}} \cos\theta\sin\theta \cdot \frac{1}{4} r^4 \bigg|_1^{2\cos\theta} \mathrm{d}\theta = \frac{1}{4}\int_0^{\frac{\pi}{3}} (16\cos^5\theta - \cos\theta)\sin\theta\mathrm{d}\theta$$

$$= \frac{1}{4}\int_0^{\frac{\pi}{3}} (\cos\theta - 16\cos^5\theta)\mathrm{d}(\cos\theta)$$

$$= \frac{1}{4}\left(\frac{1}{2}\cos^2\theta - \frac{8}{3}\cos^6\theta \right) \bigg|_0^{\frac{\pi}{3}} = \frac{9}{16}.$$

例 8 计算 $I = \iint\limits_{D} \arctan\dfrac{y}{x}\mathrm{d}x\mathrm{d}y$, 其中 $D = \{(x,y) \mid x \leqslant 0, 0 \leqslant y \leqslant -\sqrt{3}\,x, x^2 + y^2 \leqslant 1\}$.

解 积分区域 D 如图 11-19 所示. 在极坐标系下, 区域

$$D = \left\{ (r,\theta) \ \middle| \ 0 \leqslant r \leqslant 1, \frac{2\pi}{3} \leqslant \theta \leqslant \pi \right\}.$$

利用极坐标有

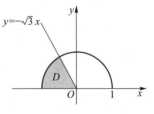

图 11-19

$$I = \int_{\frac{2\pi}{3}}^{\pi} \mathrm{d}\theta \int_0^1 \arctan(\tan\theta)\, r\mathrm{d}r$$

$$= \int_{\frac{2\pi}{3}}^{\pi} \mathrm{d}\theta \int_0^1 (\theta - \pi)\, r\mathrm{d}r$$

$$= \int_{\frac{2\pi}{3}}^{\pi} (\theta - \pi) \cdot \frac{1}{2} r^2 \bigg|_0^1 \mathrm{d}\theta$$

$$= \frac{1}{2}\int_{\frac{2\pi}{3}}^{\pi} (\theta - \pi)\mathrm{d}\theta$$

$$= \frac{1}{2}\left(\frac{1}{2}\theta^2 - \pi\theta \right) \bigg|_{\frac{2\pi}{3}}^{\pi} = \frac{-\pi^2}{36}.$$

说明 因 $\theta \in \left[\dfrac{2\pi}{3}, \pi\right]$, 即 $\theta - \pi \in \left[-\dfrac{\pi}{3}, 0\right] \subset \left(-\dfrac{\pi}{2}, \dfrac{\pi}{2}\right)$, 则有 $\arctan[\tan(\theta-\pi)] = \theta-\pi$.

又因 $\tan(\theta-\pi) = \tan\theta$, 故 $\arctan(\tan\theta) = \arctan[\tan(\theta-\pi)] = \theta-\pi$.

例 9 计算二重积分 $I = \iint\limits_{D} |x^2 + y^2 - 4|\,\mathrm{d}x\mathrm{d}y$, 其中 $D = \{(x,y) \mid x^2+y^2 \leqslant 16\}$.

解 因被积函数 $|x^2+y^2-4|$ 中的 x^2+y^2-4 在积分区域内变号, 故应将 D 分为两部分 (如图 11-20):

$$D_1 = \{(x,y) \mid x^2+y^2 \leqslant 4\},$$
$$D_2 = \{(x,y) \mid 4 \leqslant x^2+y^2 \leqslant 16\}.$$

于是有

$$I = \iint\limits_{D_1} (4 - x^2 - y^2)\mathrm{d}x\mathrm{d}y + \iint\limits_{D_2} (x^2 + y^2 - 4)\mathrm{d}x\mathrm{d}y$$

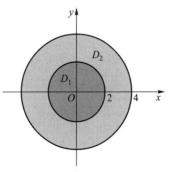

图 11-20

$$= \iint\limits_{D_1} (4 - r^2) r \mathrm{d}r \mathrm{d}\theta + \iint\limits_{D_2} (r^2 - 4) r \mathrm{d}r \mathrm{d}\theta$$

$$= \int_0^{2\pi} \mathrm{d}\theta \int_0^2 (4 - r^2) r \mathrm{d}r + \int_0^{2\pi} \mathrm{d}\theta \int_2^4 (r^2 - 4) r \mathrm{d}r$$

$$= 2\pi \left(2r^2 - \frac{1}{4} r^4 \right) \Big|_0^2 + 2\pi \left(\frac{1}{4} r^4 - 2r^2 \right) \Big|_2^4$$

$$= 80\pi.$$

现在,我们来总结一下**计算二重积分的基本步骤**:

(1)画出积分区域 D 的草图;

(2)根据被积函数的特征和积分区域的几何形状,选择在直角坐标系或极坐标系下进行计算;

(3)选择积分次序(若 D 不是标准区域,则应先将 D 分为若干个标准区域);

(4)确定积分限,将二重积分转化为二次积分;

(5)计算二次积分.

*三、二重积分的换元法

由于二重积分的积分区域和被积函数复杂多样,仅靠在直角坐标系下化二重积分为二次积分的方法难以计算出所有的二重积分.因此,对于特定的二重积分,我们需选择合适的变量替换,将原二重积分化为新坐标系下的二重积分,而新二重积分较原二重积分易于计算.实际上,将直角坐标系下的二重积分转化为极坐标系下的二重积分就是利用公式 $x = r\cos\theta, y = r\sin\theta$ 进行了变量替换.

对于一般情形,我们不加证明地给出下述二重积分的换元法则.

定理 1 设 $\iint\limits_D f(x,y) \mathrm{d}x \mathrm{d}y$ 为一给定的二重积分,其中被积函数 $f(x,y)$ 在有界闭区域 D 上连续.作变换

$$T: x = x(u,v), \quad y = y(u,v).$$

若满足下列条件:

(1) uOv 平面上的区域 Ω 经变换后变为 xOy 平面上的区域 D,且 Ω 与 D 的点之间存在一一对应关系;

(2)函数 $x(u,v), y(u,v)$ 在 Ω 上存在一阶连续偏导数;

(3)在 Ω 上,雅可比行列式

$$J(u,v) = \frac{\partial(x,y)}{\partial(u,v)} = \begin{vmatrix} \dfrac{\partial x}{\partial u} & \dfrac{\partial x}{\partial v} \\ \dfrac{\partial y}{\partial u} & \dfrac{\partial y}{\partial v} \end{vmatrix} = \frac{\partial x}{\partial u} \frac{\partial y}{\partial v} - \frac{\partial x}{\partial v} \frac{\partial y}{\partial u} \neq 0,$$

则有二重积分的换元公式

$$\iint\limits_D f(x,y) \mathrm{d}x \mathrm{d}y = \iint\limits_\Omega f[x(u,v), y(u,v)] \mid J(u,v) \mid \mathrm{d}u \mathrm{d}v. \tag{9}$$

需要指出的是,若雅可比行列式只在 Ω 内的个别点上或一条曲线上为零,而在其他点上不为零,那么,换元公式(9)仍然成立.

例如,将直角坐标系下的二重积分转化为极坐标系下的二重积分时,所作变换为 $x=r\cos\theta,y=r\sin\theta$,

$$J(r,\theta)=\begin{vmatrix} \cos\theta & -r\sin\theta \\ \sin\theta & r\cos\theta \end{vmatrix}=r\cos^2\theta+r\sin^2\theta=r,$$

将其代入(9)式,可得

$$\iint\limits_{D}f(x,y)\,\mathrm{d}x\mathrm{d}y=\iint\limits_{\Omega}f(r\cos\theta,r\sin\theta)r\mathrm{d}r\mathrm{d}\theta,$$

即得极坐标系下的二重积分公式(8).

例 10　计算二重积分 $I=\iint\limits_{D}xy\mathrm{d}x\mathrm{d}y$,其中积分区域为

$$D=\{(x,y)\mid x+y\geqslant 0,x-y\geqslant 0,x-y\leqslant 1-(x+y)^2\}.$$

解　作变换 $u=x+y,v=x-y$,其逆变换为

$$x=\frac{1}{2}(u+v),y=\frac{1}{2}(u-v).$$

于是有雅可比行列式

$$J(u,v)=\begin{vmatrix} \dfrac{1}{2} & \dfrac{1}{2} \\[2mm] \dfrac{1}{2} & -\dfrac{1}{2} \end{vmatrix}=-\frac{1}{2},\ \ |J(u,v)|=\frac{1}{2}.$$

变换后的积分区域为(如图 11-21)

$$\Omega=\{(u,v)\mid u\geqslant 0,\ 0\leqslant v\leqslant 1-u^2\}.$$

于是,由(9)式有

$$\begin{aligned} I &= \iint\limits_{\Omega}\frac{1}{2}(u+v)\cdot\frac{1}{2}(u-v)\cdot\frac{1}{2}\mathrm{d}u\mathrm{d}v \\ &= \frac{1}{8}\iint\limits_{\Omega}(u^2-v^2)\,\mathrm{d}u\mathrm{d}v \\ &= \frac{1}{8}\int_0^1\mathrm{d}u\int_0^{1-u^2}(u^2-v^2)\,\mathrm{d}v \\ &= \frac{1}{8}\int_0^1\left(\frac{1}{3}u^6-2u^4+2u^2-\frac{1}{3}\right)\mathrm{d}u \\ &= -\frac{1}{420}. \end{aligned}$$

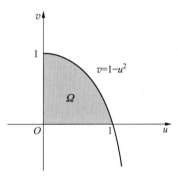

图 11-21

例 11　计算 $I=\iint\limits_{D}\sqrt{1-\dfrac{x^2}{a^2}-\dfrac{y^2}{b^2}}\,\mathrm{d}x\mathrm{d}y(a,b>0)$,其中 D 为椭圆 $\dfrac{x^2}{a^2}+\dfrac{y^2}{b^2}=1$ 所围成的闭区域.

解　作变换

$$\begin{cases} x=ar\cos\theta, \\ y=br\sin\theta, \end{cases}$$

其中 $r\geqslant 0,0\leqslant\theta\leqslant 2\pi$(称为广义极坐标变换),则与 D 对应的闭区域 Ω 为

$$\Omega=\{(r,\theta)\mid 0\leqslant r\leqslant 1,0\leqslant\theta\leqslant 2\pi\},$$

雅可比行列式

$$J(r,\theta)=\frac{\partial(x,y)}{\partial(r,\theta)}=abr.$$

$J(r,\theta)$ 在 Ω 内仅当 $r=0$ 处为零,故换元公式(9)仍然成立.则有

$$\begin{aligned}I&=\iint\limits_{D}\sqrt{1-\frac{x^2}{a^2}-\frac{y^2}{b^2}}\,\mathrm{d}x\mathrm{d}y\\&=\iint\limits_{\Omega}\sqrt{1-r^2}\,abr\mathrm{d}r\mathrm{d}\theta\\&=\int_{0}^{2\pi}\mathrm{d}\theta\int_{0}^{1}\sqrt{1-r^2}\,abr\mathrm{d}r=\frac{2}{3}\pi ab.\end{aligned}$$

*四、二重积分的对称性定理

计算二重积分时,若积分区域 D 的形状具有对称性,或被积函数 $f(x,y)$ 具有奇偶性时,可以简化运算.

定义 1 设二元函数 $f(x,y)$ 在区域 D 上有定义,

(1)若对于任意的 $(x,y)\in D$,都有

$$f(-x,y)=f(x,y)(\text{或}f(-x,y)=-f(x,y)),$$

则称 $z=f(x,y)$ 为区域 D 上**相对于 x 的偶函数**(或**奇函数**);

(2)若对于任意的 $(x,y)\in D$,都有

$$f(x,-y)=f(x,y)(\text{或}f(x,-y)=-f(x,y)),$$

则称 $z=f(x,y)$ 为区域 D 上**相对于 y 的偶函数**(或**奇函数**);

(3)若对于任意的 $(x,y)\in D$,都有

$$f(-x,-y)=f(x,y)(\text{或}f(-x,-y)=-f(x,y)),$$

则称 $z=f(x,y)$ 为区域 D 上的**偶函数**(或**奇函数**).

定理 2 设积分区域 D 关于 x 轴对称(如图 11-22).

(1)若被积函数 $z=f(x,y)$ 是区域 D 上相对于 y 的偶函数,则

$$\iint\limits_{D}f(x,y)\mathrm{d}x\mathrm{d}y=2\iint\limits_{D_1}f(x,y)\mathrm{d}x\mathrm{d}y;$$

(2)若被积函数 $z=f(x,y)$ 是区域 D 上相对于 y 的奇函数,则

$$\iint\limits_{D}f(x,y)\mathrm{d}x\mathrm{d}y=0.$$

定理 3 设积分区域 D 关于 y 轴对称(如图 11-23).

(1)若被积函数 $z=f(x,y)$ 是区域 D 上相对于 x 的偶函数,则

$$\iint\limits_{D}f(x,y)\mathrm{d}x\mathrm{d}y=2\iint\limits_{D_1}f(x,y)\mathrm{d}x\mathrm{d}y;$$

(2)若被积函数 $z=f(x,y)$ 是区域 D 上相对于 x 的奇函数,则

$$\iint\limits_{D}f(x,y)\mathrm{d}x\mathrm{d}y=0.$$

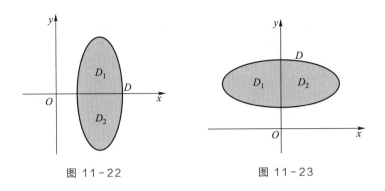

图 11-22   图 11-23

定理 4 设积分区域 D 关于原点对称(如图 11-24).

(1) 若被积函数 $z = f(x, y)$ 是区域 D 上的偶函数,则

$$\iint\limits_{D} f(x, y) \, \mathrm{d}x\mathrm{d}y = 2\iint\limits_{D_1} f(x, y) \, \mathrm{d}x\mathrm{d}y;$$

(2) 若被积函数 $z = f(x, y)$ 是区域 D 上的奇函数,则

$$\iint\limits_{D} f(x, y) \, \mathrm{d}x\mathrm{d}y = 0.$$

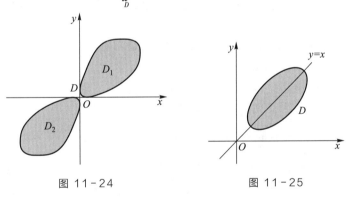

图 11-24   图 11-25

定理 5 设积分区域 D 关于直线 $y = x$ 对称(如图 11-25),则

$$\iint\limits_{D} f(x, y) \, \mathrm{d}x\mathrm{d}y = \iint\limits_{D} f(y, x) \, \mathrm{d}x\mathrm{d}y.$$

利用二重积分的换元公式(9)容易证明二重积分的对称性定理,下面仅以定理 3 结论(1)的证明为例,其余同理可证.

证 如图 11-23 所示,$D = D_1 \cup D_2$.

在 D_2 上作变换

$$\begin{cases} x = -u, \\ y = v, \end{cases}$$

则除表示的字母不同外,Ω 的形状与 D_1 是相同的,且

$$J(u, v) = \begin{vmatrix} -1 & 0 \\ 0 & 1 \end{vmatrix} = -1, \quad |J(u, v)| = 1.$$

故

$$\iint\limits_{D_2} f(x,y)\,\mathrm{d}x\mathrm{d}y = \iint\limits_{\Omega} f(-u,v)\,\mathrm{d}u\mathrm{d}v = \iint\limits_{\Omega} f(u,v)\,\mathrm{d}u\mathrm{d}v$$

$$= \iint\limits_{D_1} f(x,y)\,\mathrm{d}x\mathrm{d}y,$$

即

$$\iint\limits_{D} f(x,y)\,\mathrm{d}x\mathrm{d}y = 2\iint\limits_{D_1} f(x,y)\,\mathrm{d}x\mathrm{d}y.$$

例 12　计算 $I = \iint\limits_{D} x[1 + yf(x^2 + y^2)]\,\mathrm{d}x\mathrm{d}y$，其中 f 是连续函数，D 是由曲线 $y = x^3$，$y = 1$，$x = -1$ 围成的区域.

解　积分区域如图 11-26 所示，$D = D_1 \cup D_2$，D_1 关于 y 轴对称，D_2 关于 x 轴对称.利用二重积分的性质，有

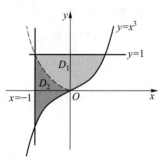

$$I = \iint\limits_{D} x\mathrm{d}x\mathrm{d}y + \iint\limits_{D} xyf(x^2 + y^2)\,\mathrm{d}x\mathrm{d}y$$

$$= \iint\limits_{D_1} x\mathrm{d}x\mathrm{d}y + \iint\limits_{D_2} x\mathrm{d}x\mathrm{d}y +$$

$$\iint\limits_{D_1} xyf(x^2 + y^2)\,\mathrm{d}x\mathrm{d}y + \iint\limits_{D_2} xyf(x^2 + y^2)\,\mathrm{d}x\mathrm{d}y.$$

图 11-26

注意到，$xyf(x^2+y^2)$ 既是相对于 x 的奇函数，又是相对于 y 的奇函数，根据定理 2 和定理 3，得

$$I = \iint\limits_{D_2} x\mathrm{d}x\mathrm{d}y = 2\int_{-1}^{0} \mathrm{d}x \int_{x^3}^{0} x\mathrm{d}y = -\frac{2}{5}.$$

例 13　计算 $I = \iint\limits_{D} \sin x\cos y\mathrm{d}x\mathrm{d}y$，其中 D 是圆域 $\{(x,y) \mid x^2+y^2 \leqslant 1\}$.

解　如图 11-27 所示，积分区域 D 关于原点对称，且被积函数 $z = f(x,y) = \sin x\cos y$ 是区域 D 上的奇函数.根据定理 4 可知，$I = 0$.

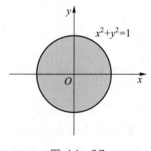

注意　（1）仅当积分区域 D 的对称性和被积函数的奇偶性兼有（按定理相匹配）时，才能应用二重积分的对称性定理，从而简化计算过程.有些问题若不用对称性定理可能无法解决，如例 12.

（2）若某一题目的条件符合二重积分的多个对称性定理，则应根据最简便的定理解题.

图 11-27

*五、积分区域无界的广义二重积分

如果二重积分的积分区域 D 是无界的（如全平面、半平面、有界区域的外部等），那么与一元函数类似地可以定义积分区域无界的广义二重积分.

定义 2　设 D 是平面上一无界区域，其边界由光滑（或逐段光滑）的曲线组成，函数 $f(x,y)$ 在 D 上有定义.用任意光滑（或逐段光滑）的曲线 γ 在 D 中划出有界区域 D_γ，二重

积分 $\displaystyle\iint_{D_\gamma} f(x,y)\mathrm{d}\sigma$ 存在,且当曲线 γ 连续变动,使区域 D_γ 无限扩展而趋于区域 D 时,不论 γ 的形状如何,也不论 γ 的扩展过程是怎样的,极限

$$\lim_{D_\gamma \to D} \iint_{D_\gamma} f(x,y)\mathrm{d}\sigma$$

总取相同的值 I,则称 I 为函数 $f(x,y)$ 在无界区域 D 上的**广义二重积分**,记为 $\displaystyle\iint_D f(x,y)\mathrm{d}\sigma$,即

$$\iint_D f(x,y)\mathrm{d}\sigma = \lim_{D_\gamma \to D}\iint_{D_\gamma} f(x,y)\mathrm{d}\sigma = I. \tag{10}$$

这时也称 $f(x,y)$ 在 D 上的广义二重积分**收敛**或 $f(x,y)$ 在 D 上**广义可积**;否则,称 $f(x,y)$ 在 D 上的广义二重积分**发散**.

一般来说,判断一个二元函数 $f(x,y)$ 在无界区域 D 上的广义二重积分是否收敛是一个很复杂的问题.但可以证明,若二元函数 $f(x,y)$ 是定义在无界区域 D 上的非负(或非正)连续函数,又按某种特殊的区域扩展方式,使得极限(10)存在,则 $f(x,y)$ 在 D 上必广义可积(即不论选取的区域扩展方式是怎样的,极限都存在且相等).因此,面对具体问题时,只需选取一种有利于计算的特殊的区域扩展方式,若能计算出结果(极限存在),则该结果就是相应的广义二重积分之值.

例 14 (1) 设 D 为全平面 $\mathbf{R}^2$,求 $\displaystyle\iint_D \mathrm{e}^{-(x^2+y^2)}\mathrm{d}\sigma$;

(2) 利用(1)的结果,求广义积分 $\displaystyle\int_{-\infty}^{+\infty} \mathrm{e}^{-x^2}\mathrm{d}x$ 与 $\displaystyle\frac{1}{\sqrt{2\pi}}\int_{-\infty}^{+\infty} \mathrm{e}^{-\frac{1}{2}x^2}\mathrm{d}x$.

解 (1) 显然被积函数非负且在 D 上连续.设 D_a 为圆心在原点、半径为 a 的圆域,则有

$$\iint_{D_a} \mathrm{e}^{-(x^2+y^2)}\mathrm{d}\sigma = \iint_{D_a} \mathrm{e}^{-r^2}r\mathrm{d}r\mathrm{d}\theta = \int_0^{2\pi}\mathrm{d}\theta\int_0^a \mathrm{e}^{-r^2}r\mathrm{d}r$$

$$= 2\pi\cdot\left(-\frac{1}{2}\mathrm{e}^{-r^2}\right)\bigg|_0^a = \pi(1-\mathrm{e}^{-a^2}).$$

当 $a\to+\infty$ 时,有 $D_a\to D$.于是有

$$\iint_D \mathrm{e}^{-(x^2+y^2)}\mathrm{d}\sigma = \lim_{a\to+\infty}\iint_{D_a} \mathrm{e}^{-(x^2+y^2)}\mathrm{d}\sigma$$

$$= \lim_{a\to+\infty}\pi(1-\mathrm{e}^{-a^2}) = \pi.$$

(2) 由(1)可知,

$$\pi = \iint_D \mathrm{e}^{-(x^2+y^2)}\mathrm{d}\sigma = \int_{-\infty}^{+\infty}\left(\int_{-\infty}^{+\infty}\mathrm{e}^{-x^2}\mathrm{e}^{-y^2}\mathrm{d}y\right)\mathrm{d}x$$

$$= \left(\int_{-\infty}^{+\infty}\mathrm{e}^{-x^2}\mathrm{d}x\right)\left(\int_{-\infty}^{+\infty}\mathrm{e}^{-y^2}\mathrm{d}x\right) = \left(\int_{-\infty}^{+\infty}\mathrm{e}^{-x^2}\mathrm{d}x\right)^2,$$

所以

$$\int_{-\infty}^{+\infty}\mathrm{e}^{-x^2}\mathrm{d}x = \sqrt{\pi}.$$

令 $x = \sqrt{2}\,t$, 则 $dx = \sqrt{2}\,dt$, 可得

$$\frac{1}{\sqrt{2\pi}}\int_{-\infty}^{+\infty} e^{-\frac{1}{2}x^2}dx = \frac{1}{\sqrt{\pi}}\int_{-\infty}^{+\infty} e^{-t^2}dt = \frac{1}{\sqrt{\pi}}\cdot\sqrt{\pi} = 1.$$

通常称积分 $\int_{-\infty}^{+\infty} e^{-x^2}dx$ 为**泊松(Poisson)积分**,它在概率论与数理统计中有着重要的应用.

例 15 计算二重积分 $\iint_D x e^{-y^2}dxdy$, 其中积分区域 D 是曲线 $y = 4x^2$ 与 $y = 9x^2$ 在第一象限围成的无界区域.

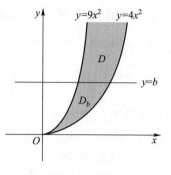

图 11-28

解 区域 D 如图 11-28 所示.

设 $D_b = \left\{ (x,y) \,\middle|\, \frac{1}{3}\sqrt{y} \leqslant x \leqslant \frac{1}{2}\sqrt{y}, 0 \leqslant y \leqslant b \right\}$, 则

$$\iint_{D_b} x e^{-y^2}dxdy = \int_0^b dy \int_{\frac{1}{3}\sqrt{y}}^{\frac{1}{2}\sqrt{y}} x e^{-y^2}dx$$

$$= \frac{1}{2}\int_0^b e^{-y^2}\cdot\frac{x^2}{2}\Bigg|_{\frac{1}{3}\sqrt{y}}^{\frac{1}{2}\sqrt{y}}dy$$

$$= \frac{1}{2}\int_0^b \left(\frac{1}{4}y - \frac{1}{9}y\right)e^{-y^2}dy$$

$$= \frac{5}{72}\int_0^b y e^{-y^2}dy = -\frac{5}{144}e^{-y^2}\Bigg|_0^b$$

$$= \frac{5}{144}(1 - e^{-b^2}).$$

显然,当 $b\to+\infty$ 时,有 $D_b\to D$. 于是,

$$\iint_D x e^{-y^2}dxdy = \lim_{b\to+\infty}\iint_{D_b} x e^{-y^2}dxdy$$

$$= \frac{5}{144}\lim_{b\to+\infty}(1 - e^{-b^2}) = \frac{5}{144}.$$

通过以上几例可以看出,在计算无界区域上的广义二重积分时,由于选择有界区域 D_γ 有较大的灵活性,因此可充分考虑被积函数的特点,将 D_γ 取为简单的 X-型区域、Y-型区域、圆域等(例如上述例题中的 D_a 和 D_b),从而使计算过程大为简化.

💻 **习题 11-2**

1. 在直角坐标系下,将二重积分 $\iint_D f(x,y)dxdy$ 化为两种次序的二次积分. 积分区域 D 给定如下:

(1) D 由直线 $x+y=1$, $x-y=1$ 和 $x=0$ 所围成;

(2) D 为椭圆 $\frac{x^2}{4}+\frac{y^2}{9}=1$ 所围区域;

(3) D 由曲线 $y=x^2$ 和 $y=2-x^2$ 所围成;

(4) D 由曲线 $y^2=x$ 和直线 $y=x-2$ 所围成.

2. 交换下列二次积分的次序:

$(1)\ \displaystyle\int_0^2 dx \int_x^{2x} f(x,y)\,dy;$

$(2)\ \displaystyle\int_0^1 dy \int_y^{\sqrt{y}} f(x,y)\,dx;$

$(3)\ \displaystyle\int_0^1 dy \int_0^{\sqrt[3]{y}} f(x,y)\,dx + \int_1^2 dy \int_0^{2-y} f(x,y)\,dx;$

$(4)\ \displaystyle\int_0^1 dx \int_{1-x^2}^1 f(x,y)\,dy + \int_1^e dx \int_{\ln x}^1 f(x,y)\,dy;$

$(5)\ \displaystyle\int_{-2}^{-1} dy \int_{-\sqrt{2+y}}^0 f(x,y)\,dx + \int_{-1}^0 dy \int_{-\sqrt{-y}}^0 f(x,y)\,dx.$

3. 计算下列二重积分:

$(1)\ \displaystyle\iint_D (x^2 + y^2)\,dx\,dy,$ 其中 $D = \{(x,y) \mid 1 \leqslant x \leqslant 2,\ 0 \leqslant y \leqslant 1\};$

$(2)\ \displaystyle\iint_D xy\,dx\,dy,$ 其中 $D = \{(x,y) \mid 1 \leqslant x \leqslant 2,\ x \leqslant y \leqslant \sqrt{3}\,x\};$

$(3)\ \displaystyle\iint_D (12x^2 + 16x^3 y^3)\,dx\,dy,$ 其中 D 由 $x = 1, y = x^3, y = -\sqrt{x}$ 所围成;

$(4)\ \displaystyle\iint_D y\mathrm{e}^{xy}\,dx\,dy,$ 其中 D 由 $y = \ln 2, y = \ln 3, x = 2, x = 4$ 所围成;

$(5)\ \displaystyle\iint_D 4y^2 \sin(xy)\,dx\,dy,$ 其中 D 由 $x = 0, y = \sqrt{\dfrac{\pi}{2}}, y = x$ 所围成;

$(6)\ \displaystyle\iint_D |\,y - x^2\,|\,dx\,dy,$ 其中 D 由 $y = 0, y = 2$ 和 $|\,x\,| = 1$ 所围成.

4. 将下列积分转化为极坐标系下的二次积分,并计算积分值:

$(1)\ \displaystyle\int_0^a dx \int_0^{\sqrt{a^2-x^2}} \sqrt{a^2 - x^2 - y^2}\,dy\ (a > 0);$

$(2)\ \displaystyle\int_0^a dy \int_0^{\sqrt{a^2-y^2}} (x^2 + y^2)\,dx\ (a > 0);$

$(3)\ \displaystyle\int_0^a dx \int_0^{\sqrt{ax-x^2}} \sqrt{x^2 + y^2}\,dy\ (a > 0).$

5. 利用极坐标计算下列二重积分:

$(1)\ \displaystyle\iint_D \dfrac{1 - x^2 - y^2}{1 + x^2 + y^2}\,dx\,dy,$ 其中 $D = \{(x,y) \mid x^2 + y^2 \leqslant 1, x \geqslant 0, y \geqslant 0\};$

$(2)\ \displaystyle\iint_D \sqrt{x^2 + y^2}\,dx\,dy,$ 其中 $D = \{(x,y) \mid 0 \leqslant y \leqslant x, x^2 + y^2 \leqslant 2x\};$

$(3)\ \displaystyle\iint_D \ln(x^2 + y^2)\,dx\,dy,$ 其中 $D = \left\{(x,y)\ \middle|\ \dfrac{1}{4} \leqslant x^2 + y^2 \leqslant 1\right\};$

$(4)\ \displaystyle\iint_D \dfrac{y}{\sqrt{x^2 + y^2}}\,dx\,dy,$ 其中 D 由 $x^2 + y^2 = 3y$ 所围成;

$(5)\ \displaystyle\iint_D \dfrac{1}{\sqrt{x^2 + y^2}}\,dx\,dy,$ 其中 D 是由 $x = 0, x^2 + y^2 = 1$ 和 $x^2 - 2x + y^2 = 0$ 围成的位于第一

象限内的区域;

(6) $\displaystyle\iint\limits_{D} x \mathrm{d}x\mathrm{d}y, D$ 是 $x^2 + y^2 \leqslant 2x$ 与 $x^2 + y^2 \leqslant 2y$ 的公共部分.

6. 证明: $\displaystyle\int_0^1 \mathrm{d}x \int_0^x f(y)\mathrm{d}y = \int_0^1 f(x)(1-x)\mathrm{d}x$, 其中 f 为区间 $[0,1]$ 上的连续函数.

7. 计算二次积分 $I = \displaystyle\int_{\frac{1}{4}}^{\frac{1}{2}} \mathrm{d}y \int_{\frac{1}{2}}^{\sqrt{y}} \mathrm{e}^{\frac{y}{x}} \mathrm{d}x + \int_{\frac{1}{2}}^{1} \mathrm{d}y \int_y^{\sqrt{y}} \mathrm{e}^{\frac{y}{x}} \mathrm{d}x$.

8. 计算 $I = \displaystyle\int_0^{R/\sqrt{2}} \mathrm{e}^{-y^2}\mathrm{d}y \int_0^y \mathrm{e}^{-x^2}\mathrm{d}x + \int_{R/\sqrt{2}}^R \mathrm{e}^{-y^2}\mathrm{d}y \int_0^{\sqrt{R^2-y^2}} \mathrm{e}^{-x^2}\mathrm{d}x$, 其中 $R>0$.

*9. 利用适当的变量替换,计算下列二重积分:

(1) $\displaystyle\iint\limits_{D}(x+y)\mathrm{d}x\mathrm{d}y$, 其中 $D = \{(x,y) \mid x^2+y^2 \leqslant x+y\}$;

(2) $\displaystyle\iint\limits_{D} x^3 y^3 \mathrm{d}x\mathrm{d}y$, 其中 D 是由两条双曲线 $xy=1, xy=2$, 直线 $y=x, y=\mathrm{e}x$ 所围第一象限内的闭区域.

*10. 利用对称性定理计算下列二重积分:

(1) $\displaystyle\iint\limits_{D} \mathrm{e}^{x^2+y^2}\sin y \mathrm{d}x\mathrm{d}y$, 其中 $D = \{(x,y) \mid 0 \leqslant x \leqslant 1, -1 \leqslant y \leqslant 1\}$;

(2) $\displaystyle\iint\limits_{D}(x+y)^2 \mathrm{d}x\mathrm{d}y$, 其中 $D = \{(x,y) \mid |x|+|y| \leqslant 1\}$.

*11. 计算下列广义二重积分:

(1) $I = \displaystyle\int_0^{+\infty} \mathrm{d}x \int_x^{2x} \mathrm{e}^{-y^2}\mathrm{d}y$;

(2) $I = \displaystyle\int_0^{+\infty} \mathrm{d}x \int_x^{\sqrt{3}x} \mathrm{e}^{-(x^2+y^2)}\mathrm{d}y$;

(3) $I = \displaystyle\iint\limits_{D} x\mathrm{e}^{-y}\mathrm{d}x\mathrm{d}y$, 其中 $D = \{(x,y) \mid x \geqslant 0, y \geqslant x^2\}$;

(4) $I = \displaystyle\int_{-\infty}^{+\infty} \int_{-\infty}^{+\infty} \min\{x,y\} \mathrm{e}^{-(x^2+y^2)} \mathrm{d}x\mathrm{d}y$.

12. 计算 $I = \displaystyle\iint\limits_{|x|+|y| \leqslant 1} |xy| \mathrm{d}x\mathrm{d}y$.

§11.3　二重积分的应用

　　根据定义,二重积分与定积分一样,都是研究分布在某载体上的非均匀量的求和问题,且都可通过"分割、近似、求和、取极限"四个步骤完成.因此,其在几何学、物理学、力学等很多领域都有着重要的应用.本节我们介绍二重积分在几何及经济分析方面的应用举例.

一、 二重积分在几何学中的应用

1. 计算平面图形的面积

在§11.1中介绍了二重积分的性质4:若有界闭区域 D 的面积为 σ,则

$$\iint\limits_{D} \mathrm{d}\sigma = \sigma.$$

这就是使用二重积分计算平面图形面积的一般公式.

例1 求曲线 $y^2 = 2x+1$ 与直线 $y = x-1$ 所围平面图形的面积.

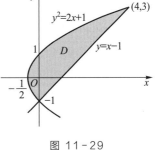

图 11-29

解 区域 D 如图11-29所示,即有

$$D = \left\{ (x,y) \;\middle|\; -1 \leqslant y \leqslant 3, \frac{y^2-1}{2} \leqslant x \leqslant y+1 \right\}.$$

于是,所求面积

$$\sigma = \iint\limits_{D} \mathrm{d}\sigma = \iint\limits_{D} \mathrm{d}x\mathrm{d}y$$

$$= \int_{-1}^{3} \mathrm{d}y \int_{\frac{y^2-1}{2}}^{y+1} \mathrm{d}x = \int_{-1}^{3} \left(y + 1 - \frac{y^2-1}{2} \right) \mathrm{d}y$$

$$= \left(\frac{1}{2}y^2 + \frac{3}{2}y - \frac{1}{6}y^3 \right) \Bigg|_{-1}^{3} = \frac{16}{3}.$$

例2 求由心形线 $r = 1-\sin\theta$ 所围图形(如图11-30)的面积.

解 在极坐标系下,心形线所围区域 D 可表示为
$$D = \{ (r,\theta) \mid 0 \leqslant \theta \leqslant 2\pi, 0 \leqslant r \leqslant 1-\sin\theta \}.$$

于是,

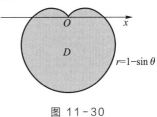

图 11-30

$$\sigma = \iint\limits_{D} \mathrm{d}\sigma = \iint\limits_{D} r\mathrm{d}r\mathrm{d}\theta$$

$$= \int_{0}^{2\pi} \mathrm{d}\theta \int_{0}^{1-\sin\theta} r\mathrm{d}r$$

$$= \frac{1}{2} \int_{0}^{2\pi} (1-\sin\theta)^2 \mathrm{d}\theta = \frac{3}{2}\pi.$$

2. 计算空间立体的体积

由二重积分的几何意义,当被积函数 $f(x,y) \geqslant 0$ 时,二重积分 $\iint\limits_{D} f(x,y)\mathrm{d}\sigma$ 在几何上表示以区域 D 为底、以曲面 $z = f(x,y)$ 为顶的曲顶柱体的体积.因此,利用二重积分可求解一般空间立体的体积.

例3 求由柱面 $x^2 + y^2 = y$ 和平面 $z = 0, z = 12-6x-4y$ 所围立体的体积.

解 如图11-31所示,该立体的底面为 xOy 平面上的区域(即积分区域)

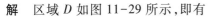

图 11-31

$$D = \{ (x,y) \mid x^2 + y^2 \leqslant y \},$$

立体曲顶的方程为 $z = 12 - 6x - 4y$（即被积函数）.故所求的立体体积为

$$V = \iint\limits_{D} (12 - 6x - 4y) \, dxdy$$

$$= \int_{-\frac{1}{2}}^{\frac{1}{2}} dx \int_{\frac{1}{2} - \sqrt{\frac{1}{4} - x^2}}^{\frac{1}{2} + \sqrt{\frac{1}{4} - x^2}} (12 - 6x - 4y) \, dy$$

$$= \int_{-\frac{1}{2}}^{\frac{1}{2}} \left(20 \sqrt{\frac{1}{4} - x^2} - 12x \sqrt{\frac{1}{4} - x^2} \right) dx$$

$$= 40 \int_{0}^{\frac{1}{2}} \sqrt{\frac{1}{4} - x^2} \, dx$$

$$= \frac{5}{2} \pi.$$

例 4　求由球面 $x^2 + y^2 + z^2 = 4a^2$ 与圆柱面 $x^2 + y^2 = 2ax$ 所围成的立体（指含在柱体内的部分）的体积（$a > 0$）.

解　由对称性,所求立体体积为该立体在第一卦限部分体积的 4 倍（如图 11-32）,即有

$$V = 4 \iint\limits_{D} \sqrt{4a^2 - x^2 - y^2} \, dxdy,$$

其中 D 为圆周 $y = \sqrt{2ax - x^2}$ 与 x 轴所围的第一象限的部分（如图 11-33）.

利用极坐标,有

$$V = 4 \iint\limits_{D} \sqrt{4a^2 - r^2} \, rdrd\theta$$

$$= 4 \int_{0}^{\frac{\pi}{2}} d\theta \int_{0}^{2a\cos\theta} \sqrt{4a^2 - r^2} \cdot rdr$$

$$= \frac{32}{3} a^3 \int_{0}^{\frac{\pi}{2}} (1 - \sin^3\theta) \, d\theta$$

$$= \frac{32}{3} \left(\frac{\pi}{2} - \frac{2}{3} \right) a^3.$$

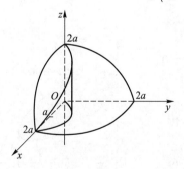

图 11-32

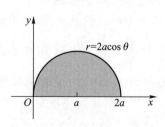

图 11-33

二、 二重积分在经济学中的应用举例

二重积分是定积分的推广,将在有限区间上的无限累加过程推广到在平面有界区域上的无限累加过程.与定积分的应用类似,如果一个量 A 符合下列条件:

(1) A 是与一个平面有界区域 D 有关的且变化不均匀的量;

(2) A 对于平面有界区域 D 具有可加性;

(3) 局部量 ΔA_i 的近似值可表示为 $f(\xi_i, \eta_i) \Delta \sigma_i$,这里 $f(x, y)$ 是实际问题选择的函数,那么 A 就可以用二重积分 $\iint\limits_{D} f(x, y) \mathrm{d}\sigma$ 来表示.用二重积分解决实际问题的关键就在于求出微元 $\mathrm{d}A$.下面仅以两个例子来说明二重积分在经济学中的应用.

例 5(城市人口问题) 人口统计学家发现每个城市的市中心人口密度最大,离市中心越远,人口越稀少,密度越小,将城市近似看成圆形区域,最常用的人口密度(每平方千米人口数)模型为

$$f = c e^{-ar^2},$$

其中 a, c 是大于 0 的常数,r 是距市中心的距离,城市半径 $r = 5(\mathrm{km})$,已知市中心的人口密度 $f = 10^5 (r = 0)$,在距市中心 1 km 处人口密度 $f = \dfrac{10^5}{\mathrm{e}}(r = 1)$,求该城市的总人口 Q.

解 为计算方便,设市中心位于坐标原点,建立空间直角坐标系,如图 11-34 所示,则任意点 (x, y) 到原点的距离 $r = \sqrt{x^2 + y^2}$,于是人口密度函数为 $f(x, y) = c e^{-a(x^2 + y^2)}$.

因为 $r = 0, f = 10^5$,所以 $c = 10^5$. 又因为 $r = 1, f = \dfrac{10^5}{\mathrm{e}}$,所以 $a = 1$.

因此,人口密度函数为

$$f(x, y) = 10^5 \mathrm{e}^{-(x^2 + y^2)}.$$

因为该城市是 $r = 5$ 的圆形区域,所以积分区域为

$$D: 0 \leqslant r \leqslant 5, 0 \leqslant \theta \leqslant 2\pi.$$

该城市的总人口 Q 就是人口密度函数在圆形区域 D 上的二重积分,即

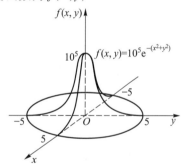

图 11-34

$$Q = \iint\limits_{D} 10^5 \mathrm{e}^{-(x^2 + y^2)} \mathrm{d}x\mathrm{d}y.$$

利用极坐标计算得

$$
\begin{aligned}
Q &= \iint\limits_{D} 10^5 \mathrm{e}^{-r^2} r \mathrm{d}r \mathrm{d}\theta = \int_0^{2\pi} \mathrm{d}\theta \int_0^5 10^5 \mathrm{e}^{-r^2} r \mathrm{d}r \\
&= 2\pi \left(-\frac{1}{2} \right) \int_0^5 10^5 \mathrm{e}^{-r^2} \mathrm{d}(-r^2) \\
&= -\pi 10^5 (\mathrm{e}^{-r^2}) \mid_0^5 \\
&= 10^5 \cdot (-\pi)(\mathrm{e}^{-25} - 1) \approx 314\ 159 (\text{人}).
\end{aligned}
$$

例 6(平均利润) 设某公司销售 x 个单位商品 Ⅰ,y 个单位商品 Ⅱ 的利润是

$$P(x, y) = -(x - 200)^2 - (y - 100)^2 + 5000.$$

现已知一周销售商品 Ⅰ 的个数在 150~200 变化,一周销售商品 Ⅱ 的个数在 80~100 变化,试求销售这两种商品一周的平均利润.

解 因 x,y 的变化范围为 D:$150 \leqslant x \leqslant 200, 80 \leqslant y \leqslant 100$,故区域 D 的面积为

$$\sigma = 50 \times 20 = 1\ 000.$$

这家公司一周销售两种商品的平均利润为

$$\frac{1}{\sigma} \iint\limits_D P(x,y)\,\mathrm{d}\sigma = \frac{1}{1\ 000} \iint\limits_D [-(x-200)^2 - (y-100)^2 + 5\ 000]\,\mathrm{d}\sigma$$

$$= \frac{1}{1\ 000} \int_{150}^{200} \mathrm{d}x \int_{80}^{100} [-(x-200)^2 - (y-100)^2 + 5\ 000]\,\mathrm{d}y$$

$$= \frac{1}{1\ 000} \int_{150}^{200} \left[-(x-200)^2 y - \frac{(y-100)^3}{3} + 5\ 000y \right] \Big|_{80}^{100} \mathrm{d}x$$

$$= \frac{1}{1\ 000} \int_{150}^{200} \left[-20(x-200)^2 + \frac{292\ 000}{3} \right] \mathrm{d}x$$

$$= \frac{1}{3\ 000} \left[-20(x-200)^3 + 292\ 000x \right] \Big|_{150}^{200}$$

$$= \frac{12\ 100\ 000}{3\ 000} \approx 4\ 033\,(元).$$

💻 习题 11-3

1. 利用二重积分计算下列曲线所围成平面区域的面积:

(1) $y^2 = 2x, y = x$;

(2) $\sqrt{x} + \sqrt{y} = \sqrt{3}, x + y = 3$;

(3) $r \geqslant 3, r \leqslant 6\cos\theta$.

2. 利用二重积分计算由下列曲面所围成立体的体积:

(1) $\dfrac{x}{a} + \dfrac{y}{b} + \dfrac{z}{c} = 1\,(a>0, b>0, c>0), x=0, y=0, z=0$;

(2) $x+y+z = 3, x^2+y^2 = 1, z = 0$;

(3) $(x-1)^2 + (y-1)^2 = 1, xy = z, z = 0$;

(4) $y = x^2, x = y^2, z = 0, z = 12+y-x^2$;

(5) $z = \dfrac{1}{2}y^2, 2x+3y-12 = 0, x=0, y=0, z=0$.

3. 求由曲面 $z = x^2 + y^2, x+y = 1$ 以及三个坐标平面所围立体的体积.

4. 求由锥面 $z = \sqrt{x^2+y^2}$ 和半球面 $z = \sqrt{1-x^2-y^2}$ 所围立体的体积.

5. 求由曲面 $(z-1)^2 = x^2+y^2$ 和 $z = -\sqrt{1-x^2-y^2}$ 所围立体的体积.

6. 现将某城镇近似看成矩形区域,其人口密度(单位:万人/km^2)可用函数

$$f(x,y) = \frac{5}{|x|+|y|+1}$$

来表示.点 $(0,0)$ 为城镇的中心点,(x,y) 是城镇中任一点的坐标,x,y 的单位以 km 计,且 $-2 \leqslant x \leqslant 2, -5 \leqslant y \leqslant 5$,求这个城镇的总人口.

7. 某公司的生产函数为

$$Q(x,y) = 35x^{0.75}y^{0.25},$$

其中 x 表示劳动力投入量，y 表示资本投入量，求当 $16 \leqslant x \leqslant 18, 0.5 \leqslant y \leqslant 1$ 时的平均产量.

总习题十一

1. 填空题：

（1）交换下列二次积分的次序：

$$\int_0^1 \mathrm{d}y \int_{\mathrm{e}^y}^{\mathrm{e}} f(x,y)\,\mathrm{d}x = \underline{\hspace{2cm}};$$

$$\int_0^1 \mathrm{d}y \int_{2-y}^{1+\sqrt{1-y^2}} f(x,y)\,\mathrm{d}x = \underline{\hspace{2cm}};$$

$$\int_0^\pi \mathrm{d}x \int_{-\sin\frac{x}{2}}^{\sin x} f(x,y)\,\mathrm{d}y = \underline{\hspace{2cm}}.$$

（2）设 D 为区域 $\{(x,y) \mid |x| + |y| \leqslant 1\}$，则 $\iint\limits_D \mathrm{d}x\mathrm{d}y = \underline{\hspace{2cm}}$.

（3）已知 $\int_0^4 f(t)\,\mathrm{d}t = 1$，则 $\iint\limits_{x^2+y^2 \leqslant 4} f(x^2 + y^2)\,\mathrm{d}x\mathrm{d}y = \underline{\hspace{2cm}}$.

2. 计算二重积分 $I = \iint\limits_D \dfrac{\sin y^2}{y}\mathrm{d}\sigma$，其中 D 是由曲线 $y = \sqrt{\pi}$，$x = 0$，$y^2 = x$ 所围成的闭区域.

3. 计算二重积分 $\iint\limits_D \sin(x^2 + y^2)\,\mathrm{d}x\mathrm{d}y$，其中 D 为平面区域 $x^2 + y^2 \leqslant \pi$ 在第一象限的部分.

4. 计算二重积分 $\iint\limits_D \dfrac{xy}{x^2 + y^2}\mathrm{d}x\mathrm{d}y$，其中 D 是区域 $1 \leqslant x^2 + y^2 \leqslant 2$ 在第一象限的部分.

5. 计算二重积分 $\iint\limits_D \dfrac{y^3}{(1 + x^2 - y^4)^2}\mathrm{d}x\mathrm{d}y$，其中 D 由抛物线 $y = \sqrt{x}$、x 轴及直线 $x = 1$ 所围成.

6. 计算二重积分 $\iint\limits_D \dfrac{1}{x^4 + y^2}\mathrm{d}x\mathrm{d}y$，其中区域 D 由抛物线 $y = x^2$ 与直线 $x = 1$、$x = 2$ 及 x 轴所围成.

7. 计算二重积分 $\iint\limits_D xy\,\mathrm{d}\sigma$，其中区域 D 由曲线 $x = \sqrt{2y - y^2}$ 及 y 轴所围成.

8. 计算二重积分 $\iint\limits_D \sqrt{x^2 + y^2}\,\mathrm{d}\sigma$，其中 D 是由圆 $x^2 + y^2 = 4$ 和 $(x-1)^2 + y^2 = 1$ 所围成的平面区域.

9. 计算二次积分 $\int_0^1 \mathrm{d}y \int_{y^{1/3}}^1 \sqrt{1-x^4}\,\mathrm{d}x$.

10. 计算二次积分 $\int_1^5 \mathrm{d}y \int_y^5 \dfrac{\mathrm{d}x}{y\ln x}$.

11. 计算二次积分 $I = \int_0^1 \mathrm{d}x \int_0^1 \left| xy - \dfrac{1}{4} \right| \mathrm{d}y$.

12. 设公司生产两种产品 A 与 B，其成本（单位：千元）可表示为 $C(x,y) = 2x^2 - 2xy + y^2 - 7x + 10y + 11$，其中 x 为产品 A 的产量，y 为产品 B 的产量，如果 $1 \leqslant x \leqslant 10, 2 \leqslant y \leqslant 10$，试求两种产品的平均成本.

13. 设某一矩形地区的人口密度（单位：千人/km^2）可表示为 $P(x,y) = 250 - (x^2 + y^2)$，其中 (x,y) 是该地区内任一点的坐标，x,y 的单位以 km 计，当 $x = 0, y = 0$ 时表示该地区的中心，又设该地区南北方向（y 轴）离中心 12 km，东西方向（x 轴）离中心 9 km，试求该地区每平方千米的平均人口.

第十一章
习题参考
答案与提示

第十二章   微分方程及其在经济学中的应用

在实际生活中,自然科学与社会科学等领域中的许多问题都需要寻求有关变量之间的函数关系.但是,有时不容易直接建立这种关系,却可以建立含有待求函数的导数或微分的关系式,这种关系式称为**微分方程**.通过求解微分方程可以得到所要求的函数关系.

本章介绍微分方程的基本知识、微分方程的求解及其在经济学中的应用.

§12.1   微分方程的基本概念

一、引例

通过下面两个实例,我们给出与微分方程有关的基本概念.

例 1(自由落体运动)   设物体从高处做自由落体运动,并设下落的起点为原点,开始下落的时间 $t=0$,物体运动的方向为正方向,求物体的路程函数 $s(t)$.

解   虽然不知道 $s(t)$ 的具体表达式,但由二阶导数及物理学的基本知识,可知以下等式成立:

$$\frac{\mathrm{d}^2 s}{\mathrm{d}t^2} = g, \tag{1}$$

其中 g 为重力加速度,且(1)式满足条件

$$s(0) = 0, s'(0) = 0. \tag{2}$$

对(1)式两端积分,得

$$\frac{\mathrm{d}s}{\mathrm{d}t} = gt + C_1,$$

对上式再次积分,得

$$s = \frac{1}{2}gt^2 + C_1 t + C_2, \tag{3}$$

其中 C_1, C_2 为任意常数.

将条件(2)代入(3)式,得

$$s = \frac{1}{2}gt^2.$$

例 2(马尔萨斯人口增长模型)   英国人口学家马尔萨斯(Malthus)根据百余年的人口统计资料,于 18 世纪末提出著名的人口增长模型,该模型假设人口的净增长率(出生率减去死亡率)是常数,即单位时间内人口的增长量与当时的人口数成正比.

设时刻 t 的人口数为 $x(t)$,净增长率为 r.我们将 $x(t)$ 当作连续函数考虑,开始时($t=0$)的人口数为 x_0,即 $x(0)=x_0$.按照马尔萨斯的理论,$x(t)$ 满足如下方程:

$$\frac{\mathrm{d}x}{\mathrm{d}t}=rx(t),\tag{4}$$

并且(4)式满足条件

$$x(0)=x_0,\tag{5}$$

其中 r 为常数.方程(4)称为**马尔萨斯人口增长模型**.

由上述例题可以看到,建立的关系式(1)和(4)具有相同的特征,即都含有未知函数的导数,这就是微分方程.

二、基本概念

定义 1 表示未知函数、未知函数的导数(或微分)以及自变量之间关系的函数方程称为**微分方程**,未知函数为一元函数的微分方程称为**常微分方程**;未知函数为多元函数,从而出现偏导数的微分方程称为**偏微分方程**.

例如,方程

$$\frac{\mathrm{d}y}{\mathrm{d}t}=ay,a\text{ 为常数},\tag{6}$$

$$\frac{\mathrm{d}y}{\mathrm{d}x}+P(x)y=Q(x),\tag{7}$$

$$\frac{\mathrm{d}^2y}{\mathrm{d}x^2}+x\frac{\mathrm{d}y}{\mathrm{d}x}+x^2y=\mathrm{e}^x,\tag{8}$$

$$\left(\frac{\mathrm{d}y}{\mathrm{d}x}\right)^2+1=y^{-2}\tag{9}$$

都是常微分方程;而方程

$$\frac{\partial^2u}{\partial t^2}-\frac{\partial^2u}{\partial x^2}=f(x,t),\tag{10}$$

$$\frac{\partial^2u}{\partial x^2}-\frac{\partial^2u}{\partial y^2}+\frac{\partial^2u}{\partial z^2}=0\tag{11}$$

都是偏微分方程.

经济学中遇到的微分方程大多数是常微分方程,故本章只介绍常微分方程的一些基本知识.为了叙述简单起见,今后将常微分方程简称为**微分方程**,或简称为**方程**.

定义 2 微分方程中出现的未知函数的最高阶导数的阶数称为**微分方程的阶**.

例如,方程(4)、(6)、(7)和(9)为一阶常微分方程,方程(1)和(8)为二阶常微分方程,而方程(10)和(11)为二阶偏微分方程.

n 阶微分方程的一般形式是

$$F(x,y,y',\cdots,y^{(n)})=0,\tag{12}$$

其中 x 为自变量,y 为未知函数;$F(x,y,y',\cdots,y^{(n)})$ 是 $x,y,y',\cdots,y^{(n)}$ 的已知函数,且 $y^{(n)}$ 一定要出现.

若(12)式左端的函数 F 为 $y,y',\cdots,y^{(n)}$ 的线性函数,则称其为 n **阶线性(常)微分方**

程,其一般形式为

$$y^{(n)} + a_1(x)y^{(n-1)} + \cdots + a_{n-1}(x)y' + a_n(x)y = f(x), \tag{13}$$

其中 $a_1(x), \cdots, a_{n-1}(x), a_n(x)$ 和 $f(x)$ 均为自变量 x 的已知函数.

不是线性方程的微分方程统称为**非线性微分方程**.

例如,方程(4)、(6)、(7)为一阶线性方程,方程(8)为二阶线性方程,而方程(9)为一阶非线性方程.

由引例可以看到,在研究某些实际问题时,首先要建立微分方程,然后找出满足微分方程的函数(解微分方程),也就是说,将该函数代入微分方程可使之成为恒等式,这个函数就是微分方程的解.下面给出方程解的定义.

定义 3 如果将已知函数 $y = \varphi(x)$ 代入方程(12)后能使其成为恒等式,那么函数 $y = \varphi(x)$ 称为方程(12)的**解**;如果由方程 $\Phi(x, y) = 0$ 确定的隐函数 $y = \varphi(x)$ 是方程(12)的解,则称 $\Phi(x, y) = 0$ 为方程(12)的**隐式解**.

例如,函数 $y = e^{at}, y = Ce^{at}$(C 为任意常数)都是方程(6)的解;而 $x^2 + y^2 = 1$ 是方程(9)的隐式解.

为了叙述简单起见,今后对微分方程的解和隐式解不加区别,统称为**方程的解**.

定义 4 如果含有 n 个相互独立的任意常数 $C_1, C_2, \cdots, C_n$ 的函数

$$y = \varphi(x, C_1, C_2, \cdots, C_n)$$

或方程

$$\Phi(x, y, C_1, C_2, \cdots, C_n) = 0$$

是 n 阶方程(12)的解,那么称其为方程(12)的**通解**;在通解中,给任意常数 $C_1, C_2, \cdots, C_n$ 以确定的值而得到的解称为方程(12)的**特解**.

例如,将 $s = \dfrac{1}{2}gt^2$ 代入方程(1),能使之成为恒等式,由于 $s = \dfrac{1}{2}gt^2$ 中没有任意常数,故 $s = \dfrac{1}{2}gt^2$ 是方程(1)的特解.可以验证(3)式也是方程(1)的解,由于其含有两个相互独立的任意常数,而方程(1)是二阶的,故(3)式是方程(1)的通解.

又如方程

$$y'' + y = 0 \tag{14}$$

的通解为

$$y = C_1 \sin x + C_2 \cos x,$$

其中 C_1, C_2 为任意常数,而 $y_1 = \sin x, y_2 = \cos x$ 均为方程(14)的特解,它们可由通解得到.

通常,为了确定 n 阶方程(12)的某个特解,需给出该特解应满足的附加条件,称为**定解条件**.一般来说,n 阶微分方程应有 n 个定解条件,才能确定某个具体的特解.n 阶方程(12)常见的定解条件是如下的**初始条件**

$$y(x_0) = y_0, y'(x_0) = y_1, \cdots, y^{(n-1)}(x_0) = y_{n-1}, \tag{15}$$

其中 $x_0, y_0, y_1, \cdots, y_{n-1}$ 为 $n+1$ 个给定的常数.

例如,方程(14)满足初始条件 $y(0) = 0, y'(0) = 1$ 的特解为 $y = \sin x$;而它满足初始条件 $y(0) = 1, y'(0) = 0$ 的特解为 $y = \cos x$.

求微分方程满足某个定解条件的解的问题称为微分方程的**定解问题**,求微分方程满

足某个初始条件的解的问题称为微分方程的**初值问题**.

例 3 验证函数 $y=(C_1+C_2x)e^{3x}$ 是方程 $y''-6y'+9y=0$ 的通解,其中 C_1,C_2 为任意常数,并求满足初始条件 $y(0)=0,y'(0)=1$ 的特解.

解 验证一个函数是不是方程的通解分为以下两步:首先验证这个函数是不是解,其次验证函数中相互独立的任意常数的个数是否与方程的阶数相等.如果两者相等,那么此函数即是通解.

由于

$$y'=C_2e^{3x}+3(C_1+C_2x)e^{3x},$$
$$y''=6C_2e^{3x}+9(C_1+C_2x)e^{3x},$$

故

$$y''-6y'+9y$$
$$=6C_2e^{3x}+9(C_1+C_2x)e^{3x}-6C_2e^{3x}-18(C_1+C_2x)e^{3x}+9(C_1+C_2x)e^{3x}$$
$$=0,$$

又因为 y 中含有两个相互独立的任意常数,该方程的阶数也是 2,故 $y=(C_1+C_2x)e^{3x}$ 是方程 $y''-6y'+9y=0$ 的通解.

将初始条件 $y(0)=0$ 代入 $y=(C_1+C_2x)e^{3x}$,得 $C_1=0$.再将 $y'(0)=1$ 代入 $y'=C_2e^{3x}+3C_2xe^{3x}$,得 $C_2=1$,从而所求特解为 $y=xe^{3x}$.

习题 12-1

1. 验证下列各函数是所给微分方程的通解:

(1) $y=(x+C)e^{-x}$, $y'+y=e^{-x}$;

(2) $x=\cos 2t+C_1\cos 3t+C_2\sin 3t$, $x''+9x=5\cos 2t$;

(3) $y=(C_1+C_2\ln x)\sqrt{x}+C_3$, $4x^2y'''+8xy''+y'=0$;

(4) $y^2=C_1x+C_2x^2$, $x^2yy''+(xy'-y)^2=0$;

(5) $\ln y=x^2+2+C_1e^x+C_2e^{-x}$, $\left(\dfrac{1}{y}y'\right)^2-\dfrac{1}{y}y''=x^2-\ln y$.

2. 试指出下列微分方程的阶数:

(1) $x(y')^2-2yy'+x=0$;   (2) $y^{(4)}-4y'''+10y''-12y'+5y=\sin 2x$;

(3) $(7x-6y)dx+(x+y)dy=0$;   (4) $\dfrac{d^2S}{dt^2}+\dfrac{dS}{dt}+S=0$.

3. 已知 $y=\dfrac{x}{\ln x}$ 是微分方程 $y'=\dfrac{y}{x}+\varphi\left(\dfrac{x}{y}\right)$ 的解,试求 $\varphi\left(\dfrac{x}{y}\right)$ 的表达式.

§12.2 一阶微分方程

最基本的微分方程是一阶微分方程,它的一般形式是

$$F(x,y,y')=0, \tag{1}$$

$$\text{或} \quad y'=f(x,y),\text{亦或} \quad \frac{\mathrm{d}y}{\mathrm{d}x}=f(x,y), \tag{2}$$

其中 $F(x,y,y')$ 是 x,y,y' 的已知函数, $f(x,y)$ 是 x,y 的已知函数.

一阶微分方程有时也可以写成如下对称形式:

$$P(x,y)\mathrm{d}x+Q(x,y)\mathrm{d}y=0.$$

下面介绍几类特殊的一阶微分方程的解法.

一、 可分离变量的微分方程

一般地, 如果一个一阶微分方程能写成

$$g(y)\mathrm{d}y=f(x)\mathrm{d}x \tag{3}$$

的形式, 也就是说, 能把微分方程写成一端只含变量 y 的函数与 $\mathrm{d}y$, 另一端只含变量 x 的函数与 $\mathrm{d}x$, 那么原方程就称为**可分离变量的微分方程**.

假设 $y=y(x)$ 是方程 (3) 的解, 将它代入 (3) 中, 得到等式

$$g[y(x)]y'(x)\mathrm{d}x=f(x)\mathrm{d}x.$$

上式两端同时积分, 得

$$\int g[y(x)]y'(x)\mathrm{d}x = \int f(x)\mathrm{d}x,$$

左端利用变量替换 $y=y(x)$, 得

$$\int g(y)\mathrm{d}y = \int f(x)\mathrm{d}x.$$

设 $G(y),F(x)$ 分别为 $g(y),f(x)$ 的原函数, 于是有

$$G(y) = F(x)+C. \tag{4}$$

(4) 式即为方程 (3) 的隐式通解.

实际上, 形如

$$\frac{\mathrm{d}y}{\mathrm{d}x}=\varphi(x)\psi(y) \tag{5}$$

的一阶微分方程也是可分离变量方程, 这是因为 (5) 式可改写为

$$\frac{1}{\psi(y)}\mathrm{d}y=\varphi(x)\mathrm{d}x,\psi(y)\neq 0. \tag{6}$$

例 1 求方程 $\dfrac{\mathrm{d}y}{\mathrm{d}x}=-\dfrac{x}{y}$ 的通解.

解 将题设方程分离变量得

$$y\mathrm{d}y=-x\mathrm{d}x,$$

两边同时积分, 得

$$\frac{1}{2}y^2 = -\frac{1}{2}x^2+\overline{C}.$$

令 $C=2\overline{C}$, 则原方程的通解为

$$x^2+y^2=C,$$

这里 C 为任意正常数.

例 2 求方程 $\dfrac{\mathrm{d}y}{\mathrm{d}x}=2xy$ 的通解,以及满足 $y(0)=1$ 的特解.

解 设 $y\neq0$,分离变量得

$$\frac{\mathrm{d}y}{y}=2x\mathrm{d}x,$$

两边同时积分,得

$$\ln|y|=x^2+\overline{C},\overline{C}\text{ 为任意常数}.$$

于是,由对数定义得

$$|y|=\mathrm{e}^{x^2+\overline{C}}=\mathrm{e}^{\overline{C}}\mathrm{e}^{x^2}.$$

进一步有

$$y=\pm\mathrm{e}^{\overline{C}}\mathrm{e}^{x^2},$$

令 $C=\pm\mathrm{e}^{\overline{C}}$,得

$$y=C\mathrm{e}^{x^2},C\text{ 为任意非零常数}.$$

此外,$y=0$ 也是原方程的解.如果允许 $C=0$,那么如上的解就包含了 $y=0$.故原方程的通解为

$$y=C\mathrm{e}^{x^2},C\text{ 为任意常数}.$$

将 $y(0)=1$ 代入通解中,得 $C=1$.故原方程满足题设初始条件的特解为 $y=\mathrm{e}^{x^2}$.

注意 对于通解中任意常数 C 的确定,可以有不同的处理方式,如例 2 中的 $\ln|y|=x^2+\overline{C}$ 也可写成 $\ln|y|=x^2+\ln|C|$,进一步得到 $\ln|y|=\ln(|C|\mathrm{e}^{x^2})$ 及 $y=C\mathrm{e}^{x^2}$.

例 3 求方程 $4x\mathrm{d}x-3y\mathrm{d}y=3x^2y\mathrm{d}y-2xy^2\mathrm{d}x$ 的通解.

解 合并同类项,得

$$2x(2+y^2)\mathrm{d}x=3(1+x^2)y\mathrm{d}y.$$

分离变量,得

$$\frac{2x}{1+x^2}dx=\frac{3y}{2+y^2}dy,$$

两边同时积分,得

$$\ln(1+x^2)=\frac{3}{2}\ln(2+y^2)+\ln C.$$

因此,通解为

$$1+x^2=C\,(2+y^2)^{\frac{3}{2}},$$

其中 C 为任意正常数.

例 4 求方程 $y'=\dfrac{1+y^2}{xy(1+x^2)}$ 的通解,以及满足 $y(1)=2$ 的特解.

解 分离变量,得

$$\frac{y}{1+y^2}dy=\frac{1}{x(1+x^2)}dx=\left(\frac{1}{x}-\frac{x}{1+x^2}\right)dx.$$

两边同时积分,得

$$\frac{1}{2}\ln(1+y^2) = \ln|x| - \frac{1}{2}\ln(1+x^2) + \frac{1}{2}\ln C,$$

即

$$\ln\left[(1+x^2)(1+y^2)\right] = \ln(Cx^2).$$

因此,通解为

$$(1+x^2)(1+y^2) = Cx^2,$$

其中 C 为任意正常数.

将 $y(1) = 2$ 代入通解,可得 $C = 10$. 于是,所求特解为

$$(1+x^2)(1+y^2) = 10x^2.$$

二、 齐次微分方程

1. 齐次微分方程

形如

$$\frac{\mathrm{d}y}{\mathrm{d}x} = f\left(\frac{y}{x}\right) \tag{7}$$

的一阶微分方程称为**齐次微分方程**,简称**齐次方程**.

求解齐次方程(7)的常用方法是**变量替换法**,即通过变量替换将其化为可分离变量方程然后再求解的方法.令

$$u = \frac{y}{x}\text{或 } y = xu, \tag{8}$$

其中 $u = u(x)$ 是新变量,对 $y = xu$ 两边求微分,得

$$\mathrm{d}y = x\mathrm{d}u + u\mathrm{d}x.$$

将其代入方程(7)并利用(8)式,可得

$$\frac{1}{f(u) - u}\mathrm{d}u = \frac{1}{x}\mathrm{d}x.$$

其中 $f(u) - u \neq 0$. 这是关于 x 和 u 的可分离变量方程,积分得

$$\int \frac{1}{f(u) - u}\mathrm{d}u = \ln|x| + C, \tag{9}$$

求出(9)式左端的一个原函数后,再将 $u = \frac{y}{x}$ 代入,即可求得齐次方程(7)的通解.

注意 如果 $f(u) - u = 0$,那么 $\frac{\mathrm{d}y}{\mathrm{d}x} = \frac{y}{x}$,由分离变量法得 $y = Cx$(C 为任意常数)是方程(7)的解.

例 5 求方程 $x\frac{\mathrm{d}y}{\mathrm{d}x} = \frac{3y^3 + 6x^2 y}{3x^2 + 2y^2}$ 的通解.

解 将所给方程改写为齐次方程

$$\frac{\mathrm{d}y}{\mathrm{d}x} = \frac{6\dfrac{y}{x} + 3\left(\dfrac{y}{x}\right)^3}{3 + 2\left(\dfrac{y}{x}\right)^2}.$$

令 $y = xu$，则有

$$u + x \frac{\mathrm{d}u}{\mathrm{d}x} = \frac{6u + 3u^3}{3 + 2u^2}.$$

分离变量得

$$\frac{1}{x}\mathrm{d}x = \frac{3 + 2u^2}{3u + u^3}\mathrm{d}u = \left(\frac{1}{u} + \frac{u}{3 + u^2}\right)\mathrm{d}u.$$

积分得

$$\ln|x| = \ln|u| + \frac{1}{2}\ln(3 + u^2) + \ln|C|.$$

由此可得

$$x = Cu\sqrt{3 + u^2}，C \text{ 为任意常数}.$$

于是，将 $u = \dfrac{y}{x}$ 代入上式，可得原方程的通解

$$x^3 = Cy\sqrt{3x^2 + y^2}，C \text{ 为任意常数}.$$

例 6　求方程 $\dfrac{\mathrm{d}y}{\mathrm{d}x} = \dfrac{x+y}{x-y}$ 的通解.

解　将原方程变形为

$$\frac{\mathrm{d}y}{\mathrm{d}x} = \frac{1 + \dfrac{y}{x}}{1 - \dfrac{y}{x}},$$

令 $u = \dfrac{y}{x}$，则 $\dfrac{\mathrm{d}y}{\mathrm{d}x} = u + x\dfrac{\mathrm{d}u}{\mathrm{d}x}$，将其代入上式，得

$$u + x\frac{\mathrm{d}u}{\mathrm{d}x} = \frac{1 + u}{1 - u}.$$

变量分离得

$$\frac{(1 - u)\mathrm{d}u}{1 + u^2} = \frac{\mathrm{d}x}{x}.$$

两边积分得

$$\arctan u - \frac{1}{2}\ln(1 + u^2) = \ln|x| + \overline{C},$$

整理后得

$$\frac{\mathrm{e}^{\arctan u}}{\sqrt{1 + u^2}} = \mathrm{e}^{\overline{C}}|x|.$$

将 $u = \dfrac{y}{x}$ 回代，得原方程的通解为

$$\mathrm{e}^{\arctan \frac{y}{x}} = C\sqrt{x^2 + y^2}，C \text{ 为任意正常数},$$

其中 $C = \mathrm{e}^{\overline{C}}$.

　　注意　由上面的例题看到，C 有时可取任意常数，有时只在某个范围内取值.

* 2. 可化为齐次方程的微分方程

虽然有些微分方程不是齐次方程,但经过适当的变量替换后,可化为齐次方程或可分离变量方程,形如

$$\frac{\mathrm{d}y}{\mathrm{d}x}=f\left(\frac{a_1x+b_1y+c_1}{a_2x+b_2y+c_2}\right) \tag{10}$$

的一阶微分方程就属于这种情形,下面分三种情况分别讨论方程(10)的解法.

(1)若 $c_1=c_2=0$,则方程(10)为齐次方程.

(2)若 c_1,c_2 至少有一个不为零,且有

$$D=\begin{vmatrix} a_1 & b_1 \\ a_2 & b_2 \end{vmatrix}=a_1b_2-a_2b_1\neq 0,$$

则作变量替换

$$x=u+\alpha,y=v+\beta,$$

可将方程(10)化为齐次方程,其中 u 和 v 为新变量;α 和 β 为常数,由线性方程组

$$\begin{cases} a_1\alpha+b_1\beta+c_1=0, \\ a_2\alpha+b_2\beta+c_2=0 \end{cases}$$

确定.经上述变换后,方程(10)化为

$$\frac{\mathrm{d}v}{\mathrm{d}u}=f\left(\frac{a_1u+b_1v}{a_2u+b_2v}\right),$$

这是关于 u 和 v 的齐次方程.

(3)若 c_1,c_2 至少有一个不为零,且有

$$D=a_1b_2-a_2b_1=0,$$

即有

$$\frac{a_1}{a_2}=\frac{b_1}{b_2}=\lambda,$$

则令

$$u=a_2x+b_2y,$$

可将方程(10)化为

$$\frac{\mathrm{d}u}{\mathrm{d}x}=a_2+b_2\frac{\mathrm{d}y}{\mathrm{d}x}=a_2+b_2f\left(\frac{\lambda u+c_1}{u+c_2}\right).$$

这是关于 x 和 u 的可分离变量方程.

例 7 求方程 $\dfrac{\mathrm{d}y}{\mathrm{d}x}=\dfrac{7x-3y-7}{7y-3x+3}$ 的通解.

解 因为 $c_1=-7\neq 0,c_2=3\neq 0$ 且

$$D=\begin{vmatrix} 7 & -3 \\ -3 & 7 \end{vmatrix}=40\neq 0.$$

这属于情形(2),由方程组

$$\begin{cases} 7\alpha-3\beta-7=0, \\ -3\alpha+7\beta+3=0, \end{cases}$$

解得 $\alpha = 1, \beta = 0$. 于是, 作变换

$$x = u + 1, y = v,$$

可将原方程化为齐次方程

$$\frac{\mathrm{d}v}{\mathrm{d}u} = \frac{7u - 3v}{-3u + 7v} = \frac{7 - 3\dfrac{v}{u}}{-3 + 7\dfrac{v}{u}}.$$

再令 $v = uw$, 则得

$$w + u\frac{\mathrm{d}w}{\mathrm{d}u} = \frac{7 - 3w}{-3 + 7w}.$$

由此可得

$$u\frac{\mathrm{d}w}{\mathrm{d}u} = \frac{7 - 7w^2}{-3 + 7w},$$

分离变量得

$$\frac{7}{u}\mathrm{d}u = \frac{-3 + 7w}{1 - w^2}\mathrm{d}w = \left(\frac{2}{1 - w} - \frac{5}{1 + w}\right)\mathrm{d}w,$$

两边积分得

$$7\ln|u| = \ln|C| - 2\ln|1 - w| - 5\ln|1 + w|,$$

由此可得

$$u^7 (1 - w)^2 (1 + w)^5 = C,$$

将 $u = x - 1, w = \dfrac{y}{x - 1}$ 代入上式, 得原方程的通解为

$$(x + y - 1)^5 (x - y - 1)^2 = C,$$

其中 C 为任意常数.

三、 一阶线性微分方程

形如

$$\frac{\mathrm{d}y}{\mathrm{d}x} + P(x)y = Q(x) \tag{11}$$

的一阶微分方程称为**一阶线性微分方程**, 其中 $P(x), Q(x)$ 为区间 I 上的连续函数.

当 $Q(x) \equiv 0$ 时, 方程(11)化为

$$\frac{\mathrm{d}y}{\mathrm{d}x} + P(x)y = 0, \tag{12}$$

称为**一阶齐次线性方程**; 当 $Q(x) \neq 0$ 时, 方程(11)称为**一阶非齐次线性方程**.

有时也称一阶齐次线性方程(12)为一阶非齐次线性方程(11)的**对应齐次方程**.

1. 一阶齐次线性方程的通解

将方程(12)分离变量, 得

$$\frac{1}{y}\mathrm{d}y = -P(x)\mathrm{d}x.$$

积分得

$$\ln|y| = -\int P(x)\,\mathrm{d}x + \ln|C|,$$

由此可得方程(12)的通解

$$y = C\mathrm{e}^{-\int P(x)\,\mathrm{d}x}, \tag{13}$$

其中 C 为任意常数.

2. 一阶非齐次线性方程的通解

我们先用前面介绍过的变量替换法求一阶非齐次线性方程(11)的通解,然后由此引出求线性微分方程通解的另一常用方法——**常数变易法**.

设方程(11)的解为

$$y = uv \tag{14}$$

其中 $u=u(x),v=v(x)$ 为待定的未知函数,将(14)式代入(11)式,可得

$$vu' + u[v' + P(x)v] = Q(x).$$

为了确定 u,v,令

$$v' + P(x)v = 0, \tag{15}$$

则有

$$vu' = Q(x). \tag{16}$$

由(15)式有

$$v(x) = \mathrm{e}^{-\int P(x)\,\mathrm{d}x}.$$

将其代入(16)式并积分,得

$$u(x) = \int Q(x)\,\mathrm{e}^{\int P(x)\,\mathrm{d}x}\,\mathrm{d}x + C.$$

于是,方程(11)的通解为

$$\begin{aligned} y &= u(x)v(x) \\ &= \left[\int Q(x)\,\mathrm{e}^{\int P(x)\,\mathrm{d}x}\,\mathrm{d}x + C\right]\mathrm{e}^{-\int P(x)\,\mathrm{d}x}, \end{aligned} \tag{17}$$

其中 C 为任意常数.

不难验证(17)式是一阶非齐次线性方程(11)的通解.

比较一阶非齐次线性方程(11)的通解(17)式与一阶齐次线性方程(12)的通解(13)式,不难发现,它们有相同的因子 $\mathrm{e}^{-\int P(x)\,\mathrm{d}x}$,(13)式中的常数 C 在(17)式中变为 x 的函数 $u(x)$,由此启发我们,可通过方程(11)的对应齐次方程(12)的通解去求方程(11)的通解.方法是,将方程(12)的通解(13)式中的常数 C 变易为 x 的函数 $C(x)$,即令方程(11)的解为

$$y = C(x)\,\mathrm{e}^{-\int P(x)\,\mathrm{d}x},$$

其中 $C(x)$ 为待定函数,对上式求导,得

$$y' = [C'(x) - C(x)P(x)]\,\mathrm{e}^{-\int P(x)\,\mathrm{d}x},$$

将上述 y 和 y' 代入方程(11),得

$$C'(x) = Q(x)\,\mathrm{e}^{\int P(x)\,\mathrm{d}x},$$

积分得

$$C(x) = \int Q(x) e^{\int P(x)dx} dx + C.$$

于是,方程(11)的通解为

$$y = C(x) e^{-\int P(x)dx}$$
$$= \left[\int Q(x) e^{\int P(x)dx} dx + C \right] e^{-\int P(x)dx}.$$

此即上面求得的(17)式.

这种通过将齐次方程通解中任意常数变易为未知函数的求解方法称为**常数变易法**. 常数变易法是求解线性微分方程(包括高阶线性微分方程)的一种常用的有效方法,希望读者能熟悉这一方法.

在实际求解某个具体的一阶非齐次线性方程时,变量替换法和常数变易法均可采用,也可直接利用公式(17).然而,记住公式(17)并不容易,故熟悉这类方程的求解方法——变量替换法或常数变易法,更为重要.

例 8 求方程 $y' + 2xy = xe^{-x^2}$ 的通解.

解 题设方程为一阶非齐次线性方程,其对应齐次方程为

$$y' + 2xy = 0,$$

它的通解为

$$y = Ce^{-x^2}.$$

令 $y = C(x)e^{-x^2}$ 为题设方程的解,代入题设方程有

$$C'(x) e^{-x^2} - 2C(x) xe^{-x^2} + 2C(x) xe^{-x^2} = xe^{-x^2},$$

整理得 $C'(x) = x$,两边积分得

$$C(x) = \frac{1}{2} x^2 + C.$$

则题设方程的通解为

$$y = \left(\frac{1}{2} x^2 + C \right) e^{-x^2}, C \text{ 为任意常数}.$$

例 9 求方程

$$2y dx - (x + y^4) dy = 0 \tag{18}$$

的通解,以及满足条件 $y(0) = 1$ 的特解.

解 若将方程(18)改写为

$$\frac{dy}{dx} = \frac{2y}{x + y^4},$$

则此方程不是线性方程,但是,若将方程(18)改写为

$$\frac{dx}{dy} = \frac{x + y^4}{2y} = \frac{1}{2y} x + \frac{1}{2} y^3, \tag{19}$$

则方程(19)是以 y 为自变量、以 x 为未知函数的一阶非齐次线性方程.

下面用常数变易法求方程(19)的通解.方程(19)的对应齐次方程为

$$\frac{dx}{dy} = \frac{1}{2y} x,$$

其通解为 $x = Cy^{\frac{1}{2}}$,将其中任意常数 C 变易为 $C(y)$,即令方程(19)的解

$$x = C(y) y^{\frac{1}{2}},$$

则

$$x' = C'(y) y^{\frac{1}{2}} + \frac{1}{2} C(y) y^{-\frac{1}{2}}.$$

将上述 x 和 x' 代入方程(19),可得

$$C'(y) = \frac{1}{2} y^{\frac{5}{2}},$$

积分得

$$C(y) = \frac{1}{7} y^{\frac{7}{2}} + C. \tag{20}$$

于是,方程(19)亦即方程(18)的通解为

$$x = \frac{1}{7} y^4 + C y^{\frac{1}{2}}, \tag{21}$$

其中 C 为任意常数.

将初始条件 $y(0) = 1$ 代入通解(21),可得 $C = -\frac{1}{7}$.因此,所求特解为

$$x = \frac{1}{7} y^4 - \frac{1}{7} y^{\frac{1}{2}} \text{ 或 } 7x = y^4 - y^{\frac{1}{2}}.$$

例 10 某工厂根据经验得知,其设备的运行和维修成本 C 与设备的大修间隔时间 t 的关系可用如下的方程描述:

$$\frac{\mathrm{d}C}{\mathrm{d}t} = \frac{b-1}{t} C - \frac{ab}{t^2}, \tag{22}$$

其中 a, b 为常数,且 $a>0, b>1$,已知 $C(t_0) = C_0 (t_0 \geqslant 0)$,求 $C(t)$.

解 方程(22)是关于成本 $C(t)$ 的非齐次线性方程,其对应齐次方程为

$$\frac{\mathrm{d}C}{\mathrm{d}t} = \frac{b-1}{t} C,$$

该方程的通解为

$$C(t) = C_1 t^{b-1}, C_1 \text{ 为任意常数}.$$

令方程(22)的解为

$$C(t) = C_1(t) t^{b-1},$$

则

$$C'(t) = C_1'(t) t^{b-1} + (b-1) C_1(t) t^{b-2}.$$

将上述 $C(t), C'(t)$ 代入方程(22),可得

$$C_1'(t) = -abt^{-(b+1)},$$

积分得

$$C_1(t) = at^{-b} + C_2.$$

于是,方程(22)的通解为

$$C(t) = at^{-1} + C_2 t^{b-1},$$

其中 C_2 为任意常数.

将初始条件 $C(t_0) = C_0$ 代入通解, 可得

$$C_2 = (C_0 t_0 - a) t_0^{-b}.$$

于是, 所求成本函数为

$$C(t) = \frac{a}{t} + \left(C_0 - \frac{a}{t_0} \right) \left(\frac{t}{t_0} \right)^{b-1}.$$

*3. 伯努利方程

形如

$$\frac{dy}{dx} + P(x) y = Q(x) y^n \quad (n \neq 0, 1) \tag{23}$$

的方程称为**伯努利**(Bernoulli)**方程**, 其中 n 为常数.

显然, 当 $n=0$ 或 $n=1$ 时, 方程(23)化为线性微分方程, 当 $n \neq 0$ 且 $n \neq 1$ 时, 利用变量替换法可求出方程(23)的通解. 为此, 令

$$y = u(x) v(x),$$

将其代入方程(23), 得

$$vu' + [v' + P(x) v] u = Q(x) u^n v^n. \tag{24}$$

为了确定 $u(x)$ 和 $v(x)$, 令

$$v' + P(x) v = 0,$$

则有

$$v(x) = e^{-\int P(x) dx}.$$

将其代入(24)式, 得

$$u' = Q(x) u^n v^{n-1} = Q(x) u^n e^{(1-n) \int P(x) dx},$$

分离变量得

$$u^{-n} du = \left[Q(x) e^{(1-n) \int P(x) dx} \right] dx,$$

积分得

$$u^{1-n} = (1 - n) \int Q(x) e^{(1-n) \int P(x) dx} dx + C.$$

于是, 方程(23)的通解为

$$y^{1-n} = u^{1-n} v^{1-n}$$

$$= \left[(1 - n) \int Q(x) e^{(1-n) \int P(x) dx} dx + C \right] e^{(n-1) \int P(x) dx}, \tag{25}$$

其中 C 为任意常数.

将伯努利方程(23)的通解(25)与一阶非齐次线性方程(11)的通解(17)相比较, 不难发现二者右端的形式基本相同, 不同的是左端, 这启发我们, 是否可通过变量替换将伯努利方程(23)化为线性微分方程来求解? 具体推导过程如下:

伯努利方程(23)两边同时除以 y^n, 得

$$\frac{1}{y^n} \frac{dy}{dx} + P(x) y^{1-n} = Q(x),$$

即

$$\frac{1}{1-n}\frac{\mathrm{d}y^{1-n}}{\mathrm{d}x}+P(x)y^{1-n}=Q(x).$$

作变量替换 $z=y^{1-n}$,则有

$$\frac{\mathrm{d}z}{\mathrm{d}x}+(1-n)P(x)z=(1-n)Q(x).$$

利用一阶非齐次线性方程(11)的通解(17),得其通解

$$z=\left[\int(1-n)Q(x)\mathrm{e}^{\int(1-n)P(x)\mathrm{d}x}\mathrm{d}x+C\right]\mathrm{e}^{-\int(1-n)P(x)\mathrm{d}x}.$$

回代 $z=y^{1-n}$,即得伯努利方程(23)的通解(25)式.

例 11 求方程 $\dfrac{\mathrm{d}y}{\mathrm{d}x}+xy=x^3y^3$ 的通解.

解 这是 $n=3$ 的伯努利方程.令 $y=uv$,则

$$y'+xy=vu'+(v'+xv)u=x^3u^3v^3.$$

令 $v'+xv=0$,则有

$$v(x)=\mathrm{e}^{-\frac{1}{2}x^2},vu'=x^3u^3v^3.$$

分离变量得

$$u^{-3}\mathrm{d}u=x^3v^2\mathrm{d}x=x^3\mathrm{e}^{-x^2}\mathrm{d}x,$$

积分得

$$-\frac{1}{2}u^{-2}=-\frac{1}{2}(1+x^2)\mathrm{e}^{-x^2}-\frac{1}{2}C,$$

即

$$u^{-2}=(1+x^2)\mathrm{e}^{-x^2}+C.$$

于是,所求通解为

$$y^{-2}=u^{-2}v^{-2}=1+x^2+C\mathrm{e}^{x^2}$$

或

$$(1+x^2+C\mathrm{e}^{x^2})y^2=1,$$

其中 C 为任意常数.

习题 12-2

1. 求下列微分方程的通解或在给定初始条件下的特解:

(1) $y^2\mathrm{d}x+(x-1)\mathrm{d}y=0$;

(2) $y'=\dfrac{xy+y}{x+xy}$;

(3) $2xy\mathrm{d}x=\mathrm{d}y$;

(4) $\sin x\cos^2 y\mathrm{d}x+\cos^2 x\mathrm{d}y=0$;

(5) $(xy^2-x)\mathrm{d}x+(x^2y+y)\mathrm{d}y=0$;

(6) $xy\mathrm{d}x+\sqrt{1+x^2}\mathrm{d}y=0,y(0)=1$;

(7) $\dfrac{3}{xy}\mathrm{d}x+\dfrac{2}{x^3-1}\mathrm{e}^{y^2}\mathrm{d}y=0,y(1)=0$;

（8）$\cot y \mathrm{d}x + \cot x \mathrm{d}y = 0, y(0) = 0$；

（9）$yy' + x\mathrm{e}^y = 0, y(1) = 0$；

（10）$3\mathrm{e}^x \tan y \mathrm{d}x + (1+\mathrm{e}^x) \sec^2 y \mathrm{d}y = 0, y(0) = \dfrac{\pi}{4}$.

2. 求下列微分方程的通解或在给定初始条件下的特解：

（1）$(x^2+y^2)\mathrm{d}x - 2xy\mathrm{d}y = 0$；

（2）$(xy-x^2)\mathrm{d}y = y^2\mathrm{d}x$；

（3）$3xy^2\mathrm{d}y = (2y^3-x^3)\mathrm{d}x$；

（4）$y' = \dfrac{y}{x} + \sin\dfrac{y}{x}$；

（5）$xy' = y + \sqrt{x^2+y^2}, x>0$；

（6）$\left(x\mathrm{e}^{\frac{y}{x}}+y\right)\mathrm{d}x = x\mathrm{d}y, y(1) = 0$；

（7）$(y^2-3x^2)\mathrm{d}y = 2xy\mathrm{d}x, y(0) = 1$；

（8）$(x^2+y^2)\mathrm{d}x = xy\mathrm{d}y, y(1) = 0$；

（9）$xy^2\mathrm{d}y = (x^3+y^3)\mathrm{d}x, y(1) = 0$；

（10）$y' = \left(\dfrac{y}{x}\right)^2 + \dfrac{y}{x} + 4, y(1) = 2$.

3. 求下列微分方程的通解或在给定初始条件下的特解：

（1）$y' - 2y = \mathrm{e}^x$；

（2）$y' - y = \sin x$；

（3）$y' - \dfrac{n}{x}y = x^n\mathrm{e}^x$；

（4）$y' + y\sin x = \dfrac{1}{2}\sin 2x$；

（5）$y' + 3y\tan 3x = \sin 6x$；

（6）$y' - y\cot x = 2x\sin x$

（7）$y' + y\tan x = \cos^2 x, y\left(\dfrac{\pi}{4}\right) = \dfrac{1}{2}$；

（8）$y' - \dfrac{y}{x+2} = x^2 + 2x, y(-1) = \dfrac{3}{2}$；

（9）$y' - \dfrac{y}{x+1} = (x+1)\mathrm{e}^x, y(0) = 1$；

（10）$y' + \dfrac{2x}{1+x^2}y = \dfrac{2x^2}{1+x^2}, y(0) = \dfrac{2}{3}$；

（11）$y' - \dfrac{1}{x}y = -\dfrac{2}{x}\ln x, y(1) = 1$；

（12）$y' + \dfrac{x}{2(1-x^2)}y = \dfrac{1}{2}x, y(0) = \dfrac{2}{3}$；

（13）$y' - \dfrac{2}{x+1}y = (x+1)^2\mathrm{e}^x, y(0) = 1$；

（14）$y' + 2xy = (x\sin x)\mathrm{e}^{-x^2}, y(0) = 1$；

（15）$y' - 3x^2 y = \dfrac{1}{3}x^2(1+x^3), y(0) = \dfrac{7}{9}$.

*4. 求下列伯努利方程的通解或在给定初始条件下的特解：

（1）$y' = \dfrac{x^4 + y^3}{xy^2}$；

（2）$y' - \dfrac{2x}{1+x^2}y = \dfrac{4\arctan x}{\sqrt{1+x^2}}y^{\frac{1}{2}}$；

（3）$y\mathrm{d}x = -(x + x^2 y^2)\mathrm{d}y$；

（4）$y' + \dfrac{1}{x}y = x^2 y^4$；

（5）$y' + \dfrac{3x^2}{1+x^3}y = y^2(1+x^3)\sin x, y(0) = 1$.

§12.3　一阶微分方程在经济学中的应用

如何把实际问题抽象成数学问题，即用一个简明的数学模型表示所观察变量之间的关系，这就是通常所说的数学建模，如同在§12.1 中介绍微分方程的引例那样，本节将通过实例具体介绍建立微分方程模型在求解经济问题中的应用.

一、供给需求模型

设有某种商品，其价格主要由市场供求关系决定，或者说，该商品的供给量 S 与需求量 D 只与该商品的价格 p 有关，为简单起见，设供给函数与需求函数分别为

$$S = a + bp, \quad D = \alpha - \beta p, \tag{1}$$

其中 a, b, α, β 均为常数，且 $b > 0, \beta > 0$.

当供给量与需求量相等（即 $S = D$）时，由（1）式求得供需平衡时的价格为

$$p_e = \frac{\alpha - a}{\beta + b}, \tag{2}$$

称 p_e 为该种商品的**均衡价格**.

一般地，当市场上该商品供过于求（$S > D$）时，价格将下跌；当供不应求（$S < D$）时，价格将上涨.因此，该商品在市场上的价格将随着时间的变化而围绕着均衡价格 p_e 上下波动，价格 p 是时间 t 的函数 $p = p(t)$.根据上述供求关系变化影响价格变化的分析，可以假设 t 时刻价格 $p(t)$ 的变化率 $\dfrac{\mathrm{d}p}{\mathrm{d}t}$ 与 t 时刻的超额需求量（$D - S$）成正比，即设

$$\frac{\mathrm{d}p}{\mathrm{d}t} = k(D - S), \tag{3}$$

其中 k 为正常数，用来反映价格的调整速度.

将（1）（2）式代入（3）式，可得

$$\frac{\mathrm{d}p}{\mathrm{d}t} = \lambda(p_e - p), \tag{4}$$

其中常数 $\lambda = (b+\beta)k > 0$. 方程(4)的通解为

$$p = p(t) = p_e + Ce^{-\lambda t}.$$

假设初始价格 $p(0) = p_0$, 代入上式得 $C = p_0 - p_e$. 此时, 方程的特解为

$$p(t) = p_e + (p_0 - p_e)e^{-\lambda t}.$$

由 $\lambda > 0$ 知, $\lim\limits_{t \to +\infty} p(t) = p_e$. 这表明, 实际价格 $p(t)$ 最终将趋于均衡价格 p_e.

例1 设商品的供给函数与需求函数分别由下式给出:

$$S(t) = 30 + p + 5\frac{\mathrm{d}p}{\mathrm{d}t},$$

$$D(t) = 51 - 2p + 4\frac{\mathrm{d}p}{\mathrm{d}t}.$$

其中 $p = p(t)$ 表示 t 时刻的价格, $\dfrac{\mathrm{d}p}{\mathrm{d}t}$ 表示价格关于时间 t 的变化率. 当 $t = 0$ 时, $p = 12$, 试将市场均衡价格 p_e 表示为时间 t 的函数.

解 供需平衡时有 $S(t) = D(t)$, 即

$$30 + p + 5\frac{\mathrm{d}p}{\mathrm{d}t} = 51 - 2p + 4\frac{\mathrm{d}p}{\mathrm{d}t},$$

整理得

$$\frac{\mathrm{d}p}{\mathrm{d}t} + 3p = 21.$$

解得

$$p(t) = 7 + Ce^{-3t}.$$

将 $p(0) = 12$ 代入, 得 $C = 5$, 因此

$$p_e(t) = 7 + 5e^{-3t}.$$

这就是均衡价格关于时间的函数.

注意到 $\lim\limits_{t \to +\infty} p(t) = 7$, 这意味着在这个市场中这种商品价格稳定, 且我们可以认为商品的价格趋于 7. 如果 $\lim\limits_{t \to +\infty} p(t) = +\infty$, 那么价格随时间推移而无限增大, 此时认为价格不稳定(膨胀), 需要从经济学角度改变供给需求模型.

二、 多马经济增长模型

设 $S(t)$ 为 t 时刻的储蓄, $I(t)$ 为 t 时刻的投资, $Y(t)$ 为 t 时刻的国民收入, 多马(Domar)曾提出如下的宏观经济增长模型:

$$\begin{cases} S(t) = \alpha Y(t), \\ I(t) = \beta\dfrac{\mathrm{d}Y}{\mathrm{d}t}, \\ S(t) = I(t), \\ Y(0) = Y_0, \end{cases} \tag{5}$$

其中 α, β 为正常数, Y_0 为初期国民收入, $Y_0 > 0$. (5)式中第一个方程表示储蓄与国民收入成正比(α 称为**储蓄率**), 第二个方程表示投资与国民收入的变化率成正比(β 称为**加速数**), 第三个方程表示储蓄等于投资.

由(5)式的前三个方程消去 $S(t)$ 和 $I(t)$,可得关于 $Y(t)$ 的微分方程

$$\frac{\mathrm{d}Y}{\mathrm{d}t} = \lambda Y, \lambda = \frac{\alpha}{\beta} > 0,$$

其通解为

$$Y = C\mathrm{e}^{\lambda t}.$$

由初始条件 $Y(0) = Y_0$,得 $C = Y_0$,于是有

$$Y = Y(t) = Y_0 \mathrm{e}^{\lambda t}.$$

由此可得

$$S(t) = I(t) = \alpha Y(t) = \alpha Y_0 \mathrm{e}^{\lambda t}.$$

由 $\lambda > 0$ 可知,$Y(t)$,$S(t)$,$I(t)$ 均为时间 t 的单调增加函数,即它们都是随着时间推移而不断增长的.

三、索洛经济增长模型

设 $Y(t)$ 为 t 时刻的国民收入,$K(t)$ 为 t 时刻的资本存量,$L(t)$ 为 t 时刻的劳动力.索洛(Solow)曾提出如下的经济增长模型:

$$\begin{cases} Y = F(K,L), \\ \dfrac{\mathrm{d}K}{\mathrm{d}t} = sY(t), \\ L = L_0 \mathrm{e}^{\lambda t}, \end{cases} \tag{6}$$

其中 s 为储蓄率($s>0$),λ 为劳动力增长率($\lambda > 0$),L_0 为初始劳动力($L_0 > 0$),$F(K,L)$ 为 K 和 L 的一次齐次函数,称为**生产函数**.

由(6)式的前两式,可得

$$\frac{\mathrm{d}K}{\mathrm{d}t} = sF(K,L) = sLF\left(\frac{K}{L}, 1\right).$$

令 $k = \dfrac{K}{L}$(称为**资本劳动力比**,表示单位劳动力平均占有的资本),将 $K = kL$ 代入上式并利用 $\dfrac{\mathrm{d}L}{\mathrm{d}t} = \lambda L$,可得

$$\frac{\mathrm{d}k}{\mathrm{d}t} + \lambda k = sF(k, 1). \tag{7}$$

为了求出关于 k 的方程(7)的解,需给出生产函数 $F(K,L)$ 的具体形式,为此,下面取生产函数为**柯布-道格拉斯生产函数**,即设

$$F(K,L) = AK^{\alpha}L^{1-\alpha} = ALk^{\alpha},$$

其中 $A > 0, 0 < \alpha < 1$ 均为常数,易知 $F(k,1) = Ak^{\alpha}$,将其代入(7)式得

$$\frac{\mathrm{d}k}{\mathrm{d}t} + \lambda k = sAk^{\alpha}.$$

这是以 $k = k(t)$ 为未知函数的伯努利方程.

令 $z = k^{1-\alpha}$,则有

$$\frac{\mathrm{d}z}{\mathrm{d}t} + (1-\alpha)\lambda z = (1-\alpha)sA,$$

这是关于 z 的一阶线性微分方程,其通解为

$$z = \frac{sA}{\lambda} + Ce^{(\alpha-1)\lambda t}.$$

将 $z = k^{1-\alpha} = \left(\frac{K}{L}\right)^{1-\alpha}$ 代入上式,得

$$K^{1-\alpha} = \left[\frac{sA}{\lambda} + Ce^{(\alpha-1)\lambda t}\right] L^{1-\alpha} = \frac{s}{\lambda} A L_0^{1-\alpha} e^{(1-\alpha)\lambda t} + C L_0^{1-\alpha}.$$

若 $K(0) = K_0$,则由上式有

$$C = \left(\frac{K_0}{L_0}\right)^{1-\alpha} - \frac{s}{\lambda} A = k_0^{1-\alpha} - \frac{s}{\lambda} A.$$

于是有

$$K = K(t) = \left[a + be^{(1-\alpha)\lambda t}\right]^{\frac{1}{1-\alpha}},$$

其中

$$a = K_0^{1-\alpha} - \frac{s}{\lambda} A L_0^{1-\alpha},$$

$$b = \frac{s}{\lambda} A L_0^{1-\alpha}.$$

四、阻滞增长模型

我们在 §12.1 曾讨论过马尔萨斯人口增长模型,随着人口密度的增大,人类生存空间及可利用资源等环境因素对人口的增长起到阻滞作用,因此必须修改马尔萨斯人口增长模型.

设人类生存空间及可利用资源(食物、水、空气)等环境因素所能容纳的最大人口容量为 K(称为**饱和系数**).人口数量 $N(t)$ 的增长速度不仅与现有人口数量成正比,而且还与人口尚未实现的部分(相对于最大容量 K)所占比例 $\frac{K-N}{K}$ 成正比,比例系数为固有增长率 r,于是,修改后的模型为

$$\begin{cases} \dfrac{\mathrm{d}N}{\mathrm{d}t} = rN\dfrac{K-N}{K}, \\ N(0) = N_0. \end{cases} \tag{8}$$

这就是著名的**阻滞增长模型(逻辑斯谛(logistic)增长模型)**,它由比利时数学家、生物学家韦吕勒(Verhulst)在 1838 年首次提出,因子 $\frac{K-N}{K}$ 的生物学含义是"剩余空间",或称为"尚未利用的增长机会".

下面求解初值问题(8).这是一阶非线性微分方程,可用分离变量法求解.分离变量得

$$\frac{K\mathrm{d}N}{N(K-N)} = r\mathrm{d}t,$$

两边积分得

$$\int\left(\frac{1}{N} + \frac{1}{K-N}\right)\mathrm{d}N = \int r\mathrm{d}t,$$

$$\ln N - \ln(K-N) = rt + \ln C_1,$$

$$\frac{N}{K-N} = C_1 e^{rt},$$

$$\frac{K-N}{N} = Ce^{-rt},$$

$$\frac{K}{N} = 1 + Ce^{-rt},$$

因此

$$N(t) = \frac{K}{1+Ce^{-rt}},$$

其中 C 由初始条件 $N(0)=N_0$ 确定: $C=\dfrac{K}{N_0}-1$, $N(t)$ 的图形就是著名的**逻辑斯谛曲线**, 也称 S 型曲线.

图 12-1 描绘的是 $\dfrac{\mathrm{d}N}{\mathrm{d}t}$ 与 N 之间关系的函数图形, 这是一条抛物线, 它表明人口数量变化率 $\dfrac{\mathrm{d}N}{\mathrm{d}t}$ 随着人口数量 N 的增加, 先增大后减小, 在 $N=\dfrac{K}{2}$ 时达到最大值, 在 $N=K$ 时, 变化率 $\dfrac{\mathrm{d}N}{\mathrm{d}t}=0$.

阻滞增长模型的用途十分广泛, 除上面用于预测人口增长外, 也可完全类似地用于疾病的传播、谣言的传播、技术革命的推广、销售预测等.

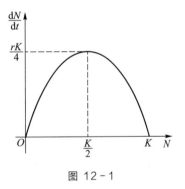

图 12-1

五、成本分析

例 2　某商场的销售成本 y 和存贮费用 S 均是时间 t 的函数, 随着时间 t 的增长, 销售成本的变化率等于存贮费用的倒数与常数 5 之和, 而存贮费用的变化率为存贮费用的 $-\dfrac{1}{3}$. 若当 $t=0$ 时, 销售成本 $y=0$, 存贮费用 $S=10$, 试求销售成本 y 与时间 t 的函数关系及存贮费用 S 与时间 t 的函数关系.

解　由已知,

$$\frac{\mathrm{d}y}{\mathrm{d}t} = \frac{1}{S} + 5, \tag{9}$$

$$\frac{\mathrm{d}S}{\mathrm{d}t} = -\frac{1}{3}S, \tag{10}$$

解微分方程 (10) 得

$$S = Ce^{-\frac{t}{3}}.$$

由 $S(0)=10$, 得 $C=10$, 故存贮费用 S 与时间 t 的函数关系为

$$S = 10e^{-\frac{t}{3}}.$$

将上式代入微分方程 (9) 得

$$\frac{\mathrm{d}y}{\mathrm{d}t} = \frac{1}{10}\mathrm{e}^{\frac{t}{3}} + 5,$$

从而

$$y = \frac{3}{10}\mathrm{e}^{\frac{t}{3}} + 5t + C_1.$$

由 $y(0) = 0$, 得 $C_1 = -\frac{3}{10}$, 从而销售成本 y 与时间 t 的函数关系为

$$y = \frac{3}{10}\mathrm{e}^{\frac{t}{3}} + 5t - \frac{3}{10}.$$

习题 12-3

1. 已知某商品的生产成本 $C = C(x)$ 随生产量 x 的增加而增加, 其增长率为

$$C'(x) = \frac{1+x+C}{1+x},$$

且当生产量为零时, 固定成本 $C(0) = C_0 \geqslant 0$, 求该商品的生产成本函数 $C(x)$.

2. 已知某产品的净利润 P 与广告支出 x 有如下的关系:

$$P' = b - a(x+P),$$

其中 a, b 为正的已知常数, 且 $P(0) = P_0 \geqslant 0$, 求 $P = P(x)$.

3. 根据经验知道, 某产品的净利润 P 与广告支出 x 有如下的关系:

$$\frac{\mathrm{d}P}{\mathrm{d}x} = a(b-P),$$

其中 a 为正的比例常数, b 为正常数; 且当广告支出为零时, 净利润为 P_0, $0 < P_0 < b$, 求 $P = P(x)$.

4. 设 $D = D(t)$ 为国民债务, $Y = Y(t)$ 为国民收入, 它们满足如下的经济关系:

$$D' = \alpha Y + \beta, \quad Y' = \gamma Y,$$

其中 α, β, γ 为正的已知常数.

(1) 若 $D(0) = D_0, Y(0) = Y_0$, 求 $D(t)$ 和 $Y(t)$;

(2) 求极限 $\lim\limits_{t \to +\infty} \dfrac{D(t)}{Y(t)}$.

5. 设 $R = R(t)$ 为小汽车的运行成本, $S = S(t)$ 为小汽车的转卖价值, 它们满足下列方程:

$$R' = \frac{a}{S}, \quad S' = -bS,$$

其中 a, b 为正的已知常数. 若 $R(0) = 0, S(0) = S_0$ (购买成本), 求 $R(t)$ 和 $S(t)$.

6. 已知生产某种产品的总成本 C 由可变成本与固定成本两部分构成, 假设可变成本 y 是产量 x 的函数, 且 y 关于 x 的变化率等于产量平方与可变成本平方之和 (x^2+y^2) 除以产量与可变成本之积的两倍 $(2xy)$, 固定成本为 1, 且当 $x = 1$ 时 $y = 3$. 求总成本函数 $C = C(x)$.

7. 设 $\omega = \omega(t)$ 为人均小麦产量, $y = y(t)$ 为人均国民收入, 它们满足下列方程:

$$\omega' = \frac{1}{\alpha y} + k\mathrm{e}^{\beta t}, \quad y' = \beta y,$$

其中 α,β,k 为已知常数，且有 $\beta>0,\alpha>\dfrac{k}{\beta y_0},y(0)=y_0>0,\omega(0)=\omega_0$.

（1）求 $\omega(t)$ 和 $y(t)$；

（2）求极限 $\lim\limits_{t\to+\infty}\dfrac{\omega(t)}{y(t)}$.

8. 设 $C=C(t)$ 为 t 时刻的消费水平，$I=I(t)$ 为 t 时刻的投资水平，$Y=Y(t)$ 为 t 时刻的国民收入，它们满足下列方程：

$$\begin{cases}Y=C+I,\\ C=aY+b,\quad 0<a<1,b>0\ \text{为常数},\\ I=kC',\qquad k>0\ \text{为常数}.\end{cases}$$

（1）设 $Y(0)=Y_0$，求 $Y(t),C(t),I(t)$；

（2）求极限 $\lim\limits_{t\to+\infty}\dfrac{Y(t)}{I(t)}$.

9. （**约翰亨**（I.Johanhen）**模型**）设 $K=K(t)$ 为 t 时刻的资本存量，$H=H(t)$ 为 t 时刻的外援水平，它们满足下列方程：

$$K'=\alpha K+H,H=H(t)=H_0 e^{\mu t},$$

其中 α,μ 为正常数.若 $K(0)=K_0$，求 $K(t)$.

10. 已知某商品的收益 R 随需求量 x 的增加而增加，其增长率为

$$R'=\frac{2(R^3-x^3)}{3xR^2},$$

且 $R(10)=0$，求收益函数 $R(x)$.

11. 某公司办公用品的月平均成本 C 与公司雇员人数 x 有如下关系：

$$C'=C^2 e^{-x}-2C,$$

且 $C(0)=1$，求 $C=C(x)$.

12. （**技术推广模型**）　在某一个人群中推广新技术是通过其中已掌握技术的人进行的，设该人群的总人口数为 N，在 $t=0$ 时刻已掌握新技术的人数为 x_0，在任意时刻 t 已掌握新技术的人数为 $x(t)$（设 $x(t)$ 是连续可微变量），其变化率与已掌握新技术人数之积成正比，比例常数 $k>0$，求 $x(t)$.

§12.4　二阶微分方程

本节主要讨论几类特殊的可降阶的二阶微分方程的解法，二阶线性微分方程解的相关理论以及二阶常系数线性微分方程的求解.

一、可降阶的二阶微分方程

下面讨论三类可降阶的二阶微分方程的求解问题.尽管方程的类型不同，但都可通过变量替换的方法达到降阶的目的.

1. $y''=f(x)$ 型

这类方程的特点是方程的右端仅含有自变量 x.容易看出，只要令 $y'=u$，则 $y''=u'$，那

么 $y'' = f(x)$ 就化成了一阶微分方程

$$u' = f(x).$$

两边积分,得 $u = \int f(x)\mathrm{d}x + C_1$,回代 $y' = u$,得

$$y' = \int f(x)\mathrm{d}x + C_1,$$

上式两端再次积分,得到原方程的通解为

$$y = \int \left[\int f(x)\mathrm{d}x + C_1 \right] \mathrm{d}x + C_2,$$

这里 C_1, C_2 为任意常数.

注意　通过上述分析可知,对于 $y'' = f(x)$ 型的方程,不作变量替换 $y' = u$,而对方程 $y'' = f(x)$ 两端直接积分两次,也可得到同样的结果.

例 1　求方程 $y'' = \mathrm{e}^x + \sin x$ 的通解.

解　令 $y' = u$,则 $y'' = u'$.于是原方程化为

$$u' = \mathrm{e}^x + \sin x,$$

两边积分,得

$$\begin{aligned} u &= \int (\mathrm{e}^x + \sin x)\mathrm{d}x + C_1 \\ &= \mathrm{e}^x - \cos x + C_1, \end{aligned}$$

即

$$y' = \mathrm{e}^x - \cos x + C_1.$$

对上式两端再次积分,得原方程的通解为

$$\begin{aligned} y &= \int (\mathrm{e}^x - \cos x + C_1)\mathrm{d}x + C_2 \\ &= \mathrm{e}^x - \sin x + C_1 x + C_2, \end{aligned}$$

这里 C_1, C_2 为任意常数.

另外,这种方法也可应用到 n 阶微分方程 $y^{(n)} = f(x)$ 的求解上.对于这种类型的 n 阶方程,我们可以通过对方程两端积分 n 次得到方程的通解.

2. $y'' = f(x, y')$ 型

这类方程的特点是方程中**不显含未知函数** y.作变量替换 $y' = u(x)$,则可得 $y'' = u'(x)$,代入原方程,将原方程化为一阶微分方程

$$u'(x) = f[x, u(x)].$$

选用适当的方法解得其通解为 $u(x) = \varphi(x, C_1)$,因为 $y' = u(x)$,这样,我们又得到一个一阶微分方程

$$y' = \varphi(x, C_1),$$

对其两端积分,便得到原方程的通解为

$$y = \int \varphi(x, C_1)\mathrm{d}x + C_2,$$

这里 C_1, C_2 为任意常数.

例 2　求方程 $y'' - 2(y')^2 = 0$ 满足 $y(0) = 0, y'(0) = 1$ 的特解.

解　显然,所给方程是 $y'' = f(x, y')$ 型的.令 $y' = u(x)$,则 $y'' = u'(x)$,代入题设方程,得

$$u'(x) = 2u^2(x).$$

上述方程为可分离变量方程，分离变量后，两端积分得

$$-\frac{1}{u(x)} = 2x + C_1,$$

整理得

$$u(x) = -\frac{1}{2x + C_1}.$$

由条件 $y'(0) = 1$，得 $C_1 = -1$. 所以

$$y' = \frac{1}{1 - 2x},$$

两端积分，得

$$y = \int \frac{1}{1 - 2x} dx = -\frac{1}{2} \ln|1 - 2x| + C_2.$$

由条件 $y(0) = 0$，得 $C_2 = 0$. 故方程满足初始条件的特解为

$$y = -\frac{1}{2} \ln|1 - 2x|.$$

3. $y'' = f(y, y')$ 型

这类方程的特点是方程中**不显含自变量** x. 作变量替换 $y' = u(y)$，此时，u 是以 y 为中间变量、以 x 为自变量的复合函数. 利用复合函数求导法则，有

$$y'' = \frac{du}{dx} = \frac{du}{dy} \cdot \frac{dy}{dx} = u \frac{du}{dy},$$

代入原方程得

$$u \frac{du}{dy} = f(y, u).$$

这样，原方程就化成了以 y 为自变量、未知函数为 u 的一阶微分方程. 可用所掌握的方法解得其通解为

$$y' = u(y) = \varphi(y, C_1).$$

显然，上述方程为可分离变量方程，分离变量后，得

$$\frac{dy}{\varphi(y, C_1)} = dx.$$

两端积分，可得原方程的通解为

$$\int \frac{dy}{\varphi(y, C_1)} = x + C_2,$$

这里 C_1, C_2 为任意常数.

例3 求方程 $yy'' - (y')^2 = 0$ 的通解.

解 题设方程为 $y'' = f(y, y')$ 型. 令 $y' = u(y)$，则 $y'' = u \frac{du}{dy}$. 代入题设方程，有

$$yu \frac{du}{dy} - u^2 = 0,$$

即 $u\left(y\dfrac{\mathrm{d}u}{\mathrm{d}y}-u\right)=0$，解得 $u=0$ 或 $y\dfrac{\mathrm{d}u}{\mathrm{d}y}-u=0$.

由 $u=0$，得 $y=C$.

由 $y\dfrac{\mathrm{d}u}{\mathrm{d}y}-u=0$，即 $\dfrac{\mathrm{d}u}{u}=\dfrac{\mathrm{d}y}{y}$，得 $u=C_1 y$，即 $\dfrac{\mathrm{d}y}{\mathrm{d}x}=C_1 y$. 从而解得原方程的通解为

$$y=C_2\mathrm{e}^{C_1 x},$$

这里 C_1，C_2 为任意常数. 当 $C_1=0$ 时，包含了 $y=C$ 这个解.

二、二阶线性微分方程解的结构

形如

$$y''+a_1(x)y'+a_2(x)y=f(x) \tag{1}$$

的方程称为**二阶线性微分方程**，其中 $a_1(x)$，$a_2(x)$ 及 $f(x)$ 为 x 的已知函数，且都是某区间 I 上的连续函数，$f(x)$ 也称为自由项.

若 $f(x)\equiv0$，则方程（1）变为

$$y''+a_1(x)y'+a_2(x)y=0. \tag{2}$$

称方程（2）为**二阶齐次线性微分方程**，简称为**齐次线性方程**. 若 $f(x)$ 不恒等于零，则称方程（1）为**二阶非齐次线性微分方程**，简称为**非齐次线性方程**. 通常把方程（2）称为方程（1）的**对应齐次方程**.

首先，讨论二阶线性微分方程解的性质.

由导数的运算法则及性质，很容易得到关于齐次线性方程（2）的解的如下定理.

定理 1　若 $y_1(x)$，$y_2(x)$ 都是方程（2）的解，则

$$C_1 y_1(x)+C_2 y_2(x) \tag{3}$$

也是方程（2）的解，这里 C_1，C_2 为任意常数.

尽管（3）式中有两个任意常数，但它不一定是方程（2）的通解，因为（3）式中的两个常数不一定是相互独立的. 如 $y_1(x)=\mathrm{e}^x$ 与 $y_2(x)=2\mathrm{e}^x$ 都是方程 $y''+2y'-3y=0$ 的解. 由于 $C_1 y_1(x)+C_2 y_2(x)$ 中的两个任意常数可以合并，即

$$C_1 y_1(x)+C_2 y_2(x)=C_1\mathrm{e}^x+2C_2\mathrm{e}^x=(C_1+2C_2)\mathrm{e}^x=C\mathrm{e}^x.$$

故 $C_1 y_1(x)+C_2 y_2(x)$ 不是方程 $y''+2y'-3y=0$ 的通解. 那么，（3）式在什么样的条件下能够成为方程（2）的通解呢？为了得到这个问题的答案，首先引入函数线性相关与线性无关的定义.

定义 1　设 $y_1(x)$ 和 $y_2(x)$ 是定义在区间 I 上的两个函数，若存在不全为零的两个常数 k_1，k_2，使得在区间 I 上恒有

$$k_1 y_1(x)+k_2 y_2(x)\equiv0,$$

则称这两个函数 $y_1(x)$ 和 $y_2(x)$ 在区间 I 上**线性相关**，否则称它们**线性无关**.

根据定义 1 可知，判断两个函数在区间 I 上是否线性相关，只要看它们的商在区间 I 上是否恒为常数. 若商恒为常数，即 $\dfrac{y_2(x)}{y_1(x)}=C$，则 $y_1(x)$ 和 $y_2(x)$ 就是线性相关的，否则就是线性无关的.

例如，函数 $\cos x$ 和 $\sin x$ 在任何区间上都是线性无关的；但是函数 $\cos 2x$ 和 $2\cos^2 x-1$

是线性相关的,因为 $\dfrac{2\cos^2 x-1}{\cos 2x}=1.$

有了定义 1,可以得到齐次线性方程(2)解的结构定理.

定理 2 若 $y_1(x)$ 和 $y_2(x)$ 是方程(2)的两个线性无关的解,则方程(2)的通解可以表示为

$$y(x)=C_1 y_1(x)+C_2 y_2(x),\tag{4}$$

这里 C_1,C_2 为任意常数.

例如,容易验证 $y_1=\mathrm{e}^{3x}$ 和 $y_2=\mathrm{e}^{-x}$ 是方程 $y''-2y'-3y=0$ 的两个特解.因为 $\dfrac{\mathrm{e}^{3x}}{\mathrm{e}^{-x}}=\mathrm{e}^{4x}\neq$ 常数,故 $y=C_1\mathrm{e}^{3x}+C_2\mathrm{e}^{-x}$ 为该方程的通解.

由上面的讨论可知,求齐次线性方程的通解,只要求出齐次线性方程(2)的两个线性无关的特解 $y_1(x)$ 和 $y_2(x)$,那么形如(4)式的解就是齐次线性方程的通解.

下面,给出非齐次线性方程解的结构定理.

定理 3 设 $\widetilde{y}(x)$ 是方程(2)的通解,$y_0(x)$ 是方程(1)的任意一个特解,则

$$y(x)=\widetilde{y}(x)+y_0(x)\tag{5}$$

为方程(1)的通解.

证 容易验证 $y(x)=\widetilde{y}(x)+y_0(x)$ 是方程(1)的解.又由于 $\widetilde{y}(x)$ 为方程(2)的通解,所以其中含有两个相互独立的任意常数,因此 $\widetilde{y}(x)+y_0(x)$ 为方程(1)的通解.

由定理 3 可知,求非齐次线性方程的通解时,首先求与其对应的齐次线性方程的通解 $\widetilde{y}(x)$,其次求该非齐次线性方程的一个特解 $y_0(x)$,最后两者的和就是非齐次线性方程的通解.

例如,方程 $y''-2y'-3y=3x$ 是二阶非齐次线性方程.由前面的讨论知,$\widetilde{y}=C_1\mathrm{e}^{3x}+C_2\mathrm{e}^{-x}$ 为所给方程对应的齐次方程 $y''-2y'-3y=0$ 的通解.可以验证 $y_0=\dfrac{2}{3}-x$ 为所给方程的一个特解.因此,$y=C_1\mathrm{e}^{3x}+C_2\mathrm{e}^{-x}+\dfrac{2}{3}-x$ 为所给非齐次方程的通解.

在求非齐次线性方程(1)的特解时,我们还会用到如下定理.

定理 4(非齐次线性方程解的叠加原理) 设非齐次线性方程(1)右端的自由项 $f(x)=f_1(x)+f_2(x)$,即

$$y''+a_1(x)y'+a_2(x)y=f_1(x)+f_2(x).\tag{6}$$

若 $y_1(x),y_2(x)$ 分别是方程

$$y''+a_1(x)y'+a_2(x)y=f_1(x)$$

与

$$y''+a_1(x)y'+a_2(x)y=f_2(x)$$

的解,则 $y_1(x)+y_2(x)$ 是方程(6)的解.

证 把 $y_1(x)+y_2(x)$ 代入方程(6)的左端,由定理 4 的条件,得

$$[y_1(x)+y_2(x)]''+a_1(x)[y_1(x)+y_2(x)]'+a_2(x)[y_1(x)+y_2(x)]$$

$$=[y_1''(x)+a_1(x)y_1'(x)+a_2(x)y_1(x)]+[y_2''(x)+a_1(x)y_2'(x)+a_2(x)y_2(x)]$$
$$=f_1(x)+f_2(x).$$

这说明 $y_1(x)+y_2(x)$ 就是方程(6)的解.

这一定理为我们求解自由项较为复杂的非齐次线性方程提供了思路.

理解了上述定理的含义之后,这个定理可以推广到自由项为

$$f(x)=f_1(x)+f_2(x)+\cdots+f_n(x)$$

的情形.请自行证明.

三、二阶常系数齐次线性微分方程

形如

$$y''+ay'+by=0 \tag{7}$$

的方程(其中 a,b 是常数)称为**二阶常系数齐次线性微分方程**.

由定理 2 可知,只要求得方程(7)的两个线性无关的特解,就可得方程(7)的通解.那么如何求方程(7)的两个线性无关的特解呢? 容易求得一阶常系数微分方程 $\dfrac{\mathrm{d}y}{\mathrm{d}x}+ay=0$ 的一个特解为 $y=\mathrm{e}^{-ax}$.再结合方程(7)的特点,假设 $y=\mathrm{e}^{\lambda x}$ 为方程(7)的特解,其中 λ 是待定常数.

将 $y=\mathrm{e}^{\lambda x}$ 代入方程(7),得

$$(\lambda^2+a\lambda+b)\mathrm{e}^{\lambda x}=0.$$

由于 $\mathrm{e}^{\lambda x}\neq 0$,故

$$\lambda^2+a\lambda+b=0. \tag{8}$$

由此可见,只要 λ 是代数方程(8)的根,则 $y=\mathrm{e}^{\lambda x}$ 就是方程(7)的解.我们把代数方程(8)称为微分方程(7)的**特征方程**,并称特征方程的两个根 λ_1,λ_2 为**特征根**(或**特征值**).

由上面的讨论可知,求齐次方程(7)的解的问题就转化为求特征方程(8)的特征根的问题.根据初等代数的相关知识,易知特征方程的两个特征根为

$$\lambda_1=\frac{-a+\sqrt{a^2-4b}}{2},\lambda_2=\frac{-a-\sqrt{a^2-4b}}{2},$$

根据判别式 $\Delta=a^2-4b$ 与零的三种关系,λ_1,λ_2 的取值有以下三种情形:

(ⅰ)当 $a^2-4b>0$ 时,λ_1,λ_2 是两个不相等的实根;

(ⅱ)当 $a^2-4b=0$ 时,λ_1,λ_2 是两个相等的实根,即 $\lambda_1=\lambda_2=-\dfrac{1}{2}a$;

(ⅲ)当 $a^2-4b<0$ 时,λ_1,λ_2 是一对共轭复根,即

$$\lambda_1=\alpha+\beta\mathrm{i},\lambda_2=\alpha-\beta\mathrm{i},$$

其中 $\alpha=-\dfrac{a}{2},\beta=\dfrac{\sqrt{4b-a^2}}{2}$.

根据以上三种情形,分如下三种情况讨论方程(7)的通解.

1. 特征方程有两个相异实根

由于 $y_1=\mathrm{e}^{\lambda_1 x}$ 和 $y_2=\mathrm{e}^{\lambda_2 x}$ 都是方程(7)解.又由于 $\lambda_1\neq\lambda_2$,故

$$\frac{y_2}{y_1} = \frac{e^{\lambda_2 x}}{e^{\lambda_1 x}} = e^{(\lambda_2 - \lambda_1)x} \neq 常数.$$

因此, $y_1 = e^{\lambda_1 x}$ 和 $y_2 = e^{\lambda_2 x}$ 是方程(7)的两个线性无关的解, 故方程(7)的通解为

$$y = C_1 e^{\lambda_1 x} + C_2 e^{\lambda_2 x},$$

这里 C_1, C_2 为任意常数.

例 4 求方程 $y'' - y' - 2y = 0$ 的通解.

解 题设方程的特征方程为

$$\lambda^2 - \lambda - 2 = 0,$$

解得特征根为 $\lambda_1 = -1, \lambda_2 = 2$, 可得原方程的两个线性无关的特解为 $y_1 = e^{-x}, y_2 = e^{2x}$. 故原方程的通解为

$$y(x) = C_1 e^{-x} + C_2 e^{2x},$$

这里 C_1, C_2 为任意常数.

2. 特征方程有两个相等实根

当 $\lambda_1 = \lambda_2 = \lambda$ 时, 此时只得到方程(7)的一个解 $y_1 = e^{\lambda x}$. 为了求得方程(7)的通解, 还需求得与 $y_1 = e^{\lambda x}$ 线性无关的解 y_2. 因为 $\frac{y_2}{y_1} \neq 常数$, 所以设 $y_2 = c(x) y_1$, 即 $y_2 = c(x) e^{\lambda x}$. 将其代入方程(7), 有

$$[c(x) e^{\lambda x}]'' + a[c(x) e^{\lambda x}]' + bc(x) e^{\lambda x}$$
$$= e^{\lambda x} [(c''(x) + 2\lambda c'(x) + \lambda^2 c(x)) + a(c'(x) + \lambda c(x)) + bc(x)]$$
$$= e^{\lambda x} [c''(x) + (2\lambda + a) c'(x) + (\lambda^2 + a\lambda + b) c(x)] = 0.$$

由 $e^{\lambda x} \neq 0$ 及 λ 是特征根, 并且 $\lambda = -\frac{a}{2}$, 得 $c''(x) = 0$. 于是 $c(x) = C_1 x + C_2$, 取一个最简单的解, 即 $c(x) = x$, 则 $y_2 = x e^{\lambda x}$ 就是方程(7)与 $y_1 = e^{\lambda x}$ 线性无关的另一个解.

此时, 方程(7)有两个线性无关的特解 $y_1 = e^{\lambda x}$ 与 $y_2(x) = x e^{\lambda x}$, 从而方程(7)的通解为

$$y(x) = C_1 e^{\lambda x} + C_2 x e^{\lambda x} = (C_1 + C_2 x) e^{\lambda x},$$

这里 C_1, C_2 为任意常数.

例 5 求方程 $y'' - 10y' + 25y = 0$ 满足初始条件 $y(0) = 1, y'(0) = 0$ 的特解.

解 题设方程的特征方程为

$$\lambda^2 - 10\lambda + 25 = 0,$$

解得特征根为 $\lambda_1 = \lambda_2 = 5$, 可得原方程的两个线性无关的特解为 $y_1 = e^{5x}, y_2 = x e^{5x}$. 故原方程的通解为

$$y(x) = (C_1 + C_2 x) e^{5x},$$

这里 C_1, C_2 为任意常数. 由条件 $y(0) = 1, y'(0) = 0$, 得 $C_1 = 1, C_2 = -5$. 于是题设方程满足初始条件的特解为

$$y(x) = (1 - 5x) e^{5x}.$$

3. 特征方程有一对共轭复根

当 $\lambda_1 = \alpha + \beta i, \lambda_2 = \alpha - \beta i (\beta \neq 0)$ 时, 由上面的讨论可知, $y_1 = e^{(\alpha + \beta i)x}$ 和 $y_2 = e^{(\alpha - \beta i)x}$ 是方程(7)的两个线性无关的解. 因此方程(7)的通解为

$$y = C_1 \mathrm{e}^{(\alpha+\beta\mathrm{i})x} + C_2 \mathrm{e}^{(\alpha-\beta\mathrm{i})x}. \tag{9}$$

表达式(9)是方程(7)的复函数形式的通解.为了得到实函数形式的通解,由欧拉(Euler)公式

$$\mathrm{e}^{\mathrm{i}x} = \cos x + \mathrm{i}\sin x,$$

有

$$\mathrm{e}^{(\alpha\pm\beta\mathrm{i})x} = \mathrm{e}^{\alpha x}\mathrm{e}^{\pm\beta\mathrm{i}x} = \mathrm{e}^{\alpha x}(\cos\beta x \pm \mathrm{i}\sin\beta x).$$

由上式易知,

$$\frac{1}{2}\left[\mathrm{e}^{(\alpha+\beta\mathrm{i})x} + \mathrm{e}^{(\alpha-\beta\mathrm{i})x}\right] = \mathrm{e}^{\alpha x}\cos\beta x,$$

$$\frac{1}{2\mathrm{i}}\left[\mathrm{e}^{(\alpha+\beta\mathrm{i})x} - \mathrm{e}^{(\alpha-\beta\mathrm{i})x}\right] = \mathrm{e}^{\alpha x}\sin\beta x.$$

由定理 1 知, $\mathrm{e}^{\alpha x}\cos\beta x$ 与 $\mathrm{e}^{\alpha x}\sin\beta x$ 也是方程(7)的两个解,这样,我们找到了方程(7)的两个实函数形式的解

$$y_1 = \mathrm{e}^{\alpha x}\cos\beta x, \quad y_2 = \mathrm{e}^{\alpha x}\sin\beta x,$$

且这两个解也是线性无关的,则方程(7)的通解为

$$y(x) = (C_1\cos\beta x + C_2\sin\beta x)\mathrm{e}^{\alpha x}.$$

例 6 求方程 $y'' - y' + y = 0$ 的通解.

解 题设方程的特征方程为 $\lambda^2 - \lambda + 1 = 0$,解得特征根为 $\lambda_{1,2} = \dfrac{1}{2} \pm \dfrac{\sqrt{3}}{2}\mathrm{i}$.

记 $\alpha = \dfrac{1}{2}, \beta = \dfrac{\sqrt{3}}{2}$,于是方程的两个线性无关的特解为

$$y_1 = \mathrm{e}^{\frac{1}{2}x}\cos\frac{\sqrt{3}}{2}x, \quad y_2 = \mathrm{e}^{\frac{1}{2}x}\sin\frac{\sqrt{3}}{2}x.$$

故题设方程的通解为

$$y(x) = \left(C_1\cos\frac{\sqrt{3}}{2}x + C_2\sin\frac{\sqrt{3}}{2}x\right)\mathrm{e}^{\frac{1}{2}x},$$

这里 C_1, C_2 为任意常数.

下面总结一下**求解二阶常系数齐次线性方程通解的步骤**:

(1) 写出特征方程 $\lambda^2 + a\lambda + b = 0$,并求出特征根 λ;

(2) 若有两个不同的特征根 λ_1, λ_2,则通解为 $y = C_1\mathrm{e}^{\lambda_1 x} + C_2\mathrm{e}^{\lambda_2 x}$;若有两个相同的特征根 $\lambda_1 = \lambda_2 = \lambda$,则通解为 $y(x) = (C_1 + C_2 x)\mathrm{e}^{\lambda x}$;若有一对共轭复根 $\lambda_{1,2} = \alpha \pm \beta\mathrm{i}$,则通解为 $y(x) = (C_1\cos\beta x + C_2\sin\beta x)\mathrm{e}^{\alpha x}$.

四、 二阶常系数非齐次线性微分方程

形如

$$y'' + ay' + by = f(x) \tag{10}$$

的方程(其中 a, b 是常数)称为**二阶常系数非齐次线性微分方程**.

方程(7)称为方程(10)的**对应齐次方程**.

由定理 3 可知,求方程(10)的通解的步骤如下:

（1）求出对应齐次方程（7）的通解 $\tilde{y}(x)$；

（2）求出非齐次方程（10）的一个特解 $y_0(x)$；

（3）所求方程（10）的通解为 $y(x)=\tilde{y}(x)+y_0(x)$.

前面已经讨论了齐次线性方程通解的求法，接下来讨论如何求非齐次线性方程的特解 $y_0(x)$.

方程（10）的特解的形式与右端自由项 $f(x)$ 有关. 我们根据自由项 $f(x)$ 的形式，预先给出方程（10）的特解形式，然后采用**待定系数法**，将方程的特解求出来. 下面仅就 $f(x)$ 的两种形式进行讨论.

设 $P_m(x)$ 是 x 的一个 m 次多项式.

（1）$f(x)=P_m(x)\mathrm{e}^{\alpha x}$，其中 α 是常数；

（2）$f(x)=(a_1\cos\beta x+a_2\sin\beta x)\mathrm{e}^{\alpha x}$，其中 a_1,a_2,α,β 为常数.

1. $f(x)=P_m(x)\mathrm{e}^{\alpha x}$ 型

我们知道，多项式与指数函数乘积的导数仍为同类型的函数，所以为了求解自由项为 $f(x)=P_m(x)\mathrm{e}^{\alpha x}$ 的非齐次方程的特解，假定其特解的形式为

$$y_0(x)=Q(x)\mathrm{e}^{\alpha x}\ (Q(x)\text{ 为 }x\text{ 的一个多项式}).$$

选取什么样的多项式 $Q(x)$ 才能使 $y_0(x)=Q(x)\mathrm{e}^{\alpha x}$ 满足方程（10）呢？为此，将 $y_0(x)=Q(x)\mathrm{e}^{\alpha x}$ 以及它的一、二阶导数代入方程（10），并消去 $\mathrm{e}^{\alpha x}$ 得

$$Q''(x)+(2\alpha+a)Q'(x)+(\alpha^2+a\alpha+b)Q(x)=P_m(x). \tag{11}$$

下面对方程分三种情况讨论. 在讨论时，我们要注意到方程（10）的对应齐次方程的特征方程为 $\lambda^2+a\lambda+b=0$.

（ⅰ）当 $\alpha^2+a\alpha+b\neq0$ 时，表明 α 不是方程（10）的对应齐次方程的特征根. 此时，方程两端应为 x 的同次幂多项式，故

$$Q(x)=Q_m(x)=b_0x^m+b_1x^{m-1}+\cdots+b_{m-1}x+b_m.$$

于是，方程（10）的特解为

$$y_0(x)=Q_m(x)\mathrm{e}^{\alpha x}.$$

根据（11）式两端 x 的同次幂项的系数相等确定待定系数 $b_0,b_1,\cdots,b_m$.

（ⅱ）当 $\alpha^2+a\alpha+b=0$，但 $2\alpha+a\neq0$ 时，即 α 为方程（10）对应齐次方程的单特征根. 由（11）式可知，$Q'(x)$ 与 $P_m(x)$ 为 x 的同次的多项式，故 $Q(x)$ 是比 $P_m(x)$ 高一次的多项式. 此时，我们假设

$$Q(x)=x(b_0x^m+b_1x^{m-1}+\cdots+b_{m-1}x+b_m)=xQ_m(x).$$

所以，方程（10）的特解为

$$y_0(x)=xQ_m(x)\mathrm{e}^{\alpha x}.$$

同样采用待定系数法来确定待定系数 $b_0,b_1,\cdots,b_m$.

（ⅲ）当 $\alpha^2+a\alpha+b=0$ 且 $2\alpha+a=0$ 时，即 α 为方程（10）的对应齐次方程的重特征根. 由（11）式可知，$Q''(x)$ 与 $P_m(x)$ 为 x 的同次的多项式. 故 $Q(x)$ 是比 $P_m(x)$ 高两次的多项式. 此时，可设

$$Q(x)=x^2(b_0x^m+b_1x^{m-1}+\cdots+b_{m-1}x+b_m)=x^2Q_m(x).$$

而方程（10）的特解为

$$y_0(x) = x^2 Q_m(x) \mathrm{e}^{\alpha x}.$$

同样,利用待定系数法来确定待定系数 $b_0, b_1, \cdots, b_m$.

上述讨论结果可见表 12-1,其中 $Q_m(x) = b_0 x^m + b_1 x^{m-1} + \cdots + b_{m-1}x + b_m$,其中 $b_0, b_1, \cdots, b_m$ 为待定系数:

表 12-1

$f(x)$ 的形式	条件	特解 $y_0(x)$ 的形式
$f(x) = P_m(x)\mathrm{e}^{\alpha x}$	α 不是特征根	$y_0(x) = Q_m(x)\mathrm{e}^{\alpha x}$
	α 是单特征根	$y_0(x) = x Q_m(x)\mathrm{e}^{\alpha x}$
	α 是重特征根	$y_0(x) = x^2 Q_m(x)\mathrm{e}^{\alpha x}$

例 7 求方程 $y'' - 4y' + 3y = 3x^2 - 2x$ 的特解.

解 易知 $\alpha = 0$ 不是特征根,设特解为 $y_0(x) = b_0 x^2 + b_1 x + b_2$,则 $y_0'(x) = 2b_0 x + b_1$, $y_0''(x) = 2b_0$.将其代入题设方程,有

$$2b_0 - 4(2b_0 x + b_1) + 3(b_0 x^2 + b_1 x + b_2)$$
$$= 3b_0 x^2 + (-8b_0 + 3b_1)x + 2b_0 - 4b_1 + 3b_2$$
$$= 3x^2 - 2x.$$

由 x 的同次幂项的系数对应相等,得

$$\begin{cases} 3b_0 = 3, \\ -8b_0 + 3b_1 = -2, \\ 2b_0 - 4b_1 + 3b_2 = 0. \end{cases}$$

解此方程组得

$$\begin{cases} b_0 = 1, \\ b_1 = 2, \\ b_2 = 2. \end{cases}$$

于是,题设方程的特解为

$$y_0(x) = x^2 + 2x + 2.$$

注意 当自由项是多项式时,所设特解从常数项到 x 的最高次幂必须一项都不能少.

例 8 求方程 $y'' + 5y' + 6y = 3x\mathrm{e}^{-2x}$ 的特解.

解 题设方程的对应齐次方程的特征方程为 $\lambda^2 + 5\lambda + 6 = 0$,其特征根为 $\lambda_1 = -3$,$\lambda_2 = -2$.易知 $\alpha = -2$ 为单特征根,故题设方程有形如

$$y_0(x) = x(b_0 x + b_1)\mathrm{e}^{-2x}$$

的特解.将其代入题设方程,消去 e^{-2x},有

$$2b_0 x + 2b_0 + b_1 = 3x.$$

由上式得 $\begin{cases} 2b_0 = 3, \\ 2b_0 + b_1 = 0, \end{cases}$ 解得 $\begin{cases} b_0 = \dfrac{3}{2}, \\ b_1 = -3. \end{cases}$ 所以,题设方程的特解为

$$y_0(x) = x\left(\frac{3}{2}x - 3\right)\mathrm{e}^{-2x}.$$

通过例 8,可以看到特解中有关多项式的设法与前面提到的注意事项一样,不能缺项.

例 9 方程 $y''+2y'+y=(3x^2+1)e^{-x}$ 有什么形式的特解?

解 因为题设方程对应的齐次方程的特征方程为 $\lambda^2+2\lambda+1=0$,其特征根为 $\lambda_1=\lambda_2=-1$.于是 $\alpha=-1$ 为重特征根.从而,题设方程有形如

$$y_0(x)=x^2(b_0x^2+b_1x+b_2)e^{-x}$$

的特解.

例 10 求方程 $y''+y=(x-2)e^{3x}$ 的通解.

解 题设方程的对应齐次方程的特征方程为 $\lambda^2+1=0$,其特征根为 $\lambda_{1,2}=\pm i$.所以,题设方程对应齐次方程的通解为

$$\widetilde{y}(x)=C_1\cos x+C_2\sin x,$$

这里 C_1,C_2 为任意常数.

由于 $\alpha=3$ 不是特征根,故设题设方程的特解为

$$y_0(x)=(b_0x+b_1)e^{3x}.$$

将其代入题设方程,消去 e^{3x},有

$$10b_0x+6b_0+10b_1=x-2.$$

由待定系数法,得方程组 $\begin{cases}10b_0=1, \\ 6b_0+10b_1=-2,\end{cases}$ 解得 $\begin{cases}b_0=\dfrac{1}{10}, \\ b_1=-\dfrac{13}{50}.\end{cases}$ 所以,题设方程的一个特解

为 $y_0(x)=\left(\dfrac{1}{10}x-\dfrac{13}{50}\right)e^{3x}$.从而,题设方程的通解为

$$y(x)=C_1\cos x+C_2\sin x+\left(\dfrac{1}{10}x-\dfrac{13}{50}\right)e^{3x}.$$

2. $f(x)=(a_1\cos\beta x+a_2\sin\beta x)e^{\alpha x}$ **型**

当自由项 $f(x)=(a_1\cos\beta x+a_2\sin\beta x)e^{\alpha x}$ 时,分两种情况讨论所设特解 $y_0(x)$ 的形式(过程略),结果可见表 12-2:

表 12-2

$f(x)$ 的形式	条件	特解 $y_0(x)$ 的形式
$f(x)=(a_1\cos\beta x+a_2\sin\beta x)e^{\alpha x}$, a_1,a_2,α,β 为常数	$\alpha\pm\beta i$ 不是特征根	$y_0(x)=(b_1\cos\beta x+b_2\sin\beta x)e^{\alpha x}$, b_1,b_2 为待定系数
	$\alpha\pm\beta i$ 是特征根	$y_0(x)=x(b_1\cos\beta x+b_2\sin\beta x)e^{\alpha x}$, b_1,b_2 为待定系数

例 11 求方程 $y''-y'=\sin x$ 的特解.

解 题设方程的对应齐次方程为

$$y''-y'=0,$$

其特征方程为 $\lambda^2-\lambda=0$,特征根为 $\lambda_1=0,\lambda_2=1$.

由于 $\alpha \pm \beta\mathrm{i} = \pm\mathrm{i}$ 不是特征根,故设题设方程的特解为

$$y_0(x) = b_1\cos x + b_2\sin x.$$

将其代入题设方程,整理得

$$(b_1 - b_2)\sin x - (b_1 + b_2)\cos x = \sin x.$$

从而有

$$\begin{cases} b_1 - b_2 = 1, \\ b_1 + b_2 = 0, \end{cases}$$

解得

$$\begin{cases} b_1 = \dfrac{1}{2}, \\ b_2 = -\dfrac{1}{2}. \end{cases}$$

故题设方程的特解为

$$y_0(x) = \frac{1}{2}\cos x - \frac{1}{2}\sin x.$$

注意　尽管本题的自由项只含有正弦函数,但是所设特解仍然是正弦函数与余弦函数的线性组合的形式.由此,请思考:如果自由项只含有余弦函数时,应如何设特解的形式?

例 12　求方程 $y'' + 4y = \sin 2x$ 的通解.

解　题设方程的对应齐次方程为

$$y'' + 4y = 0,$$

其特征方程为 $\lambda^2 + 4 = 0$,特征根为 $\lambda_{1,2} = \pm 2\mathrm{i}$.故对应齐次方程的通解为

$$\widetilde{y}(x) = C_1\cos 2x + C_2\sin 2x.$$

下面求题设方程的特解.由于 $\alpha \pm \beta\mathrm{i} = \pm 2\mathrm{i}$ 是特征根,故设题设方程的特解为

$$y_0(x) = x(b_1\cos 2x + b_2\sin 2x).$$

将其代入题设方程,整理得

$$4b_2\cos 2x - 4b_1\sin 2x = \sin 2x.$$

从而有 $\begin{cases} 4b_2 = 0 \\ -4b_1 = 1 \end{cases}$,解得 $\begin{cases} b_1 = -\dfrac{1}{4}, \\ b_2 = 0. \end{cases}$ 于是,特解为 $y_0(x) = -\dfrac{1}{4}x\cos 2x.$

从而,题设方程的通解为

$$y(x) = C_1\cos 2x + C_2\sin 2x - \frac{1}{4}x\cos 2x,$$

这里 C_1, C_2 为任意常数.

例 13　求方程 $y'' - 2y' - 3y = \mathrm{e}^x\sin 2x$ 的通解.

解　题设方程的对应齐次方程为

$$y'' - 2y' - 3y = 0,$$

它的特征方程为

$$\lambda^2 - 2\lambda - 3 = 0,$$

解得特征根为 $\lambda_1 = -1, \lambda_2 = 3$. 于是,对应齐次方程的通解为

$$\widetilde{y}(x) = C_1 e^{-x} + C_2 e^{3x}.$$

由于 $\alpha \pm \beta i = 1 \pm 2i$ 不是特征根,故设题设方程的特解为

$$y_0(x) = (b_1 \cos 2x + b_2 \sin 2x) e^x.$$

将其代入题设方程,整理得

$$-8b_1 \cos 2x - 8b_2 \sin 2x = \sin 2x.$$

利用比较系数法,得 $\begin{cases} -8b_1 = 0 \\ -8b_2 = 1 \end{cases}$,解得 $\begin{cases} b_1 = 0, \\ b_2 = -\dfrac{1}{8}, \end{cases}$ 所以

$$y_0(x) = -\frac{1}{8} e^x \sin 2x.$$

从而题设方程的通解为

$$y(x) = C_1 e^{-x} + C_2 e^{3x} - \frac{1}{8} e^x \sin 2x,$$

其中 C_1, C_2 为任意常数.

例 14 求方程 $y'' - 3y' + 2y = e^x + x$ 的通解.

解 原方程的对应齐次方程的特征方程为 $\lambda^2 - 3\lambda + 2 = 0$,解得特征根为 $\lambda_1 = 1, \lambda_2 = 2$. 故对应齐次方程的通解为

$$\widetilde{y}(x) = C_1 e^x + C_2 e^{2x}.$$

接下来求原方程的特解.很显然,原方程的自由项不是上面所讨论的任何一种形式. 由定理 4,将原方程拆成如下两个方程:

$$y'' - 3y' + 2y = e^x, \tag{12}$$
$$y'' - 3y' + 2y = x. \tag{13}$$

先求方程(12)的特解,由于 $\lambda = 1$ 是单特征根,故设方程(12)的特解为

$$y_1(x) = Ax e^x.$$

将其代入方程(12),解得 $A = -1$,故方程(12)的特解为

$$y_1(x) = -x e^x.$$

同样地,可以得到方程(13)的特解为

$$y_2(x) = \frac{1}{2} x + \frac{3}{4}.$$

从而,原方程的通解为

$$y(x) = C_1 e^x + C_2 e^{2x} - x e^x + \frac{1}{2} x + \frac{3}{4},$$

其中 C_1, C_2 为任意常数.

🖥 习题 12-4

1. 求下列齐次线性微分方程的通解或在给定初始条件下的特解:

(1) $y'' - 7y' + 6y = 0$;

(2) $y'' - 4y' + 13y = 0$;

(3) $y'' - 4y' + 4y = 0$;

(4) $y'' + 25y = 0$;

(5) $y'' - y' - 2y = 0$；   (6) $y'' + 5y' + 6y = 0$；

(7) $y'' - 10y' + 25y = 0, y(0) = 0, y'(0) = 1$；

(8) $y'' - 2y' + 10y = 0, y\left(\dfrac{\pi}{6}\right) = 0, y'\left(\dfrac{\pi}{6}\right) = e^{\frac{\pi}{6}}$.

2. 求下列非齐次线性微分方程的通解或在给定初始条件下的特解：

(1) $y'' - 2y' + 2y = x^2$；

(2) $y'' + 3y' - 10y = 144x e^{-2x}$；

(3) $y'' - 6y' + 8y = 8x^2 + 4x - 2$；

(4) $y'' - 6y' + 25y = 2\sin x + 3\cos x$；

(5) $y'' + y = \cos 3x$， $y\left(\dfrac{\pi}{2}\right) = 4$， $y'\left(\dfrac{\pi}{2}\right) = -1$；

(6) $y'' - 4y' + 3y = 8e^{5x}$， $y(0) = 3$， $y'(0) = 9$；

(7) $y'' - 8y' + 16y = e^{4x}$， $y(0) = 0$， $y'(0) = 1$；

(8) $y'' - (\alpha+\beta)y' + \alpha\beta y = a e^{\alpha x} + b e^{\beta x}$，其中 α, β, a, b 为常数.

总习题十二

1. 选择题：

(1) 微分方程 $y' + \dfrac{e^{y^2} + 3x}{y} = 0$ 的通解是（   ）.

A. $2e^{3x} - 3e^{-y^2} = 0$ B. $2e^{3x} + 3e^{y^2} = 0$ C. $2e^{3x} - 3e^{-y^2} = C$ D. $2e^{3x} + 3e^{y^2} = C$

(2) 微分方程 $y' - \dfrac{1}{x} = 0$（   ）.

A. 不是可分离变量的微分方程   B. 是一阶齐次微分方程

C. 是一阶非齐次线性微分方程   D. 是一阶齐次线性微分方程

(3) 若 y^* 是微分方程 $y' + P(x)y = Q(x)$ 的一个特解，则该方程的一个通解是（   ）.

A. $y = Cy^* + e^{-\int P(x)\,dx}$ B. $y = y^* + Ce^{\int P(x)\,dx}$

C. $y = Cy^* + e^{\int P(x)\,dx}$ D. $y = y^* + Ce^{-\int P(x)\,dx}$

(4) 已知 1 和 x 是二阶常系数齐次线性微分方程的两个特解，则对应的微分方程是（   ）.

A. $y'' = 0$ B. $y'' - y = 0$ C. $y'' - y' = 0$ D. $y'' - y' - y = 0$

(5) 微分方程 $(y'')^5 + y' + xy^2 = 2$ 的阶数为（   ）.

A. 5   B. 2   C. 10   D. 1

(6) 一阶微分方程的一般形式为（   ）.

A. $y' = f(x)$ B. $y' = f(x, y)$ C. $F(x, y, y') = 0$ D. $F(x, y') = 0$

(7) 函数 $y = x^2 + 1$ 是微分方程 $y' - 2x = 0$ 的（   ）.

A. 通解   B. 满足 $y(1)=1$ 的特解

C. 满足 $y(0)=1$ 的特解   D. 以上都不正确

2. 求满足方程 $f(x)=\mathrm{e}^x-\displaystyle\int_0^x (x-t)f(t)\,\mathrm{d}t$ 的二阶可微函数 $f(x)$.

3. 设可导函数 $f(x)$ 满足方程 $\displaystyle\int_0^x f(t)\,\mathrm{d}t = x + \int_0^x tf(x-t)\,\mathrm{d}t$, 求 $f(x)$.

4. 求解下列问题:

(1) 求微分方程 $xy'-2y=0$ 的通解;

(2) 求微分方程 $x^2y'-xy+y^2=0$ 的通解;

(3) 求初值问题 $\begin{cases}\dfrac{\mathrm{d}y}{\mathrm{d}x}=\dfrac{x}{y}+\dfrac{y}{x},\\ y(1)=2\end{cases}$ 的解;

(4) 验证 $\mathrm{e}^y+C_1=(x+C_2)^2$ 是微分方程 $y''+(y')^2=2\mathrm{e}^{-y}$ 的通解(其中 C_1,C_2 为任意常数),并求此方程满足初始条件 $y(0)=0,y'(0)=\dfrac{1}{2}$ 的特解;

(5) 求微分方程 $y''-6y'+8y=8x^2+4x-2$ 的通解.

5. 设 L 是一条平面曲线,其上任意一点 $P(x,y)$ $(x>0)$ 到坐标原点的距离恒等于该点处的切线在 y 轴上的截距,且曲线 L 经过点 $\left(\dfrac{1}{2},0\right)$.

(1) 试求曲线 L 的方程;

(2) 求 L 位于第一象限部分的一条切线,使该切线与 L 以及两坐标轴所围图形的面积最小.

6. 设函数 $f(x)$ 在 $[1,+\infty)$ 上连续,若由曲线 $y=f(x)$,直线 $x=1$, $x=t$ $(t>1)$ 与 x 轴所围成的平面图形绕 x 轴旋转一周所成的旋转体体积为

$$V(t)=\frac{\pi}{3}\left[t^2f(t)-f(1)\right].$$

试求 $y=f(x)$ 所满足的微分方程,并求该微分方程满足条件 $y(2)=\dfrac{2}{9}$ 的解..

7. 设函数 $f(x)$ 可微,且满足 $f(x)=\mathrm{e}^x+\mathrm{e}^x\displaystyle\int_0^x [f(x)]^2\,\mathrm{d}x$,试求 $f(x)$.

8. 假设一种流感病毒在一个载有 1 500 人的游船上传播,疾病的传播服从逻辑斯谛增长模型.

(1) 如果最初有 20 人感染,8 天后感染的人数上升到 300 人,试求出感染疾病人数 $N(t)$ 的函数模型;

(2) 求人群中有 90% 的人被感染所需要的时间.

9. 设生活在某水域中的鲢鱼服从指数增长模型

$$\frac{\mathrm{d}p(t)}{\mathrm{d}t}=0.003p(t),$$

其中时间 t 按 min 计,在时刻 $t=0$,有黑鱼定居在此水域,黑鱼捕杀鲢鱼的速度是 $0.001p^2(t)$,其中 $p(t)$ 是在时刻 t 的鲢鱼的总数,此外,由于其他情况,平均每分钟有

0.002 条鲢鱼离开水域.

（1）考虑以上两个因素，试修正指数增长模型；

（2）假设在 $t=0$ 时，水域中有 10 000 条鲢鱼，试求鲢鱼总数 $p(t)$.当 t 趋于无穷时，可能发生什么情况？

10. 已知生产某产品的总成本 C 由可变成本和固定成本构成，而可变成本 y 是其产量 x 的函数，且 y 关于 x 的变化率等于产量与可变成本的平方和除以产量与可变成本乘积的 2 倍，试讨论：

（1）建立描述可变成本与产量之间关系的微分方程模型；

（2）求微分方程的解；

（3）若固定成本为 10，且 $y(1)=3$，求总成本函数 $C(x)$.

第十二章
习题参考
答案与提示

第十三章 差分方程初步

在经济与管理的实际问题中,经济数据大多是以等间隔时间周期统计的. 例如,国民收入、工农业总产值等按年统计,产品产量、商品销售收入和利润等按月统计.由于这个原因,在研究分析实际经济与管理问题时,各有关经济变量的取值是离散变化的,描述各经济变量之间变化规律的数学模型是离散型数学模型.

本章对最常见的一类离散型数学模型——差分方程进行简要介绍.

§13.1 差分方程的基本概念

一、差分的概念

给定函数 $y_t = f(t)$,其自变量 t(通常表示时间)的取值为离散的等间隔整数值:

$$t = \cdots, -2, -1, 0, 1, 2, \cdots.$$

函数 $y_t = f(t)$ 在 t 时刻的一阶差分定义为

$$\Delta y_t = y_{t+1} - y_t = f(t+1) - f(t).$$

依次定义有

$$\Delta y_{t+1} = y_{t+2} - y_{t+1} = f(t+2) - f(t+1),$$
$$\Delta y_{t+2} = y_{t+3} - y_{t+2} = f(t+3) - f(t+2),$$
$$\cdots$$

函数 $y_t = f(t)$ 在 t 时刻的二阶差分定义为 t 时刻一阶差分的差分,即

$$\Delta^2 y_t = \Delta y_{t+1} - \Delta y_t = y_{t+2} - 2y_{t+1} + y_t.$$

类似地,有

$$\Delta^2 y_{t+1} = \Delta y_{t+2} - \Delta y_{t+1} = y_{t+3} - 2y_{t+2} + y_{t+1},$$
$$\Delta^2 y_{t+2} = \Delta y_{t+3} - \Delta y_{t+2} = y_{t+4} - 2y_{t+3} + y_{t+2},$$
$$\cdots$$

其中 Δ^2 的上标 2 表示差分运算 Δ 进行了两次.

依此类推,计算两个相继的二阶差分的差,便得到三阶差分

$$\Delta^3 y_t = \Delta^2 y_{t+1} - \Delta^2 y_t = \Delta y_{t+2} - 2\Delta y_{t+1} + \Delta y_t$$
$$= y_{t+3} - 3y_{t+2} + 3y_{t+1} - y_t.$$

一般地,k 阶差分定义为

$$\Delta^k y_t = \Delta(\Delta^{k-1} y_t) = \Delta^{k-1} y_{t+1} - \Delta^{k-1} y_t$$

$$= \sum_{i=0}^{k} (-1)^i C_k^i y_{t+k-i}, \quad k = 1, 2, \cdots,$$

其中 $C_k^i = \dfrac{k!}{i!(k-i)!}$.

二、差分方程

定义 1　含有自变量 t,未知函数 y_t 以及 y_t 的差分 $\Delta y_t, \Delta^2 y_t, \cdots$ 的函数方程称为**常差分方程**,简称为**差分方程**;出现在差分方程中的差分的最高阶数称为**差分方程的阶**.

n 阶差分方程的一般形式为
$$F(t, y_t, \Delta y_t, \cdots, \Delta^n y_t) = 0, \tag{1}$$
其中 $F(t, y_t, \Delta y_t, \cdots, \Delta^n y_t)$ 为 $t, y_t, \Delta y_t, \cdots, \Delta^n y_t$ 的已知函数,且 $\Delta^n y_t$ 一定要出现(否则就不是 n 阶差分方程).

注意,由定义可知,差分方程的阶数与方程是否含有低阶差分无关.例如,$\Delta^5 y_t = f(t)$ 为五阶差分方程.

由差分定义可知,任何阶的差分均可表示为函数在不同时刻之值的代数和.因此,差分方程也可定义为:

定义 2　含有自变量 t 和两个或两个以上时刻的未知函数值 $y_t, y_{t+1}, \cdots$ 的函数方程称为**(常)差分方程**;出现在差分方程中未知函数下标的最大差称为**差分方程的阶**.

按此定义,n 阶差分方程的一般形式为
$$F(t, y_t, y_{t+1}, \cdots, y_{t+n}) = 0, \tag{2}$$
其中 $F(t, y_t, y_{t+1}, \cdots, y_{t+n})$ 为 $t, y_t, y_{t+1}, \cdots, y_{t+n}$ 的已知函数,且 y_t 与 y_{t+n} 一定要出现(否则不是 n 阶差分方程,而是低于 n 阶的差分方程).

注意　差分方程的这两种定义不是完全等价的.例如,方程
$$\Delta^2 y_t + \Delta y_t = 0$$
按定义 1 为二阶差分方程.将此方程改写为
$$\Delta^2 y_t + \Delta y_t = (y_{t+2} - 2y_{t+1} + y_t) + (y_{t+1} - y_t)$$
$$= y_{t+2} - y_{t+1} = 0.$$
按定义 2,则应为一阶差分方程.

由于经济学中经常遇到的是按定义 2 给出的差分方程,故本章只讨论形如(2)的差分方程.

三、差分方程的解

定义 3　若将已知函数 $y_t = \varphi(t)$ 代入方程(2),使其对 $t = 0, 1, 2, \cdots$ 成为恒等式,则称 $y_t = \varphi(t)$ 为方程(2)的解.含有 n 个(相互独立的)任意常数 $C_1, C_2, \cdots, C_n$ 的解
$$y_t = \varphi(t, C_1, C_2, \cdots, C_n)$$
称为 n 阶差分方程(2)的**通解**.在通解中给任意常数 $C_1, C_2, \cdots, C_n$ 以确定的值而得到的解称为 n 阶差分方程(2)的**特解**.

例如,函数 $y_t = at + C$(a 为已知常数,C 为任意常数)是差分方程
$$y_{t+1} - y_t = a$$

的通解,而函数 $y_t = at, y_t = at - 5$ 均是此差分方程的特解.

与常微分方程类似,为了由通解确定差分方程的某个特解,需给出确定此特解应满足的**定解条件**,对 n 阶差分方程(2)应给出 n 个定解条件,n 阶差分方程(2)的常见定解条件为初始条件:

$$y_0 = a_0, y_1 = a_1, \cdots, y_{n-1} = a_{n-1},$$

其中 $a_0, a_1, \cdots, a_{n-1}$ 为 n 个已知常数.

注意,如果保持差分方程中的时间滞后结构不变,而将 t 的计算提前或推后一个相同的时间间隔,所得到的新差分方程与原差分方程将是等价的,即两者有相同的解,例如,方程

$$ay_{t+1} + by_t = 0$$

与方程

$$ay_t + by_{t-1} = 0 \text{ 或 } ay_{t+3} + by_{t+2} = 0$$

是等价的.因为对任何 $t = \cdots, -2, -1, 0, 1, 2, \cdots$,前一方程的解一定是后两个方程的解,反之亦然.

差分方程的这个特点使我们在求解时可根据需要或方便,随意地移动时间下标,只要移动下标时,出现在方程中的所有时刻的未知函数的下标均移动相同的值(去掉这个条件将改变方程).基于这个原因,我们在解的定义中仅规定对 $t = 0, 1, 2, \cdots$ 恒成立,今后也仅讨论 $t = 0, 1, 2, \cdots$ 的情形.

四、线性差分方程

形如

$$y_{t+n} + a_1(t) y_{t+n-1} + \cdots + a_{n-1}(t) y_{t+1} + a_n(t) y_t = f(t) \tag{3}$$

的差分方程称为 n **阶非齐次线性差分方程**,其中 $a_1(t), \cdots, a_{n-1}(t), a_n(t)$ 和 $f(t)$ 为 t 的已知函数,且 $a_n(t) \neq 0, f(t) \neq 0$.

形如

$$y_{t+n} + a_1(t) y_{t+n-1} + \cdots + a_{n-1}(t) y_{t+1} + a_n(t) y_t = 0 \tag{4}$$

的差分方程称为 n **阶齐次线性差分方程**,其中 $a_1(t), \cdots, a_{n-1}(t), a_n(t)$ 为 t 的已知函数,且 $a_n(t) \neq 0$. n 阶齐次线性差分方程与 n 阶非齐次线性差分方程统称为 n **阶线性差分方程**,有时也称方程(4)为方程(3)的**对应齐次方程**.

若 $a_1(t) = a_1, \cdots, a_{n-1}(t) = a_{n-1}, a_n(t) = a_n$ 为常数,则有

$$y_{t+n} + a_1 y_{t+n-1} + \cdots + a_{n-1} y_{t+1} + a_n y_t = f(t), \tag{5}$$

$$y_{t+n} + a_1 y_{t+n-1} + \cdots + a_{n-1} y_{t+1} + a_n y_t = 0. \tag{6}$$

称(5)为 n **阶常系数非齐次线性差分方程**,称(6)为 n **阶常系数齐次线性差分方程**.

例如,方程

$$3y_{t+2} + 8y_{t+1} = 3t$$

为一阶常系数非齐次线性差分方程;方程

$$y_{t+2} - 10y_{t+1} + 5y_t = 5t + 3$$

为二阶常系数非齐次线性差分方程;而方程

$$2y_{t+3} - 3y_{t+2} + 4y_{t+1} - 5y_t = 0$$

为三阶常系数齐次线性差分方程.

关于线性差分方程有下列基本定理:

定理 1 若 $y_1(t), y_2(t), \cdots, y_m(t)$ 是 n 阶齐次线性差分方程(4)的 m 个特解,则它们的线性组合

$$y(t) = C_1 y_1(t) + C_2 y_2(t) + \cdots + C_m y_m(t)$$

也是(4)的解,其中 $C_1, C_2, \cdots, C_m$ 为任意常数.

定理 2 n 阶齐次线性差分方程(4)一定存在 n 个线性无关的特解,若 $y_1(t), y_2(t), \cdots, y_n(t)$ 为(4)的 n 个线性无关的特解,则(4)的通解为

$$y_c(t) = C_1 y_1(t) + C_2 y_2(t) + \cdots + C_n y_n(t),$$

其中 $C_1, C_2, \cdots, C_n$ 为 n 个任意常数.

这个定理告诉我们,为了求出 n 阶齐次线性差分方程(4)的通解,只需求出其 n 个线性无关的特解.

定理 3 n 阶非齐次线性差分方程(3)的通解等于其一个特解与对应齐次方程(4)的通解之和.

这个定理告诉我们,求非齐次线性差分方程(3)的通解可归结为:

(ⅰ)求对应齐次方程(4)的通解 $y_c(t)$;

(ⅱ)求非齐次方程(3)的一个特解 $\bar{y}(t)$;

(ⅲ)将所得通解 $y_c(t)$ 与特解 $\bar{y}(t)$ 相加,则 $y(t) = y_c(t) + \bar{y}(t)$ 即为非齐次方程(3)的通解.

上述定理的证明略.

例 1 求方程 $y_{t+2} - 5y_{t+1} + 6y_t = 2t - 3$ 的通解.

解 对应齐次方程为

$$y_{t+2} - 5y_{t+1} + 6y_t = 0.$$

直接验证可知,$y_1(t) = 2^t$ 和 $y_2(t) = 3^t$ 为此齐次方程的两个线性无关的特解,故此齐次方程的通解为

$$y_c(t) = C_1 2^t + C_2 3^t.$$

同样地,直接验证可知 $\bar{y}(t) = t$ 是所给非齐次方程的一个特解.于是,由定理 3 可知,所给非齐次方程的通解为

$$y(t) = y_c(t) + \bar{y}(t) = C_1 2^t + C_2 3^t + t,$$

其中 C_1, C_2 为任意常数.

例 2 求方程 $(t+3)y_{t+2} - 2(t+2)y_{t+1} + (t+1)y_t = 0$ 的通解.

解 直接验证可知,$y_1(t) = 1$ 和 $y_2(t) = \dfrac{1}{t+1}$ 是所给齐次方程的两个线性无关的特解,故其通解为

$$y_c(t) = C_1 + \frac{C_2}{t+1},$$

其中 C_1, C_2 为任意常数.

 习题 13-1

1. 计算下列各题的差分:

（1）$y_t = t^2 + 2t$，求 $\Delta^2 y_t$；

（2）$y_t = e^t$，求 $\Delta^2 y_t$；

（3）$y_t = t^3 + 3$，求 $\Delta^3 y_t$；

（4）$y_t = \ln(t+1)$，求 $\Delta^2 y_t$.

2. 按定义 2 改写下列差分方程：

（1）$\Delta y_t = 1$；   （2）$\Delta^2 y_t - 3\Delta y_t = 5$；

（3）$\Delta^2 y_t - 4\Delta y_t = 1$； （4）$\Delta^3 y_t + 5\Delta y_t = y_t$.

3. 确定下列差分方程的阶：

（1）$3y_{t+2} - 2y_{t+1} = 5t + 1$；

（2）$8y_{t+3} - y_t = 9$；

（3）$5y_{t+5} - 7y_t = 7$；

（4）$8y_{t+2} - 9y_{t+1} + 10y_t = \sin t$.

4. 证明下列函数是所给方程的解（题中 C, C_1, C_2, C_3, C_4 均为任意常数）：

（1）$y_t = \dfrac{C}{1+Ct}$，$(1+y_t)y_{t+1} = y_t$；

（2）$y_t = C_1 + C_2 2^t$，$y_{t+2} - 3y_{t+1} + 2y_t = 0$；

（3）$y_t = C_1 + C_2 2^t + C_3 3^t$，$y_{t+3} - 6y_{t+2} + 11y_{t+1} - 6y_t = 0$；

（4）$y_t = C_1 + C_2 t + C_3 t^2 + C_4 t^4$，$y_{t+4} - 4y_{t+3} + 6y_{t+2} - 4y_{t+1} + y_t = 0$.

5. 证明函数 $y_1(t) = (-2)^t$ 和 $y_2(t) = t(-2)^t$ 是方程

$$y_{t+2} + 4y_{t+1} + 4y_t = 0$$

的两个线性无关的特解，并求该方程的通解.

§13.2　一阶常系数线性差分方程

一阶常系数线性差分方程的一般形式为

$$y_{t+1} + ay_t = f(t)，\quad t = 0, 1, 2, \cdots, \tag{1}$$

其中 a 为非零常数，$f(t)$ 为 t 的已知函数.

方程（1）的对应齐次方程为

$$y_{t+1} + ay_t = 0，\quad t = 0, 1, 2, \cdots. \tag{2}$$

由 §13.1 定理 3 可知，为了求出方程（1）的通解，应分别求出（1）的一个特解和对应齐次方程（2）的通解，然后将两者相加，即得（1）的通解. 依此，下面分别讨论齐次方程（2）的通解与非齐次方程（1）的特解的求解方法.

一、齐次方程的通解

将方程（2）改写为

$$y_{t+1} = (-a)y_t，\quad t = 0, 1, 2, \cdots,$$

并假设在初始时刻 $t = 0$ 时，函数 y_t 取任意常数 C. 分别以 $t = 0, 1, 2, \cdots$ 代入上式，得

$$y_1 = (-a)y_0 = C(-a)，$$

$$y_2 = (-a)y_1 = C(-a)^2,$$
$$\cdots$$
$$y_t = C(-a)^t, \quad t = 0, 1, 2, \cdots. \tag{3}$$

（3）式即为（2）的通解.特别地,当$-a=1$时,齐次方程（2）的通解是
$$y_t = C, t = 0, 1, 2, \cdots.$$

二、 非齐次方程的通解与特解

求非齐次方程（1）的通解的常用方法有**迭代法**和**常数变易法**,求方程（1）的特解的常用方法为**待定系数法**.

1. 迭代法

将方程（1）改写为
$$y_{t+1} = (-a)y_t + f(t), \quad t = 0, 1, 2, \cdots, \tag{4}$$
则有
$$y_1 = (-a)y_0 + f(0),$$
$$y_2 = (-a)^2 y_0 + (-a)f(0) + f(1),$$
$$y_3 = (-a)^3 y_0 + (-a)^2 f(0) + (-a)f(1) + f(2),$$
$$\cdots.$$

一般地,由数学归纳法可证
$$\begin{aligned} y_t &= (-a)^t y_0 + (-a)^{t-1} f(0) + \cdots + f(t-1) \\ &= (-a)^t y_0 + \bar{y}_t, \quad t = 0, 1, 2, \cdots, \end{aligned} \tag{5}$$
其中
$$\begin{aligned} \bar{y}_t &= (-a)^{t-1} f(0) + \cdots + f(t-1) \\ &= \sum_{i=0}^{t-1} (-a)^i f(t-i-1) \end{aligned} \tag{6}$$

为非齐次方程（1）的特解,而$y_c(t) = (-a)^t y_0 = C(-a)^t$为方程（1）的对应齐次方程（2）的通解,$C = y_0$为任意常数. 因此,（5）式为非齐次方程（1）的通解.

注意,与一阶线性微分方程类似,通解（5）也可由常数变易法求得,留给读者去完成.

例 1 求差分方程$y_{t+1} - \frac{1}{2} y_t = 2^t$的通解.

解 此例中$a = -\frac{1}{2}, f(t) = 2^t$. 于是,由（6）式有特解
$$\bar{y}_t = \sum_{i=0}^{t-1} \left(\frac{1}{2}\right)^i \times 2^{t-i-1} = 2^{t-1} \sum_{i=0}^{t-1} \left(\frac{1}{4}\right)^i$$
$$= 2^{t-1} \frac{1 - \left(\frac{1}{4}\right)^t}{1 - \frac{1}{4}} = \frac{1}{3}\left(\frac{1}{2}\right)^{t-1} (2^{2t} - 1).$$

故由（5）式,得所给方程的通解
$$y_t = C\left(\frac{1}{2}\right)^t + \frac{1}{3}\left(\frac{1}{2}\right)^{t-1} (2^{2t} - 1)$$

$$= \widetilde{C}\left(\frac{1}{2}\right)^{t} + \frac{1}{3}\times 2^{t+1}.$$

其中 $\widetilde{C} = C - \dfrac{2}{3}$ 为任意常数.

2. 待定系数法

虽然(5)式和(6)式给出了一阶非齐次线性差分方程(1)的通解表达式,但是直接利用公式(6)求方程(1)的特解是不方便的.因此,与常微分方程类似地,对一些特殊形式的 $f(t)$,常采用待定系数法而不是直接利用公式(6)求(1)的特解.

差分方程的待定系数法与常微分方程的待定系数法相同,其基本思想是,根据函数 $f(t)$ 的形式来设方程(1)的含有待定系数的特解的形式,下面对经济学中常见的四类函数 $f(t)$ 介绍求特解的待定系数法.

(1) $f(t)$ 为常数

此时方程(1)为

$$y_{t+1} + ay_t = b, \quad t = 0,1,2,\cdots, \tag{7}$$

其中 a,b 为非零常数.

若 $a \neq -1$,则设(7)有特解 $\overline{y}_t = A$,A 为待定常数. 将其代入方程(7),可得特解

$$\overline{y}_t = A = \frac{b}{1+a}, a \neq -1.$$

若 $a = -1$,则设(7)有特解 $\overline{y}_t = At$,A 为待定常数. 将其代入方程(7),并注意 $a = -1$,可得(7)的特解为

$$\overline{y}_t = bt, a = -1.$$

综上所述,可得方程(7)的通解为

$$y_t = \begin{cases} C(-a)^t + \dfrac{b}{1+a}, & a \neq -1, \\ C + bt, & a = -1. \end{cases} \tag{8}$$

例 2 求差分方程 $y_{t+1} + 3y_t = 4$ 满足初始条件 $y_0 = 4$ 的特解.

解 因 $a = 3 \neq -1$,故由(8)式得通解

$$y_t = C(-3)^t + 1.$$

由初始条件 $y_0 = 4$,得 $C = 3$.于是,所求特解为

$$y_t = 3\times(-3)^t + 1.$$

例 3 求差分方程 $y_{t+1} - y_t = -5$ 满足初始条件 $y_0 = 1$ 的特解.

解 因 $a = -1, b = -5$,故由(8)式得通解

$$y_t = C - 5t.$$

由 $y_0 = 1$ 得 $C = 1$.于是,所求特解为

$$y_t = 1 - 5t.$$

(2) $f(t)$ 为 t 的多项式

下面我们以 $f(t)$ 为 t 的一次多项式来说明,考虑差分方程

$$y_{t+1} + ay_t = b_0 + b_1 t, \quad t = 0,1,2,\cdots, \tag{9}$$

其中 a, b_0, b_1 为常数,且 $a \neq 0, b_1 \neq 0$.

若 $a \neq -1$，则设（9）式有特解 $\bar{y}_t = B_0 + B_1 t$，B_0，B_1 为待定常数. 将此特解代入（9）式，得
$$[(1+a)B_0 + B_1] + (1+a)B_1 t = b_0 + b_1 t.$$
此式对 $t = 0, 1, 2, \cdots$ 恒成立的充分必要条件是
$$(1+a)B_0 + B_1 = b_0, \quad (1+a)B_1 = b_1.$$
这是关于 B_0，B_1 的线性方程组，由 $a \neq -1$ 可知，其解为
$$B_0 = \frac{(1+a)b_0 - b_1}{(1+a)^2}, \quad B_1 = \frac{b_1}{1+a}.$$
于是，（9）式有特解
$$\bar{y}_t = \frac{(1+a)b_0 - b_1}{(1+a)^2} + \frac{b_1}{1+a}t, \quad a \neq -1.$$

若 $a = -1$，则设（9）式有特解 $\bar{y}_t = t(B_0 + B_1 t) = B_0 t + B_1 t^2$，$B_0$，$B_1$ 为待定常数，将其代入（9）式并利用 $a = -1$，可得（9）式的特解为
$$\bar{y}_t = \left(b_0 - \frac{1}{2}b_1\right)t + \frac{1}{2}b_1 t^2, \quad a = -1.$$

于是，综上所述，方程（9）的通解为
$$y_t = \begin{cases} C(-a)^t + \dfrac{(1+a)b_0 - b_1}{(1+a)^2} + \dfrac{b_1}{1+a}t, & a \neq -1, \\ C + \left(b_0 - \dfrac{1}{2}b_1\right)t + \dfrac{1}{2}b_1 t^2, & a = -1. \end{cases} \tag{10}$$

对于 $f(t)$ 为关于 t 的 m 次多项式的一般情形，可类似地讨论.

例 4　求差分方程 $y_{t+1} - 2y_t = t$ 的通解.

解　因 $a = -2 \neq -1, b_0 = 0, b_1 = 1$，故由（10）式可得所给方程的通解为
$$y_t = C2^t - 1 - t, C \text{ 为任意常数}.$$

例 5　求差分方程 $y_{t+1} - y_t = 3 + 2t$ 的通解.

解　因 $a = -1, b_0 = 3, b_1 = 2$，故由（10）式可得所给方程的通解为
$$y_t = C + 2t + t^2, C \text{ 为任意常数}.$$

（3）$f(t)$ 为指数函数

考虑差分方程
$$y_{t+1} + ay_t = bd^t, t = 0, 1, 2, \cdots, \tag{11}$$
其中 a, b, d 为非零常数.

若 $a + d \neq 0$，则设方程（11）有特解 $\bar{y}_t = Ad^t$，A 为待定常数. 将其代入方程（11），可得 $A = \dfrac{b}{a+d}$，故（11）式有特解
$$\bar{y}_t = \frac{b}{a+d}d^t, \quad a + d \neq 0.$$

若 $a + d = 0$，则设方程（11）式有特解 $\bar{y}_t = Atd^t$，A 为待定常数. 将其代入方程（11），并利用 $a + d = 0$，得 $A = \dfrac{b}{d} = -\dfrac{b}{a}$，故（11）式有特解
$$\bar{y}_t = btd^{t-1}, a + d = 0.$$

综上所述,方程(11)的通解为

$$
y_t = \begin{cases} C\,(-a)^t + \dfrac{b}{a+d}d^t, & a+d \neq 0, \\[3mm] \left(C + \dfrac{b}{d}t\right)d^t, & a+d = 0. \end{cases} \tag{12}
$$

例 6　求差分方程 $y_{t+1} - y_t = 2^t$ 的通解.

解　因 $a = -1, b = 1, d = 2, a+d = 1 \neq 0$,故由(12)式得所给方程的通解为

$$
y_t = C + 2^t, C \text{ 为任意常数}.
$$

例 7　求差分方程 $2y_{t+1} - y_t = 3\left(\dfrac{1}{2}\right)^t$ 的通解.

解　因 $a = -\dfrac{1}{2}, b = \dfrac{3}{2}, d = \dfrac{1}{2}, a+d = 0$,故由(12)式得所给方程的通解为

$$
y_t = (C + 3t)\left(\dfrac{1}{2}\right)^t, C \text{ 为任意常数}.
$$

(4) $f(t)$ 为正弦-余弦型三角函数

考虑差分方程

$$
y_{t+1} + ay_t = b_1\cos\,\omega t + b_2\sin\,\omega t, \quad t = 0,1,2,\cdots, \tag{13}
$$

其中 a, b_1, b_2, ω 为常数,且 a 和 ω 不为零,b_1 与 b_2 不同时为零.

设方程(13)有特解

$$
\overline{y} = B_1\cos\,\omega t + B_2\sin\,\omega t,
$$

其中 B_1, B_2 为待定系数,将其代入方程(13),并利用三角恒等式

$$
\begin{cases} \cos(\omega t + \omega) = \cos\,\omega t\cos\,\omega - \sin\,\omega t\sin\,\omega, \\ \sin(\omega t + \omega) = \sin\,\omega t\cos\,\omega + \cos\,\omega t\sin\,\omega, \end{cases} \tag{14}
$$

得

$$
[B_1(a+\cos\,\omega) + B_2\sin\,\omega]\cos\,\omega t + [-B_1\sin\,\omega + B_2(a+\cos\,\omega)]\sin\,\omega t
$$
$$
= b_1\cos\,\omega t + b_2\sin\,\omega t.
$$

此式对 $t = 0,1,2,\cdots$ 恒成立的充分必要条件是

$$
\begin{cases} B_1(a+\cos\,\omega) + B_2\sin\,\omega = b_1, \\ -B_1\sin\,\omega + B_2(a+\cos\,\omega) = b_2. \end{cases} \tag{15}
$$

方程(15)是以 B_1, B_2 为未知量的线性方程组,其系数行列式为

$$
D = \begin{vmatrix} a+\cos\,\omega & \sin\,\omega \\ -\sin\,\omega & a+\cos\,\omega \end{vmatrix} = (a+\cos\,\omega)^2 + \sin^2\omega. \tag{16}
$$

若 $D \neq 0$,则由(15)式可解得

$$
\begin{cases} B_1 = \dfrac{1}{D}[b_1(a+\cos\,\omega) - b_2\sin\,\omega], \\[3mm] B_2 = \dfrac{1}{D}[b_2(a+\cos\,\omega) + b_1\sin\,\omega]. \end{cases} \tag{17}
$$

若 $D = (a+\cos\,\omega)^2 + \sin^2\omega = 0$,则有

$$
\begin{cases} \omega = 2k\pi, \\ a = -1, \end{cases} \text{或} \begin{cases} \omega = (2k+1)\pi, \\ a = 1, \end{cases} \tag{18}
$$

其中 k 为整数,这时设方程(13)的特解为

$$\overline{y}_1 = t(\overline{B}_1 \cos \omega t + \overline{B}_2 \sin \omega t),$$

$\overline{B}_1, \overline{B}_2$ 为待定系数. 将其代入(13),并利用条件(18),可得

$$\begin{cases} \overline{B}_1 = b_1, \\ \overline{B}_2 = b_2. \end{cases} \text{或} \begin{cases} \overline{B}_1 = -b_1, \\ \overline{B}_2 = -b_2. \end{cases}$$

综上所述,方程(13)的通解为

$$y_t = \begin{cases} C(-a)^t + B_1 \cos \omega t + B_2 \sin \omega t, & D \neq 0, \\ C + t(b_1 \cos 2k\pi t + b_2 \sin 2k\pi t), \omega = 2k\pi, & a = -1, \quad (19) \\ C(-1)^t - t[b_1 \cos(2k+1)\pi t + b_2 \sin(2k+1)\pi t], \omega = (2k+1)\pi, & a = 1, \end{cases}$$

其中 C 为任意常数,D 由(16)式确定,B_1 和 B_2 由(17)式确定.

注意 若 $f(t) = b_1 \cos \omega t$ 或 $f(t) = b_2 \sin \omega t$,仍将特解设为

$$\overline{y}_t = B_1 \cos \omega t + B_2 \sin \omega t$$

或

$$\overline{y}_t = t(\overline{B}_1 \cos \omega t + \overline{B}_2 \sin \omega t)$$

的形式,而不能将其中的一项省略.

例 8 求差分方程 $y_{t+1} - 2y_t = \cos t$ 的通解.

解 对应齐次方程的通解为

$$y_c(t) = C2^t.$$

设非齐次方程有特解

$$\overline{y}_t = B_1 \cos t + B_2 \sin t, B_1 \text{ 和 } B_2 \text{ 为待定常数}.$$

将其代入所给方程并利用三角公式(14),得

$$\begin{cases} B_1(\cos 1 - 2) + B_2 \sin 1 = 1, \\ -B_1 \sin 1 + B_2(\cos 1 - 2) = 0, \end{cases}$$

解得

$$B_1 = \frac{\cos 1 - 2}{5 - 4\cos 1}, \quad B_2 = \frac{\sin 1}{5 - 4\cos 1}.$$

于是,所给方程的通解为

$$y_t = C2^t + \frac{\cos 1 - 2}{5 - 4\cos 1} \cos t + \frac{\sin 1}{5 - 4\cos 1} \sin t,$$

其中 C 为任意常数.

总之,一阶非齐次线性差分方程

$$y_{t+1} + ay_t = f(t), \quad t = 0, 1, 2, \cdots$$

的通解为

$$y_t = C(-a)^t + \overline{y}_t, \quad t = 0, 1, 2, \cdots,$$

其中,$C(-a)^t$ 是齐次方程(2)的通解,$\overline{y}_t$ 为非齐次方程的特解. 综上所述,可总结 $\overline{y}_t$,列于表 13-1 中:

表 13-1

$f(t)$ 的形式	条件	特解 $\bar{y}_t$ 的形式	特解 $\bar{y}_t$
b	$a \neq -1$	A	$\dfrac{b}{1+a}$
	$a = -1$	At	bt
$b_0 + b_1 t$	$a \neq -1$	$B_0 + B_1 t$	$\dfrac{(1+a)b_0 - b_1}{(1+a)^2} + \dfrac{b_1}{1+a}t$
	$a = -1$	$B_0 t + B_1 t^2$	$\left(b_0 - \dfrac{1}{2}b_1\right)t + \dfrac{1}{2}b_1 t^2$
bd^t	$a + d \neq 0$	Ad^t	$\dfrac{b}{a+d}d^t$
	$a + d = 0$	Atd^t	btd^{t-1}
$b_1 \cos \omega t + b_2 \sin \omega t$	$D = (a+\cos \omega)^2 + \sin^2 \omega \neq 0$	$B_1 \cos \omega t + B_2 \sin \omega t$	$B_1 \cos \omega t + B_2 \sin \omega t,$ 其中 $B_1 = \dfrac{1}{D}[b_1(a+\cos \omega) - b_2 \sin \omega],$ $B_2 = \dfrac{1}{D}[b_2(a+\cos \omega) + b_1 \sin \omega]$
	$D = (a+\cos \omega)^2 + \sin^2 \omega = 0$	$t(B_1 \cos \omega t + B_2 \sin \omega t)$	$t(\bar{B}_1 \cos \omega t + \bar{B}_2 \sin \omega t),$ 其中 $\bar{B}_1 = b_1,\ \bar{B}_2 = b_2$ 或 $\bar{B}_1 = -b_1,\ \bar{B}_2 = -b_2$

上面对四类特殊形式的函数 $f(t)$ 讨论了求一阶差分方程(1)的特解的方法——待定系数法. 如果在试求特解的过程中遇到了困难, 可将原先假设的试解函数乘以 t 后作为新的试解函数, 再代入所给方程中去试. 这个方法对二阶或更高阶的常系数线性差分方程也适用, 此时可能要乘以 $t, t^2, t^3, \cdots$, 直到能求出特解时为止.

另外, 这四类 $f(t)$ 基本上包含了经济应用中常见的函数类型. 实际上, 经济应用中常用的 $f(t)$ 为类型(1)—(4)以及它们的线性组合. 遇到 $f(t)$ 为线性组合的情形时, 可设试解函数为同种类型函数的线性组合, 其系数为待定常数. 例如, 对函数

$$f(t) = t + 2e^t + 3\sin t,$$

可设试解函数为

$$\bar{y}_t = Ae^t + B_0 + B_1 t + B_2 \cos t + B_3 \sin t,$$

其中 A, B_0, B_1, B_2, B_3 为待定常数.

🖥 习题 13-2

1. 求下列差分方程的通解:

(1) $6y_{t+1} + 2y_t = 8$;

(2) $2y_{t+1} + y_t = 3 + t$;

（3）$y_{t+1}+y_t=2^t$；

（4）$y_{t+1}-y_t=4\cos\dfrac{\pi}{3}t$.

2. 求下列差分方程满足给定初始条件的特解：

（1）$16y_{t+1}-6y_t=1,y_0=0.2$；

（2）$3y_{t+1}-y_t=1.2,y_0=0.4$；

（3）$y_{t+1}+3y_t=-1,y_0=1$；

（4）$2y_{t+1}-y_t=2+t,y_0=4$；

（5）$y_{t+1}-y_t=2^t-1,y_0=5$；

（6）$y_{t+1}+4y_t=3\sin\pi t,y_0=1$.

3. 设 a,b 为非零常数，且 $1+a\neq0$. 证明：通过变换 $u_t=y_t-\dfrac{b}{1+a}$，可将非齐次方程 $y_{t+1}+ay_t=b$ 变换为 u_t 的齐次方程，并由此求出 y_t 的通解.

*§13.3　二阶常系数线性差分方程

二阶常系数线性差分方程的一般形式为

$$y_{t+2}+ay_{t+1}+by_t=f(t),t=0,1,2,\cdots,\tag{1}$$

其中 a,b 为已知常数，且 $b\neq0,f(t)$ 为 t 的已知函数. 当 $f(t)\neq0$ 时，它是非齐次的，其对应齐次方程为

$$y_{t+2}+ay_{t+1}+by_t=0.\tag{2}$$

根据 §13.1 中定理 3，为了求出方程（1）的通解，只需求出其一个特解及其对应齐次方程（2）的通解，然后将两者相加，即得方程（1）的通解. 下面分别讨论齐次方程（2）的通解及非齐次方程（1）的特解的求解方法.

一、 齐次方程的通解

根据 §13.1 定理 2，为了求出齐次方程（2）的通解，只需求出（2）的两个线性无关的特解，它们的线性组合即（2）的通解. 为此，设（2）有特解 $\overline{y}_t=\lambda^t$，λ 为非零待定常数. 将此特解代入方程（2），得

$$\lambda^t(\lambda^2+a\lambda+b)=0.$$

因 $\lambda^t\neq0$，故 $\overline{y}_t=\lambda^t$ 为方程（2）特解的充分必要条件为

$$\lambda^2+a\lambda+b=0.\tag{3}$$

称（3）式为方程（2）的**特征方程**，特征方程的解称为**特征根**或**特征值**. 因特征方程（3）是 λ 的二次代数方程，故有两个实根或复根（重根按重数计算），即方程（2）有两个实特征根或复特征根，与二阶常系数微分方程类似，可分如下三种情形分别讨论：

1. 特征方程有两个相异实根

此时判别式 $\Delta=a^2-4b>0$，方程（3）的两个相异实根为

$$\lambda_1 = \frac{1}{2}(-a - \sqrt{\Delta}), \quad \lambda_2 = \frac{1}{2}(-a + \sqrt{\Delta}). \tag{4}$$

于是,齐次方程(2)有如下两个线性无关的特解

$$\bar{y}_1(t) = \lambda_1^t, \quad \bar{y}_2(t) = \lambda_2^t.$$

则方程(2)的通解为

$$y_c(t) = C_1 \lambda_1^t + C_2 \lambda_2^t, \quad \Delta = a^2 - 4b > 0, \tag{5}$$

其中 λ_1, λ_2 由(4)式确定,C_1, C_2 为任意常数.

例1 求差分方程 $y_{t+2} - 5y_{t+1} + 6y_t = 0$ 的通解.

解 特征方程为

$$\lambda^2 - 5\lambda + 6 = (\lambda - 2)(\lambda - 3) = 0.$$

故有两个相异实特征根 $\lambda_1 = 2, \lambda_2 = 3$,于是,所给方程的通解为

$$y_c(t) = C_1 2^t + C_2 3^t, C_1, C_2 \text{ 为任意常数.}$$

2. 特征方程有两个相等实根

此时判别式 $\Delta = a^2 - 4b = 0$,方程(3)有两个相等实根(二重特征根)$\lambda_1 = \lambda_2 = -\frac{1}{2}a$. 于是,方程(2)有一个特解

$$\bar{y}_1(t) = \left(-\frac{1}{2}a\right)^t.$$

注意到 $a^2 - 4b = 0$,直接验证可知,

$$\bar{y}_2(t) = t\left(-\frac{1}{2}a\right)^t$$

也是(2)的一个特解. 显然,上述 $\bar{y}_1(t)$ 与 $\bar{y}_2(t)$ 是线性无关的. 因此,方程(2)的通解为

$$y_c(t) = (C_1 + C_2 t)\left(-\frac{1}{2}a\right)^t, \quad a^2 - 4b = 0, \tag{6}$$

其中 C_1, C_2 为任意常数.

例2 求差分方程 $y_{t+2} - 4y_{t+1} + 4y_t = 0$ 的通解.

解 特征方程为

$$\lambda^2 - 4\lambda + 4 = (\lambda - 2)^2 = 0.$$

故有二重特征根 $\lambda_1 = \lambda_2 = 2$.于是,由(6)式,所给方程的通解为

$$y_c(t) = (C_1 + C_2 t)2^t, C_1, C_2 \text{ 为任意常数.}$$

3. 特征方程有一对共轭复根

此时判别式 $\Delta = a^2 - 4b < 0$,方程(3)的一对共轭复根为

$$\lambda_1 = \frac{1}{2}(-a - i\sqrt{-\Delta}), \quad \lambda_2 = \frac{1}{2}(-a + i\sqrt{-\Delta}).$$

可以证明,方程(2)有如下两个线性无关的特解

$$\bar{y}_1(t) = r^t \cos \omega t, \quad \bar{y}_2(t) = r^t \sin \omega t,$$

其中 r 和 ω 由下式确定:

$$r = \sqrt{b}, \tan \omega = -\frac{1}{a}\sqrt{4b - a^2}, \quad \omega \in (0, \pi). \tag{7}$$

称 r 为复特征根的**模**，ω 为复特征根的**幅角**.

因此，方程(2)的通解为

$$y_c(t) = r^t(C_1\cos\omega t + C_2\sin\omega t)，\quad a^2 - 4b < 0，\tag{8}$$

其中 r 和 ω 由(7)式确定，C_1，C_2 为任意常数.

例 3　求差分方程 $y_{t+2} - y_{t+1} + y_t = 0$ 的通解.

解　特征方程为

$$\lambda^2 - \lambda + 1 = 0.$$

其判别式 $\Delta = (-1)^2 - 4 = -3 < 0$，故有一对共轭复根：

$$\lambda_1 = \frac{1}{2}(1 - i\sqrt{3})，\quad \lambda_2 = \frac{1}{2}(1 + i\sqrt{3}).$$

因此，所给方程的通解为

$$y_c(t) = C_1\cos\frac{\pi}{3}t + C_2\sin\frac{\pi}{3}t，$$

其中 $r = 1$，$\tan\omega = \sqrt{3}$，$\omega = \dfrac{\pi}{3} \in (0, \pi)$，$C_1$，$C_2$ 为任意常数.

二、 非齐次方程的特解与通解

与二阶常系数线性微分方程类似，当求二阶常系数线性差分方程(1)的特解时，对于 $f(t)$ 的某些特殊形式，常用方法也是**待定系数法**.

（1）$f(t)$ 为常数

考虑差分方程

$$y_{t+2} + ay_{t+1} + by_t = c(a, b, c \text{ 为常数，且 } b \neq 0).\tag{9}$$

当 $1 + a + b \neq 0$ 时，将特解 $\overline{y}_t = A$ 代入方程(9)，得 $A = \dfrac{c}{1+a+b}$，因此方程(9)具有特解

$$\overline{y}_t = \frac{c}{1+a+b}；$$

当 $1 + a + b = 0$ 且 $a \neq -2$ 时，将特解 $\overline{y}_t = At$ 代入方程(9)，得 $A = \dfrac{c}{2+a}$，因此方程(9)具有特解 $\overline{y}_t = \dfrac{ct}{2+a}$；

当 $1 + a + b = 0$ 且 $a = -2$ 时，将特解 $\overline{y}_t = At^2$ 代入方程(9)，得 $A = \dfrac{c}{2}$，因此方程(9)具有特解 $\overline{y}_t = \dfrac{ct^2}{2}$.

（2）$f(t)$ 为 t 的多项式

下面仅考虑差分方程

$$y_{t+2} + ay_{t+1} + by_t = b_0 + b_1 t \ (a, b, b_0, b_1 \text{ 为常数，且 } b \neq 0, b_1 \neq 0).\tag{10}$$

当 $1 + a + b \neq 0$ 时，其特解形式为 $\overline{y}_t = A + Bt$，其中

$$A = \frac{1}{1+a+b}\left[b_0 - \frac{(2+a)b_1}{1+a+b}\right]，B = \frac{b_1}{1+a+b}；$$

当 $1+a+b=0$ 且 $a\neq-2$ 时，其特解形式为 $\bar{y}_t=t(A+Bt)$，其中

$$A=\frac{1}{2+a}\left[b_0-\frac{(4+a)b_1}{4+2a}\right], B=\frac{b_1}{4+2a};$$

当 $1+a+b=0$ 且 $a=-2$ 时，其特解形式为 $\bar{y}_t=t^2(A+Bt)$，其中 $A=\dfrac{b_0-b_1}{2}, B=\dfrac{b_1}{6}$.

（3）$f(t)$ 为指数函数

考虑差分方程

$$y_{t+2}+ay_{t+1}+by_t=cq^t\quad(a,b,c,q\text{ 为常数且 }b\neq0,c\neq0,q\neq0,q\neq1).\qquad(11)$$

当 $q^2+aq+b\neq0$ 时，其特解为 $\bar{y}_t=\dfrac{cq^t}{q^2+aq+b}$；

当 $q^2+aq+b=0$ 且 $2q+a\neq0$ 时，其特解为 $\bar{y}_t=\dfrac{ctq^{t-1}}{2q+a}$；

当 $q^2+aq+b=0$ 且 $2q+a=0$ 时，其特解为 $\bar{y}_t=\dfrac{ct^2q^{t-1}}{4q+a}$.

（4）$f(t)$ 为正弦–余弦型三角函数

仅考虑差分方程

$$y_{t+2}+ay_{t+1}+by_t=b_0\cos\omega t+b_1\sin\omega t$$

$$(a,b,b_0,b_1,\omega\text{ 为常数且 }b\neq0,\omega\neq0,b_0,b_1\text{ 不同时为零}).\qquad(12)$$

请读者自行讨论.

下面通过例题说明具体求解方法.

例 4 求差分方程 $y_{t+2}-5y_{t+1}+6y_t=10$ 的通解.

解 例 1 已求出对应齐次方程的通解为

$$y_c(t)=C_1 2^t+C_2 3^t.$$

下面设所给非齐次方程的特解为 $\bar{y}_t=A$，其中 A 为待定常数，将其代入所给方程得 $A=5$，于是，所给方程的通解为

$$y_t=y_c(t)+\bar{y}_t=C_1 2^t+C_2 3^t+5,$$

其中 C_1,C_2 为任意常数.

例 5 求差分方程 $y_{t+2}-4y_{t+1}+4y_t=5+t$ 的通解.

解 例 2 已求出对应齐次方程的通解为

$$y_c(t)=(C_1+C_2 t)2^t.$$

现设所给非齐次方程的特解为 $\bar{y}_t=A+Bt$，其中 A,B 为待定常数，将其代入所给方程得

$$(A-2B)+Bt=5+t.$$

此式对 $t=0,1,2,\cdots$ 恒成立的充分必要条件为

$$A-2B=5, B=1.$$

解得 $A=7,B=1$. 因此，所给非齐次方程的特解为

$$\bar{y}_t=7+t.$$

于是，所给方程的通解为

$$y_t=y_c(t)+\bar{y}_t=(C_1+C_2 t)2^t+7+t,$$

其中 C_1,C_2 为任意常数.

例 6 求差分方程 $y_{t+2}-4y_{t+1}+4y_t=3^t$ 的通解.

解 例 2 已求出对应齐次方程的通解为

$$y_c(t)=(C_1+C_2t)2^t.$$

现设所给非齐次方程的特解为 $\bar{y}_t=A3^t$，其中 A 为待定常数，将其代入所给方程，得 $A=1$，即所给方程的特解为 $\bar{y}_t=3^t$. 因此，所给方程的通解为

$$y_t=y_c(t)+\bar{y}_t=(C_1+C_2t)2^t+3^t,$$

其中 C_1,C_2 为任意常数.

例 7 求差分方程 $y_{t+2}-4y_{t+1}+4y_t=25\sin\dfrac{\pi}{2}t$ 的通解.

解 例 2 已求出对应齐次方程的通解为

$$y_c(t)=(C_1+C_2t)2^t.$$

现设所给非齐次方程的特解为

$$\bar{y}_t=A\cos\frac{\pi}{2}t+B\sin\frac{\pi}{2}t,$$

其中 A,B 为待定常数. 将此特解代入所给方程，并利用三角公式：

$$\cos\left[\frac{\pi}{2}(t+2)\right]=-\cos\frac{\pi}{2}t,\sin\left[\frac{\pi}{2}(t+2)\right]=-\sin\frac{\pi}{2}t,$$

$$\cos\left[\frac{\pi}{2}(t+1)\right]=-\sin\frac{\pi}{2}t,\sin\left[\frac{\pi}{2}(t+1)\right]=\cos\frac{\pi}{2}t.$$

可得

$$(4A+3B)\sin\frac{\pi}{2}t+(3A-4B)\cos\frac{\pi}{2}t=25\sin\frac{\pi}{2}t.$$

由此可得 $A=4,B=3$，即所给方程有特解

$$\bar{y}_t=4\cos\frac{\pi}{2}t+3\sin\frac{\pi}{2}t.$$

于是，所给方程的通解为

$$y_t=y_c(t)+\bar{y}_t=(C_1+C_2t)2^t+4\cos\frac{\pi}{2}t+3\sin\frac{\pi}{2}t,$$

其中 C_1,C_2 为任意常数.

例 8 求差分方程 $y_{t+2}-4y_{t+1}+4y_t=5+t+3^t+25\sin\dfrac{\pi}{2}t$ 的通解.

解 例 2 已求出对应齐次方程的通解为

$$y_c(t)=(C_1+C_2t)2^t.$$

而例 5、例 6 和例 7 已分别求出方程

$$y_{t+2}-4y_{t+1}+4y_t=5+t,$$

$$y_{t+2}-4y_{t+1}+4y_t=3^t,$$

$$y_{t+2}-4y_{t+1}+4y_t=25\sin\frac{\pi}{2}t$$

分别有特解

$$\overline{y}_1(t) = 7+t,$$

$$\overline{y}_2(t) = 3^t,$$

$$\overline{y}_3(t) = 4\cos\frac{\pi}{2}t + 3\sin\frac{\pi}{2}t.$$

直接代入所给方程验证可知,

$$\overline{y}_t = \overline{y}_1(t) + \overline{y}_2(t) + \overline{y}_3(t)$$

$$= 7+t+3^t+4\cos\frac{\pi}{2}t+3\sin\frac{\pi}{2}t$$

是所给方程的特解.于是,所给方程的通解为

$$y_t = y_c(t) + \overline{y}_t = (C_1+C_2t)2^t + 7+t+3^t+4\cos\frac{\pi}{2}t+3\sin\frac{\pi}{2}t,$$

其中 C_1, C_2 为任意常数.

习题 13-3

1. 求下列二阶齐次线性差分方程的通解:

(1) $y_{t+2} - 7y_{t+1} + 12y_t = 0$;

(2) $y_{t+2} = y_{t+1} + y_t$;

(3) $y_{t+2} + 4y_{t+1} + 4y_t = 0$;

(4) $y_{t+2} - 6y_{t+1} + 9y_t = 0$;

(5) $y_{t+2} = y_{t+1} - y_t$.

2. 求下列二阶非齐次线性差分方程的通解:

(1) $y_{t+2} - \dfrac{1}{9}y_t = 1$;

(2) $y_{t+2} + \dfrac{1}{2}y_{t+1} - \dfrac{1}{2}y_t = 3$;

(3) $y_{t+2} + y_{t+1} + \dfrac{1}{4}y_t = \dfrac{9}{4}$;

(4) $y_{t+2} - y_{t+1} + 2y_t = 4$;

(5) $y_{t+2} - 2\cos\alpha \cdot y_{t+1} + y_t = 1$, α 为常数.

§13.4 差分方程在经济学中的简单应用

本节介绍差分方程在经济学中的几个简单应用.

一、存款模型

设 S_t 为 t 期存款总额, i 为存款利率,则 S_t 与 i 有如下关系式:

$$S_{t+1} = S_t + iS_t = (1+i)S_t, \quad t = 0, 1, 2, \cdots.$$

这是关于 S_t 的一阶常系数齐次线性差分方程,其通解为

$$S_t = (1+i)^t S_0, \quad t = 0, 1, 2, \cdots,$$

其中 S_0 为初始存款总额.

二、哈罗德模型

设 S_t 为 t 期储蓄, I_t 为 t 期投资, Y_t 为 t 期国民收入, 哈罗德(Harrod)建立了如下的宏观经济模型

$$\begin{cases} S_t = \alpha Y_{t-1}, 0 < \alpha < 1, \\ I_t = \beta(Y_t - Y_{t-1}), \beta > 0, \\ S_t = I_t, \end{cases}$$

其中 α 为边际储蓄倾向, β 为加速数.

消去模型中的 S_t 和 I_t, 可得关于 Y_t 的一阶差分方程

$$\beta Y_t = (\alpha + \beta) Y_{t-1}, \quad t = 1, 2, \cdots,$$

其通解为

$$Y_t = \left(1 + \frac{\alpha}{\beta}\right)^t Y_0, \quad t = 1, 2, \cdots,$$

其中 Y_0 为基期国民收入.

由所给模型, 还有

$$I_t = S_t = \alpha Y_{t-1} = \alpha \left(1 + \frac{\alpha}{\beta}\right)^{t-1} Y_0, \quad t = 1, 2, \cdots.$$

或者, 由 $I_1 = \alpha Y_0, S_1 = \alpha Y_0$, 得

$$I_t = \left(1 + \frac{\alpha}{\beta}\right)^{t-1} I_1, S_t = \left(1 + \frac{\alpha}{\beta}\right)^{t-1} S_1, \quad t = 1, 2, \cdots.$$

三、消费模型

设 Y_t 为 t 期国民收入, C_t 为 t 期消费, I_t 为 t 期投资, 它们之间有如下的关系

$$\begin{cases} C_t = \alpha Y_t + a, \\ I_t = \beta Y_t + b, \\ Y_t - Y_{t-1} = \theta(y_{t-1} - C_{t-1} - I_{t-1}). \end{cases}$$

其中 α, β, a, b 和 θ 均为常数, 且 $0 < \alpha < 1, 0 < \beta < 1, 0 < \alpha + \beta < 1, 0 < \theta < 1, a \geqslant 0, b \geqslant 0$.

消去模型中的 C_t 和 I_t, 得

$$Y_t = [1 + \theta(1 - \alpha - \beta)] Y_{t-1} - \theta(a + b), \quad t = 1, 2, \cdots.$$

这是关于 Y_t 的一阶非齐次线性差分方程, 容易求得其解为

$$Y_t = \left(Y_0 - \frac{a+b}{1-\alpha-\beta}\right) [1 + \theta(1 - \alpha - \beta)]^t + \frac{a+b}{1-\alpha-\beta}, \quad t = 0, 1, 2, \cdots,$$

其中 Y_0 为基期国民收入.

由模型还有

$$\begin{aligned} C_t &= \alpha Y_t + a \\ &= \alpha \left(Y_0 - \frac{a+b}{1-\alpha-\beta}\right) [1 + \theta(1 - \alpha - \beta)]^t + \frac{\alpha(a+b)}{1-\alpha-\beta} + a \end{aligned}$$

$$= (C_0 - A)\left[1 + \theta(1 - \alpha - \beta)\right]^t + A.$$

其中 $C_0 = \alpha Y_0 + a$ 为基期消费, $A = \dfrac{\alpha(a+b)}{1 - \alpha - \beta} + a$.

$$
\begin{aligned}
I_t &= \beta Y_t + b \\
&= \beta\left(Y_0 - \frac{a+b}{1 - \alpha - \beta}\right)\left[1 + \theta(1 - \alpha - \beta)\right]^t + \frac{\beta(a+b)}{1 - \alpha - \beta} + b \\
&= (I_0 - B)\left[1 + \theta(1 - \alpha - \beta)\right]^t + B.
\end{aligned}
$$

其中 $I_0 = \beta Y_0 + b$ 为基期投资, $B = \dfrac{\beta(a+b)}{1 - \alpha - \beta} + b$.

四、萨缪尔森乘数–加速数模型

设 Y_t 为 t 期国民收入, C_t 为 t 期消费, I_t 为 t 期投资, G 为政府支出(各期相同). 萨缪尔森(Samuelson)建立了如下的宏观经济模型(称为乘数–加速数模型)

$$
\begin{cases}
Y_t = C_t + I_t + G, \\
C_t = \alpha Y_{t-1}, & 0 < \alpha < 1, \\
I_t = \beta(C_t - C_{t-1}), & \beta > 0,
\end{cases}
$$

其中 α 为边际消费倾向(常数), β 为加速数(常数).

将后两个方程代入第一个方程, 得

$$Y_t = \alpha Y_{t-1} + \alpha\beta(Y_{t-1} - Y_{t-2}) + G,$$

或者改写为标准形式

$$Y_{t+2} - \alpha(1+\beta)Y_{t+1} + \alpha\beta Y_t = G. \tag{1}$$

这是关于 Y_t 的二阶常系数非齐次线性差分方程, 不难求得方程(1)有特解

$$\overline{Y}_t = \frac{G}{1 - \alpha}. \tag{2}$$

另一方面, 方程(1)的对应齐次方程为

$$Y_{t+2} - \alpha(1+\beta)Y_{t+1} + \alpha\beta Y_t = 0, \tag{3}$$

其特征方程为

$$\lambda^2 - \alpha(1+\beta)\lambda + \alpha\beta = 0. \tag{4}$$

特征方程的判别式为

$$\Delta = \alpha^2(1+\beta)^2 - 4\alpha\beta.$$

若 $\Delta > 0$, 则(4)有两个相异实根

$$\lambda_1 = \frac{1}{2}\left[\alpha(1+\beta) - \sqrt{\Delta}\right], \quad \lambda_2 = \frac{1}{2}\left[\alpha(1+\beta) + \sqrt{\Delta}\right], \tag{5}$$

可得方程(3)的通解为

$$Y_c(t) = C_1\lambda_1^t + C_2\lambda_2^t.$$

若 $\Delta = 0$, 则(4)有两个相等的实特征根

$$\lambda = \frac{1}{2}\alpha(1+\beta) = \sqrt{\alpha\beta}, \tag{6}$$

可得方程(3)的通解为

$$Y_c(t) = (C_1 + C_2 t)\lambda^t.$$

若 $\Delta < 0$,则(4)有一对共轭复根

$$\lambda = \frac{1}{2}\left[\alpha(1+\beta) + i\sqrt{-\Delta}\right], \bar{\lambda} = \frac{1}{2}\left[\alpha(1+\beta) - i\sqrt{-\Delta}\right].$$

则方程(3)的通解为

$$Y_c(t) = r^t(C_1\cos\omega t + C_2\sin\omega t),$$

其中 r 和 ω 由下式确定:

$$\begin{cases} r = \sqrt{\alpha\beta}, \\ \omega = \arctan\dfrac{\sqrt{-\Delta}}{\alpha(1+\beta)} \in (0,\pi). \end{cases} \tag{7}$$

综上所述,方程(1)的通解为

$$Y_t = \begin{cases} C_1\lambda_1^t + C_2\lambda_2^t + \dfrac{G}{1-\alpha}, & 若\ \Delta > 0, \\[3mm] (C_1 + C_2 t)\lambda^t + \dfrac{G}{1-\alpha}, & 若\ \Delta = 0, \\[3mm] r^t(C_1\cos\omega t + C_2\sin\omega t) + \dfrac{G}{1-\alpha}, & 若\ \Delta < 0. \end{cases}$$

其中 $\Delta = \alpha^2(1+\beta)^2 - 4\alpha\beta$;$\lambda_1$ 和 λ_2 由(5)式确定;λ 由(6)式确定;r 和 ω 由(7)式确定;C_1 和 C_2 为任意常数.

求出 Y_t 后,由所给模型不难再确定 C_t 和 I_t.

习题 13-4

1. 设 Y_t 为 t 期国民收入,C_t 为 t 期消费,I 为投资(各期相同).卡恩(Kahn)曾提出如下宏观经济模型

$$Y_t = C_t + I, \quad C_t = \alpha Y_{t-1} + \beta,$$

其中 $0 < \alpha < 1, \beta > 0$.已知 Y_0,试求 Y_t 和 C_t.

2. 设 Y_t 为 t 期国民收入,S_t 为 t 期储蓄,I_t 为 t 期投资.三者之间有如下关系:

$$\begin{cases} S_t = \alpha Y_t + \beta, & 0 < \alpha < 1, \beta \geqslant 0, \\ I_t = \gamma(Y_t - Y_{t-1}), & \gamma > 0, \\ S_t = \delta I_t, & \delta > 0. \end{cases}$$

已知 Y_0,试求 Y_t, S_t, I_t.

3. 设 Y_t, C_t, I_t 分别为 t 期的国民收入、消费和投资,三者之间有如下关系:

$$\begin{cases} Y_t = C_t + I_t, \\ C_t = \alpha Y_t + \beta, & 0 < \alpha < 1, \beta \geqslant 0, \\ Y_{t+1} = Y_t + \gamma I_t, & \gamma > 0. \end{cases}$$

已知 Y_0,试求 Y_t, C_t, I_t.

4. 已知如下的市场模型

$$\begin{cases} Q_d(t) = \alpha - \beta p_t, & \text{——需求函数} \\ Q_s(t) = -\gamma + \delta \widetilde{p_t}, & \text{——供给函数} \\ Q_d(t) = Q_s(t), & \text{——供需均衡条件} \\ \widetilde{p_t} = \widetilde{p}_{t-1} + \eta(p_{t-1} - \widetilde{p}_{t-1}), & \text{——价格调节方程} \end{cases}$$

其中 $Q_d(t)$ 和 $Q_s(t)$ 分别为某商品的 t 期需求量和供给量，p_t 为 t 期商品实际售价，$\widetilde{p_t}$ 为 t 期卖方的"适应性预期价格"；$\alpha, \beta, \gamma, \delta, \eta$ 为正的常数，且 $0 < \eta < 1$，已知 $\widetilde{p_0}$，试求 p_t 和 $\widetilde{p_t}$ 关于 t 的表达式.

5. 梅茨勒（Metzler）曾提出如下的库存模型

$$\begin{cases} y_t = u_t + s_t + v_0, \\ u_t = \beta y_{t-1}, \\ s_t = \beta(y_{t-1} - y_{t-2}), \end{cases}$$

其中 y_t 为 t 期总收入，u_t 为 t 期销售收入，s_t 为 t 期库存量，v_0 和 β 为常数，且 $0 < \beta < 1$，试求 y_t, u_t, s_t 关于 t 的表达式.

总习题十三

1. 填空题：

（1）设 $y_t = \dfrac{1}{2}e^t$，则 $\Delta^2 y_t = $ _____.

（2）已知 $y_t = \dfrac{t(t-1)}{2} + 2$ 是差分方程 $y_{t+1} - y_t = f(t)$ 的解，则 $f(t) = $ _____.

（3）设 $y_t = \dfrac{1}{t}$，则 $\Delta y_t = $ _____.

*（4）已知某二阶常系数齐次线性差分方程的通解为 $y_t = C_1 2^t + C_2 3^t$（C_1, C_2 为任意常数），则此差分方程为_____.

*（5）已知某二阶常系数非齐次线性差分方程的通解为 $y_t = C_1 + C_2(-2^t) + 3t$（$C_1, C_2$ 为任意常数），则此差分方程为_____.

2. 选择题：

（1）下列等式中为一阶差分方程的是（　　）.

A. $\Delta^2 y_t = y_{t+2} - 2y_{t+1} + y_t$ 　　　　　　B. $3\Delta y_t + 3y_t = \dfrac{t+2}{3}$

C. $3\Delta y_t + \dfrac{2}{3}y_t = x^2$ 　　　　　　　　D. $y_{t+1}(1-2t) + y_{t-1} = \left(\dfrac{3}{2}\right)^t$

（2）下列等式中，不是差分方程的是（　　）.

A. $2\Delta y_t - \dfrac{1}{2}y_t = 2$ 　　　　　　B. $3\Delta y_t + 3y_t = \dfrac{t-1}{3}$

C. $\Delta^2 y_t = 0$ 　　　　　　D. $y_{t+1} - y_{t-1} = \left(\dfrac{1}{2}\right)^t \sin 2t$

（3）函数 $y_t = C2^t + 8$ 是差分方程（　　）的通解.

A. $\Delta y_{t+2} - 3y_{t+1} - y_t = 0$ 　　　　B. $y_t - 3y_{t-1} + 2y_{t-2} = \dfrac{2}{3}$

C. $\dfrac{1}{2}y_{t+1} - y_t = -4$ 　　　　　　D. $y_{t+1} - 2y_t = 8$

3. 求下列差分方程的通解：

（1）$y_{t+1} + 2y_t = 3 + 2^t$；

（2）$y_{t+1} - 3y_t = \sin\dfrac{\pi}{3}t$；

*（3）$y_{t+2} - 5y_{t+1} + 6y_t = 2 + 3^t$.

4. 已知 $\varphi(t) = 2^t$，$\psi(t) = 2^t - 3t$ 是差分方程 $y_{t+1} + p(t)y_t = f(t)$ 的两个解，求 $p(t)$，$f(t)$.

5. 已知差分方程

$$(a + by_t)y_{t+1} = cy_t, \quad t = 0,1,2,\cdots,$$

其中 a、b、c 为正常数，$y_0 > 0$ 为已知的初始条件.

（1）证明：$y_t > 0$，$t = 0,1,2,\cdots$；

（2）证明：变换 $u_t = \dfrac{1}{y_t}$ 将原方程化为 u_t 的线性方程，并由此求出 y_t 的通解；

（3）求方程 $(2 + 3y_t)y_{t+1} = 4y_t$ 满足初始条件 $y_0 = 1$ 的特解及 $\lim\limits_{t \to +\infty} y_t$.

6. 已知级数 $\sum\limits_{n=1}^{\infty} u_n$ 的通项为

$$u_n = 2\cos\dfrac{n\pi}{2} + 3\sin\dfrac{n\pi}{2} \quad (n = 1,2,3,\cdots),$$

求其部分和数列的通项 S_n.

7. 假设某湖泊里开始有 10 万条鱼，且鱼的数量的年增长率为 25%，而每年的捕鱼量为 3 万条.

（1）列出每年湖中鱼的数量的差分方程，并求解；

（2）多少年后，湖中的鱼将被捕捞完？

第十三章
习题参考
答案与提示

郑重声明

高等教育出版社依法对本书享有专有出版权。任何未经许可的复制、销售行为均违反《中华人民共和国著作权法》，其行为人将承担相应的民事责任和行政责任；构成犯罪的，将被依法追究刑事责任。为了维护市场秩序，保护读者的合法权益，避免读者误用盗版书造成不良后果，我社将配合行政执法部门和司法机关对违法犯罪的单位和个人进行严厉打击。社会各界人士如发现上述侵权行为，希望及时举报，我社将奖励举报有功人员。

反盗版举报电话　（010）58581999　58582371

反盗版举报邮箱　dd@hep.com.cn

通信地址　北京市西城区德外大街 4 号
　　　　　高等教育出版社法律事务部

邮政编码　100120

读者意见反馈

为收集对教材的意见建议，进一步完善教材编写并做好服务工作，读者可将对本教材的意见建议通过如下渠道反馈至我社。

咨询电话　400-810-0598

反馈邮箱　hepsci@pub.hep.cn

通信地址　北京市朝阳区惠新东街 4 号富盛大厦 1 座
　　　　　高等教育出版社理科事业部

邮政编码　100029

防伪查询说明

用户购书后刮开封底防伪涂层，使用手机微信等软件扫描二维码，会跳转至防伪查询网页，获得所购图书详细信息。

防伪客服电话　（010）58582300